**DAS FINANCE BUCH**

# DAS FINANCE BUCH

**GRUNDLAGENWISSEN UND TOOLS, DIE JEDER KENNEN MUSS, UM BESSERE ENTSCHEIDUNGEN FÜR SEIN UNTERNEHMEN ZU TREFFEN**

STUART WARNER UND SI HUSSAIN

Bibliografische Information der deutschen Nationalbibliothek

Die Deutsche Nationalbibliothek verzeichnet diese Publikation in der Deutschen Nationalbibliografie; detaillierte bibliografische Daten sind im Internet über http://dnb.dnb.de abrufbar.

Die Informationen in diesem Produkt werden ohne Rücksicht auf einen eventuellen Patentschutzveröffentlicht. Warennamen werden ohne Gewährleistung der freien Verwendbarkeit benutzt. Bei der Zusammenstellung von Texten und Abbildungen wurde mit größter Sorgfalt vorgegangen. Trotzdem können Fehler nicht vollständig ausgeschlossen werden. Verlag, Herausgeber und Autoren können für fehlerhafte Angaben und deren Folgen weder eine juristische Verantwortung noch irgendeine Haftung übernehmen. Für Verbesserungsvorschläge und Hinweise auf Fehler sind Verlag und Herausgeber dankbar.

Alle Rechte vorbehalten, auch die der fotomechanischen Wiedergabe und der Speicherung in elektronischen Medien. Die gewerbliche Nutzung der in diesem Produkt gezeigten Modelle und Arbeiten ist nicht zulässig. Fast alle Produktbezeichnungen und weitere Stichworte und sonstige Angaben, die in diesem Buch verwendet werden, sind als eingetragene Marken geschützt.

Authorized translation from the English language edition, entitled The Finance Book by Stuart Warner and Si Hussain published by Pearson Education, Ltd., Copyright © 2017.

All rights reserved. No part of this book may be reproduced or transmitted in any form or byany means, electronic or mechanical, including photocopying, recording or by any information storage retrieval System, without permission from Pearson Education, Inc. GERMAN language edition published by PEARSON DEUTSCHLAND GMBH, Copyright © 2020.

Der Umwelt zuliebe verzichten wir auf Einschweißfolie.

10  9  8  7  6  5  4  3  2  1

22  21  20

ISBN 978-3-86894-389-4 (Buch)
ISBN 978-3-86326-886-2 (E-Book)

© 2020 by Pearson Deutschland GmbH
St.-Martin-Straße 82, D-81541 München
Alle Rechte vorbehalten
www.pearson.de

A part of Pearson plc worldwide

Programmleitung: Martin Milbradt (mmilbradt@pearson.de)
Lekorat und Korrektorat: Dipl.-Ök. Christina A. Sieger, Essen
Herstellung: Claudia Bäurle, cbaeurle@pearson.de
Satz und Layout: Gerhard Alfes, mediaService, Siegen (www.mediaservice.tv)
Druck und Verarbeitung: Drukkerij Wilco BV, Amersfoort

Printed in the Netherlands

# Inhaltsverzeichnis

**Einführung** ................................................................................ 19

    **Warum ist dieses Buch anders?** ........................................ 19

        Es ist nicht für Finanzexperten ...................................... 19

        Es ist für Praktiker, nicht für Akademiker .................... 20

        Es vermittelt Grundwissen schnell und einfach .......... 20

        Es verfügt über eine konsistente Struktur .................. 20

    **Über die Autoren** ................................................................ 21

    **Die deutsche Bearbeitung** ................................................ 22

    **Danksagung** ........................................................................ 23

    **Website zum Buch** .............................................................. 23

## Teil I    Grundlagen    25

### Kapitel 1    Mitarbeiter und Systeme im Finanzbereich    27

    **Basiswissen** .......................................................................... 28

        Mitarbeiter und Abteilungen im Finanzbereich .......... 28

        Finanzsysteme .................................................................. 30

    **Vertiefungswissen** .............................................................. 36

        Systemkontrollen ............................................................ 36

    **Profiwissen** .......................................................................... 37

        Standesorganisationen und Berufsverbände .............. 37

    **Anwendung und Darstellung in der Praxis** ...................... 37

    **Besondere Hinweise für die Praxis** ................................... 39

# Inhaltsverzeichnis

| Kapitel 2 | **Periodisierungsprinzip des Rechnungswesens** | 41 |
|---|---|---|
| | Basiswissen | 42 |
| |     Gegenüberstellung von Erträgen und Aufwendungen | 42 |
| |     Periodengerechte Buchführung | 42 |
| | Vertiefungswissen | 43 |
| | Profiwissen | 44 |
| | Anwendung und Darstellung in der Praxis | 44 |
| | Besondere Hinweise für die Praxis | 45 |
| Kapitel 3 | **Corporate Governance** | 47 |
| | Basiswissen | 48 |
| |     Unternehmenssteuerung | 48 |
| | Vertiefungswissen | 49 |
| |     Geschichte und Methoden | 49 |
| | Anwendung und Darstellung in der Praxis | 50 |
| | Besondere Hinweise für die Praxis | 52 |
| Kapitel 4 | **Insolvenz und Going Concern** | 53 |
| | Basiswissen | 54 |
| |     Warnzeichen | 54 |
| | Vertiefungswissen | 56 |
| | Profiwissen | 57 |
| |     Insolvenzverfahren | 57 |
| |     Going-Concern-Unternehmensfortführung | 57 |
| | Anwendung und Darstellung in der Praxis | 57 |
| | Besondere Hinweise für die Praxis | 59 |
| Teil II | **Bestandteile des Jahresabschlusses** | 61 |
| Kapitel 5 | **Bilanz** | 63 |
| | Basiswissen | 64 |
| |     Vermögenswerte und Verbindlichkeiten | 64 |

| | | |
|---|---|---|
| | Vertiefungswissen | 66 |
| |     Weitere Bilanzpositionen | 66 |
| |     Bewertung von Bilanzpositionen | 66 |
| | Profiwissen | 66 |
| |     Alternative Interpretationen der Bilanz | 66 |
| | Anwendung und Darstellung in der Praxis | 68 |
| | Besondere Hinweise für die Praxis | 71 |
| **Kapitel 6** | **Gewinn- und Verlustrechnung (G&V)** | **73** |
| | Basiswissen | 74 |
| |     Wichtige G&V-Positionen | 74 |
| | Vertiefungswissen | 76 |
| |     Weitere Begrifflichkeiten innerhalb der G&V | 76 |
| | Profiwissen | 77 |
| | Anwendung und Darstellung in der Praxis | 77 |
| | Besondere Hinweise für die Praxis | 79 |
| **Kapitel 7** | **Sonderfälle der Gewinn- und Verlustrechnung 1 – Opex und Capex** | **81** |
| | Basiswissen | 82 |
| |     Wesentliche Unterschiede zwischen Opex und Capex | 82 |
| | Vertiefungswissen | 83 |
| |     Rechnungslegungsvorschriften | 83 |
| | Profiwissen | 84 |
| | Anwendung und Darstellung in der Praxis | 84 |
| | Besondere Hinweise für die Praxis | 85 |
| **Kapitel 8** | **Sonderfälle der Gewinn- und Verlustrechnung 2 – Umsatzrealisierung** | **87** |
| | Basiswissen | 88 |
| |     Ausweis der Erlöse | 88 |
| | Vertiefungswissen | 89 |
| | Profiwissen | 90 |
| |     Rückkaufvereinbarungen | 90 |

Inhaltsverzeichnis

| | |
|---|---|
| Anwendung und Darstellung in der Praxis | 90 |
| Besondere Hinweise für die Praxis | 92 |

## Kapitel 9 Kapitalflussrechnung ... 93

| | |
|---|---|
| Basiswissen | 94 |
|     Cashflow aus der operativen Geschäftstätigkeit | 94 |
|     Cashflow aus der Investitionstätigkeit | 95 |
|     Cashflow aus der Finanzierungstätigkeit | 95 |
|     Unterschiede zwischen Cashflow und Gewinn | 95 |
| Vertiefungswissen | 96 |
|     Berechnung des Cashflows | 96 |
| Profiwissen | 97 |
|     Liquide Mittel und Zahlungsmitteläquivalente | 97 |
| Anwendung und Darstellung in der Praxis | 97 |
| Besondere Hinweise für die Praxis | 99 |

## Teil III Wesentliche Elemente der Bilanzierung ... 101

## Kapitel 10 Sachanlagevermögen und planmäßige Abschreibungen ... 103

| | |
|---|---|
| Basiswissen | 104 |
|     Buchwert und Restbuchwert | 104 |
|     Berechnung der Abschreibung | 105 |
| Vertiefungswissen | 106 |
|     Alternative Abschreibungsverfahren | 106 |
|     Anschaffungskosten von Sachanlagevermögen | 107 |
| Profiwissen | 108 |
|     Sachanlagen mit unbegrenzter Nutzungsdauer | 108 |
|     Sachanlagen im Vergleich zum Umlaufvermögen | 108 |
|     Anlagespiegel | 108 |
| Anwendung und Darstellung in der Praxis | 109 |
| Besondere Hinweise für die Praxis | 110 |

## Kapitel 11 Geschäfts- oder Firmenwert (Goodwill) und andere immaterielle Vermögenswerte ......... 111

Basiswissen .................................................................................. 112
    Immaterielle Vermögenswerte ............................................. 112
    Geschäfts- oder Firmenwert (Goodwill).............................. 112

Vertiefungswissen......................................................................... 114
    Marktwert („gemeiner Wert") ............................................... 114
    Abschreibung immaterieller Vermögenswerte.................... 114
    Wertminderungen................................................................... 114

Profiwissen..................................................................................... 115
    Negativer Firmenwert ............................................................ 115

Anwendung und Darstellung in der Praxis................................. 115

Besondere Hinweise für die Praxis............................................... 117

## Kapitel 12 Umlaufvermögen – Vorräte ............................................ 119

Basiswissen .................................................................................. 120
    Berechnung der Lagerdauer .................................................. 120
    Bilanzierung von Vorräten im Jahresabschluss.................... 121

Vertiefungswissen......................................................................... 122
    Methoden zur Ermittlung von Anschaffungskosten für Vorräte 122

Profiwissen..................................................................................... 123
    Kostenrechnungsmethoden .................................................. 123

Anwendung und Darstellung in der Praxis................................. 124

Besondere Hinweise für die Praxis............................................... 125

## Kapitel 13 Debitoren und Kreditoren – kurzfristige Forderungen und kurzfristige Verbindlichkeiten.... 127

Basiswissen .................................................................................. 128

Vertiefungswissen......................................................................... 129
    Debitorenmanagement .......................................................... 129
    Lieferantenmanagement........................................................ 130

Profiwissen..................................................................................... 131
    Debitorenlaufzeit und Kreditorenlaufzeit ........................... 131
    Missverständnisse bezüglich Debit (Soll) und Credit (Haben).... 131

## Inhaltsverzeichnis

Anwendung und Darstellung in der Praxis ............... 132
Besondere Hinweise für die Praxis ............... 133

### Kapitel 14 Bewertung des Vermögens 1 – Neubewertungen ............... 135

Basiswissen ............... 136
    Wertzuwachs versus Gewinn ............... 137
    Neubewertung nach unten ............... 138
Vertiefungswissen ............... 139
    Subjektivität und Manipulation ............... 139
    Bewertungsverfahren ............... 140
Profiwissen ............... 140
    Abschreibung ............... 140
Anwendung und Darstellung in der Praxis ............... 141
Besondere Hinweise für die Praxis ............... 142

### Kapitel 15 Bewertung des Vermögens 2 – Wertminderungen und außerplanmäßige Abschreibungen ............... 143

Basiswissen ............... 144
    Berechnung der Wertminderung ............... 145
Vertiefungswissen ............... 146
Anwendung und Darstellung in der Praxis ............... 147
Besondere Hinweise für die Praxis ............... 148

### Kapitel 16 Eigenkapital ............... 149

Basiswissen ............... 150
    Gezeichnetes Kapital ............... 150
    Rücklagen ............... 150
Vertiefungswissen ............... 152
    Gezeichnetes Kapital ............... 152
    Kapitalrücklage ............... 152
Profiwissen ............... 153
    Stille Reserven ............... 153
    Rücklagen versus Rückstellungen ............... 153

## Inhaltsverzeichnis

Anwendung und Darstellung in der Praxis ................................ 154
Besondere Hinweise für die Praxis ........................................ 155

### Kapitel 17  Rückstellungen und Eventualverbindlichkeiten  157

Basiswissen ........................................................................ 158
    Rückstellungen ............................................................... 158
    Eventualverbindlichkeiten ................................................ 158
    Auswirkung der Bildung von Rückstellungen ................... 158
    Beispiele ......................................................................... 159
Vertiefungswissen ............................................................... 160
    Bilanzpolitik mit Rückstellungen .................................... 161
Profiwissen ........................................................................ 162
    Verpflichtungen .............................................................. 162
    Eventualforderungen ...................................................... 162
    „Rückstellung" für notleidende Kredite ........................... 163
Anwendung und Darstellung in der Praxis ............................ 163
Besondere Hinweise für die Praxis ...................................... 165

### Kapitel 18  Rechnungsabgrenzungsposten  167

Basiswissen ........................................................................ 168
    Auswirkungen auf den Jahresabschluss ........................... 169
    Aktive Rechnungsabgrenzung ......................................... 169
    Sonstige Verbindlichkeiten .............................................. 170
Vertiefungswissen ............................................................... 170
    Buchung von aktiver Rechnungsabgrenzung und sonstigen Verbindlichkeiten ........................................................... 170
Profiwissen ........................................................................ 171
    Abgrenzungposten für Erträge ........................................ 171
Anwendung und Darstellung in der Praxis ............................ 172
Besondere Hinweise für die Praxis ...................................... 173

## Inhaltsverzeichnis

**Teil IV**   **Ergänzende Details zur Finanzberichterstattung** ............ 175

**Kapitel 19**  **Rechnungslegungssysteme** ............ 177

   Basiswissen ............ 178
      „Standards" versus Wahlmöglichkeit ............ 179
   Vertiefungswissen ............ 179
   Profiwissen ............ 180
      IFRS versus US-GAAP ............ 180
   Anwendung und Darstellung in der Praxis ............ 180
   Besondere Hinweise für die Praxis ............ 181

**Kapitel 20**  **Externe Abschlussprüfung** ............ 183

   Basiswissen ............ 184
   Vertiefungswissen ............ 186
   Profiwissen ............ 186
      Going Concern ............ 186
      Prüfungsfeststellungen ............ 187
   Anwendung und Darstellung in der Praxis ............ 188
   Besondere Hinweise für die Praxis ............ 190

**Kapitel 21**  **Publizitätspflichten** ............ 191

   Basiswissen ............ 192
      Jahresabschluss und Unternehmensgrößenklassen ............ 192
   Vertiefungswissen ............ 192
   Anwendung und Darstellung in der Praxis ............ 193
   Besondere Hinweise für die Praxis ............ 194

**Kapitel 22**  **Unternehmenssteuern** ............ 195

   Basiswissen ............ 196
      Gewinnsteuern / Steuern vom Einkommen und vom Ertrag ............ 196
      Lohn- und Einkommensteuer sowie Sozialversicherungsbeträge ............ 196

| | | |
|---|---|---|
| | Mehrwertsteuer | 197 |
| | Fristen | 198 |
| **Vertiefungswissen** | | 198 |
| | Steuerliche Abschreibung | 198 |
| | Steuerliche Verrechnung von Verlusten | 199 |
| | Unternehmenssitz | 199 |
| | Doppelbesteuerung | 199 |
| **Profiwissen** | | 200 |
| | Ausnahmen von der Mehrwertsteuer | 200 |
| | Steuerhinterziehung und -vermeidung | 200 |
| **Anwendung und Darstellung in der Praxis** | | 200 |
| **Besondere Hinweise für die Praxis** | | 202 |

## Kapitel 23  Konzernrechnungslegung — 203

| | | |
|---|---|---|
| **Basiswissen** | | 204 |
| | Behandlung von Mutter- und Tochtergesellschaften | 204 |
| **Vertiefungswissen** | | 205 |
| **Profiwissen** | | 206 |
| | Firmenwert und Minderheitsbeteiligung | 206 |
| **Anwendung und Darstellung in der Praxis** | | 207 |
| **Besondere Hinweise für die Praxis** | | 210 |

## Teil V  Unternehmensfinanzierung — 211

## Kapitel 24  Eigenkapitalfinanzierung — 213

| | | |
|---|---|---|
| **Basiswissen** | | 214 |
| | Gründung und Wachstum | 214 |
| | Expansion und Reife | 215 |
| | Beendigung | 215 |
| **Vertiefungswissen** | | 215 |
| | Nicht börsennotierte Unternehmen – Eigenkapitalquellen | 216 |
| | Aktiengesellschaften – weitere Eigenkapitalquellen | 217 |

| | | |
|---|---|---|
| Profiwissen | | 218 |
|     Bezugsrechte | | 218 |
|     Dividende und Dividendenpolitik | | 218 |
| Anwendung und Darstellung in der Praxis | | 219 |
| Besondere Hinweise für die Praxis | | 220 |

## Kapitel 25 Fremdkapitalfinanzierung ... 221

| | | |
|---|---|---|
| Basiswissen | | 222 |
| Vertiefungswissen | | 223 |
|     Kreditkosten und -bedingungen | | 223 |
|     Arten der Fremdkapitalfinanzierung | | 224 |
| Profiwissen | | 225 |
|     Gesicherte und nicht gesicherte Schulden | | 225 |
|     Rating und Bonitätsbewertung | | 225 |
| Anwendung und Darstellung in der Praxis | | 226 |
| Besondere Hinweise für die Praxis | | 227 |

## Teil VI Unternehmenssteuerung und Kennzahlensysteme ... 229

## Kapitel 26 Erfolgskennzahlen ... 231

| | | |
|---|---|---|
| Basiswissen | | 232 |
|     Rentabilitätskennzahlen | | 232 |
|     Maximierung der Kapitalrendite | | 233 |
| Vertiefungswissen | | 234 |
|     Einflussfaktoren der Kapitalrendite | | 234 |
| Profiwissen | | 235 |
| Anwendung und Darstellung in der Praxis | | 236 |
| Besondere Hinweise für die Praxis | | 237 |

## Kapitel 27  Langfristige Stabilitätskennzahlen .......... 239

Basiswissen .......... 240
    Verschuldungsgrad und Fremdkapitalquote .......... 240
    Zinsdeckungsgrad .......... 241
    Verhältnis von Verschuldung und Zinsdeckungsgrad .......... 241
Vertiefungswissen .......... 242
    Leverage-Effekt und finanzielles Risiko .......... 242
Profiwissen .......... 244
Anwendung und Darstellung in der Praxis .......... 245
Besondere Hinweise für die Praxis .......... 246

## Kapitel 28  Working Capital und Liquiditätsmanagement .... 247

Basiswissen .......... 248
Vertiefungswissen .......... 250
    Nettoumlaufvermögen .......... 250
    Liquiditätskennzahlen .......... 251
Profiwissen .......... 252
Anwendung und Darstellung in der Praxis .......... 253
Besondere Hinweise für die Praxis .......... 254

## Kapitel 29  Investorenkennzahlen .......... 255

Basiswissen .......... 256
    Gewinn pro Aktie (Earnings per Share, EPS) .......... 256
    Kurs-Gewinn-Verhältnis (KGV) .......... 257
    Dividendenquote .......... 258
    Dividendenrendite .......... 259
Vertiefungswissen .......... 260
    Kurs-Gewinn-Wachstum-Verhältnis (KGWV) .......... 260
Profiwissen .......... 261
Anwendung und Darstellung in der Praxis .......... 262
Besondere Hinweise für die Praxis .......... 263

Inhaltsverzeichnis

## Teil VII    Finanzielle Unternehmensführung    265

### Kapitel 30    Internes Berichtswesen    267

Basiswissen    268
    Grundlegendes zu Monatsberichten    268
Vertiefungswissen    269
    Inhalte typischer Monatsberichte    269
Profiwissen    271
Anwendung und Darstellung in der Praxis    272
Besondere Hinweise für die Praxis    273

### Kapitel 31    Operative Unternehmensplanung    275

Basiswissen    276
    Gründe für die Unternehmensplanung    276
    Probleme bei der Unternehmensplanung    278
Vertiefungswissen    279
    Alternative Unternehmensplanungsverfahren    279
Profiwissen    280
    Verwendung von Tabellenkalkulationen    280
    Beyond Budgeting    280
Anwendung und Darstellung in der Praxis    281
Besondere Hinweise für die Praxis    282

### Kapitel 32    Preiskalkulation    283

Basiswissen    284
    Preiskalkulation – Gründe und Umsetzung    284
    Möglichkeiten der Preisfindung    285
Vertiefungswissen    286
    Angebot von Rabatten    286
    Margen und Gewinnaufschläge    287
Profiwissen    288
Anwendung und Darstellung in der Praxis    289
Besondere Hinweise für die Praxis    290

## Kapitel 33  Anwendungen der Deckungsbeitragsrechnung . 291

**Basiswissen** ............... 292
- Bestandteile der Deckungsbeitragsrechnung ............. 292
- Der Break-even ............... 294

**Vertiefungswissen** ............... 296
- Maßnahmen zur Beeinflussung des Deckungsbeitrages ........... 296
- Operatives Risiko ............... 297

**Profiwissen** ............... 299

**Anwendung und Darstellung in der Praxis** ............... 299

**Besondere Hinweise für die Praxis** ............... 300

## Kapitel 34  Investitionsrechnung ............... 301

**Basiswissen** ............... 302
- Verfahren zur Bewertung von Investitionen ............. 302
- Risikoaspekte der Investitionsentscheidung ............. 305

**Vertiefungswissen** ............... 306
- Kapitalkosten ............... 306

**Profiwissen** ............... 306
- Kapitalwert im Vergleich zum internen Zinsfuß ............. 306

**Anwendung und Darstellung in der Praxis** ............... 307

**Besondere Hinweise für die Praxis** ............... 308

## Kapitel 35  Unternehmensbewertung ............... 309

**Basiswissen** ............... 310
- Gründe für und Einflussfaktoren auf eine Unternehmensbewertung ............... 310
- Arten von Bewertungsverfahren ............. 311

**Vertiefungswissen** ............... 313
- Bewertungsaufschlag ............... 313
- Substanzwertermittlung ............... 314

**Profiwissen** ............... 315
- Kurs-Buchwert-Verhältnis ............... 315

**Anwendung und Darstellung in der Praxis** ............... 315

**Besondere Hinweise für die Praxis** ............... 316

# Index ............... 317

# Einführung

*Ein Intellektueller sagt etwas Einfaches auf eine schwer verständliche Art und Weise.
Ein Künstler sagt etwas schwer Verständliches auf eine einfache Art und Weise.*

Charles Bukowski, amerikanischer Autor und Dichter

## Warum ist dieses Buch anders?

### Es ist nicht für Finanzexperten

Die überwiegende Zahl der erhältlichen Finanzbücher, die sich an Berufstätige außerhalb des Finanzbereichs richten, ist besser geeignet für die Ausbildung von Fachleuten im Rechnungswesen, weil die meisten einen akademischen Ansatz verfolgen. Dieser Ansatz ist zwar für solche Fachleute richtig, doch er ist zu detailliert.

*Das Finance Buch* wurde für diejenigen geschrieben, die eben gerade keine Fachleute im Finanzbereich sind. Es zielt in erster Linie auf die, die in einer anderen Abteilung eines Unternehmens arbeiten (oder vorhaben, dort zu arbeiten), sowie auf Direktoren, Vorgesetzte, Hochschulabsolventen oder Studenten anderer Studiengänge. Doch auch Studierende der Betriebswirtschaft werden dieses Buch hilfreich finden.

# Einführung

## Es ist für Praktiker, nicht für Akademiker

Dies ist kein akademisches Buch, aber auch kein Buch, das zu stark vereinfacht. Es ist ein Buch für die Praxis, denn es wurde von Praktikern geschrieben. Wir nehmen in dieses Buch unsere persönlichen Erfahrungen auf, die wir durch unsere Arbeit in Unternehmen gewonnen haben, um das Wissen aus akademischen Lehrbüchern durch die Praxis bestätigen zu lassen.

Außerdem haben beide Autoren zahllose Stunden damit verbracht, viele Tausend Berufstätige aus betriebswirtschaftlichen Bereichen wie Marketing, Verkauf, Produktion, Verwaltung, Personal und Recht zu unterrichten und auszubilden. Das Wissen und die Erkenntnisse aus diesem Buch wurden in Vorstandsetagen und an Arbeitsplätzen in vielen Branchen und Bereichen angewandt.

## Es vermittelt Grundwissen schnell und einfach

Dieses Buch ist absichtlich so angelegt, dass es schnell und einfach zu verwenden ist. Wir sagen Ihnen, was Sie wissen müssen, um in Kernkonzepten der Finanzen schnell „auf Touren zu kommen".

Ein besonderer Vorteil dieses Buches ist, dass Sie es nicht von Anfang bis Ende durchlesen müssen, um sich den Sinn des Bereichs Finanzen zu erschließen. Sie können in einzelne Kapitel eintauchen, ohne die Reihenfolge zu beachten, da die Kapitel unabhängig voneinander geschrieben wurden. Für das Verständnis der Konzepte ist kein Vorwissen erforderlich. Wir haben komplexe Themen auf ihre Schlüsselkonzepte reduziert und erklären diese in kurzgefassten, leicht verständlichen Abschnitten.

## Es verfügt über eine konsistente Struktur

Um dieses Buch leicht lesbar zu gestalten, haben wir für die Kapitel ein konsistentes Format verwendet.

### Auf einen Blick

In wenigen einfachen Sätzen erklären wir die Bedeutung von Schlüsselkonzepten, die für den Bereich Finanzen verwendet werden.

Diese Rubrik wurde für Menschen mit wenig Zeit entwickelt, die schnell zum Kern eines Themas kommen und sich nicht mit detaillierten Einzelheiten beschäftigen wollen.

### Basiswissen

In diesem Abschnitt werden die wesentlichen Informationen eines Kapitels behandelt.

### Vertiefungswissen

Wenn Sie mehr erfahren wollen oder an einigen komplexeren Aspekten interessiert sind, dann lesen Sie diesen Abschnitt weiter.

#### Profiwissen

Dieser Abschnitt ist für diejenigen, die an noch komplexeren Aspekten und an weiteren Einzelheiten interessiert sind.

#### Anwendung und Darstellung in der Praxis

Wenn man versucht, den Bereich Finanzen zu verstehen, ist die Rechnungslegung des Unternehmens ein nützliches Hilfsmittel. Wir zeigen Ihnen anhand dieses Abschnitts, wie und wo Konzepte in der Rechnungslegung eines Unternehmens wiedergegeben sind. Eine durchgehende Fallstudie des börsennotierten Unternehmens zooplus AG zeigt auf, wie die Finanzthemen tatsächlich in der Praxis gehandhabt werden.

#### Besondere Hinweise für die Praxis

Hier finden Sie wichtige Aspekte und hilfreiche Fragen, wenn Sie sich mit den einzelnen Themen selbst auseinandersetzen möchten.

In diesem Buch wird die im alltäglichen Sprachgebrauch verwendete Terminologie gebraucht (wie z.B. „Aktien" oder „Sachanlagen"), um dieses Buch für Berufstätige, die keine Spezialisten im Finanzbereich sind, leicht zugänglich zu machen. Andere Begriffe (z.B. „Lagerbestand" oder „Anlagevermögen", die in den IFRS[1] verwendet werden), werden eingeführt, um eine Entsprechung in der Praxis zu zeigen. Für die Behandlung von Finanzausweisen und Publizität haben wir die IFRS verwendet.

# Über die Autoren

**Stuart Warner Bsc (Hons) FCA** ist Autor von vier Büchern über das Finanzwesen, ein internationaler Redner, Lehrer und Berater. Sein Ziel ist, durch innovatives und engagiertes Unterrichten im Bereich Finanzen Unternehmen zu helfen, Produktivität und Gewinne zu steigern. Er erteilt in der ganzen Welt Kurse im Finanzwesen für viele Sektoren der Wirtschaft. Im Laufe seiner Karriere hat Stuart Warner mehr als zehntausend Menschen unterrichtet.

Er hat Auszubildende im Bereich Rechnungswesen für berufliche Abschlüsse unterrichtet und Weiterbildungskurse für Fachleute im Bereich Rechnungswesen sowie interaktive Kurse für Fachleute aus anderen Bereichen, von Universitätsabsolventen bis Vorständen, erteilt. Stuart Warner studierte Betriebswirtschaft am University of Manchester Institute of Science and Technology und erwarb während seiner Arbeit bei PwC den Abschluss eines Wirtschaftsprüfers.

**Saieem (Si) Hussain BSc (Hons) FCA** ist Wirtschaftsprüfer. Er erhielt bei KPMG seine Ausbildung und machte 1990 seinen Abschluss. Er hat mehr als 25 Jahre für Tausende Fachleute Kurse in Finanzen und Betriebswirtschaft gegeben. Si Hussain hatte leitende Positionen in mehreren börsennotierten Unternehmen inne, unter anderem war er Vorstandsvorsitzender von BHP Professional Education.

Si Hussain führt ein unabhängiges Beratungsunternehmen mit Kursen in Finanzen und Betriebswirtschaft, unter anderem Coaching für Führungskräfte. Er berät Unternehmen in strategischen und betriebswirtschaftlichen Fragen in allen Bereichen der Aus- und Weiterbildung.

## Die deutsche Bearbeitung

**Georg Erdmann** ist Professor für Finanzmanagement an der Hochschule Augsburg. Daneben ist er Prodekan der Fakultät für Wirtschaft. Zuvor war er Professor für Rechnungswesen, Leiter des Masterstudiengangs Betriebswirtschaft sowie Prodekan der Fakultät Betriebswirtschaft an der Technischen Hochschule Nürnberg Georg Simon Ohm.

Nach Abitur und Berufsausbildung studierte Georg Erdmann Betriebswirtschaftslehre an der Ludwig-Maximilians-Universität in München. Anschließend wurde er mit einer Arbeit im Bereich des Risk Management zum Dr. oec. publ. promoviert. Zu Beginn seiner Berufstätigkeit arbeitete er bei einer der Big-4-Wirtschaftsprüfungsgesellschaften sowie bei einer großen öffentlich-rechtlichen Bank. Vor seiner Berufung an die Hochschule war Georg Erdmann viele Jahre als Finanzvorstand eines börsennotierten Immobilienunternehmens tätig. Dort verantwortete er die Bereiche Rechnungswesen, Controlling, Investor Relations sowie IT.

Neben seiner Lehrtätigkeit ist er als Aufsichtsrat, als Berater von Unternehmern und Unternehmen im Bereich Unternehmensführung und Unternehmenssteuerung sowie als Business Angel aktiv. Georg Erdmann ist Autor und Co-Autor mehrerer Fachbücher, im Pearson Verlag erschienen sind das Grundlagenwerk Betriebswirtschaftslehre und ein Standardwerk zur Kostenrechnung.

# Danksagung

Wir danken der zooplus AG, inbesondere Frau Diana Apostol, für die Erlaubnis, Material aus dem Jahresabschluss und Geschäftsbericht 2018 zu verwenden.

## Widmung

**Stuart Warner:** An alle, die ich unterrichtet habe. Danke für eure Aufmerksamkeit, Bereitschaft zu lernen, herausfordernde Fragen und gelegentliches Lachen an den richtigen Stellen. Ihr habt mir dabei geholfen, mein eigenes Verständnis der Finanzen sowie meinen fragwürdigen Sinn für Humor zu entwickeln, zu verfeinern und abzustimmen. Euer Beitrag hat mich in die Lage versetzt, dieses Buch zu schreiben.

**Si Hussain:** An Myra, Janita, Liyana and Eliza. Eure Begeisterung war in dieser Zeit die einzige Konstante. Ich stehe für immer in eurer Schuld.

# Website zum Buch

Zu diesem Buch gibt es die Website *www.pearson-studium.de/finance-buch* mit ergänzenden und unterstützenden Materialien.

Dort finden Sie:

- *Kleines Lexikon der Finanzwirtschaft* mit über 500 Begriffen, ihrer englischen Entsprechung und Definition
- Den vollständigen *Jahresabschluss von zooplus* im Jahr 2018

# Grundlagen

# 1

# Mitarbeiter und Systeme im Finanzbereich

*„Ich brauche keine Leibwächter, viel wichtiger sind auf jeden Fall zwei hoch qualifizierte Wirtschaftsprüfer."*

Elvis Presley, amerikanischer Musiker und Schauspieler

## Auf einen Blick

Für alle Unternehmen ist der Finanzbereich zentral. Die meisten Abteilungen eines Unternehmens sind mit der Finanzabteilung eng verbunden und interagieren mit ihr.

Die Mitarbeiter des Finanzbereichs liefern grundlegende Unterstützung für die anderen Teile des Unternehmens.

Kapitel 1    Mitarbeiter und Systeme im Finanzbereich

# Basiswissen

Der Grund liegt darin, dass für jedes Unternehmen ein solides Finanzmanagement erfolgsentscheidend ist. Es kann einer der wichtigsten Faktoren sein, die den Unterschied zwischen durchschnittlichen und überdurchschnittlichen Ergebnissen ausmachen. Ein effizientes und effektives Finanzteam kann für die anderen Bereiche des Unternehmens einen Mehrwert erbringen.

Die erfolgreichsten Unternehmen investieren sowohl in das Personal des Finanzbereichs als auch in die dort eingesetzten Systeme, da sie wissen, dass Informationen höherer Qualität sich auszahlen, indem sie zu besseren Entscheidungen des Unternehmens führen.

Der für den Finanzbereich wichtigste Zeitpunkt ist das Ende des Geschäftsjahres, wenn die gesetzlich vorgeschriebenen Abschlüsse erstellt und später veröffentlicht werden.

Im Rahmen der Jahresbudgetierung kommen Mitarbeiter aus den meisten anderen Bereichen in Kontakt mit dem Finanzbereich.

Die meisten Unternehmen erstellen monatliche Rechnungslegungsberichte, auch wenn zusätzlich der Trend in Richtung Ad-hoc-Berichte und Informationen in Echtzeit geht.

## Mitarbeiter und Abteilungen im Finanzbereich

Die unten gezeigte Abbildung stellt eine typische Struktur einer Finanzabteilung dar:

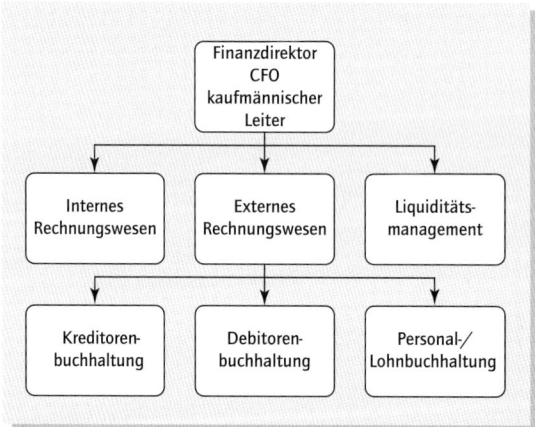

**Abbildung 1.1:** Struktur einer Finanzabteilung

## Finanzdirektor

Der Finanzdirektor oder CFO (Chief Financial Officer), im deutschen Sprachraum bisweilen auch kaufmännischer Leiter genannt, ist zuständig für die Finanzstrategie und deren Verbindung mit der Unternehmensstrategie. Er ist normalerweise auch Mitglied der Geschäftsleitung bzw. des Vorstands. Er hat die Gesamtverantwortung für die finanzielle Stabilität des Unternehmens und überwacht wichtige Kennzahlen und Leistungsindikatoren wie z.B.:

- Erfolgskennzahlen
- Working Capital (Nettoumlaufvermögen) und Liquidität
- Langfristige Stabilitätskennzahlen
- Investorenkennzahlen

## Externes Rechnungswesen

Das Team des externen Rechnungswesens ist zuständig für die buchhalterische Erfassung von Transaktionen und die Betreuung und Verwaltung der Buchhaltungs-Konten des Rechnungswesens. Der Leiter Rechnungswesen leitet das Team.

Die drei Schlüsselbereiche sind:

1. *Kreditoren(buchhaltung):* Bearbeitung von Eingangsrechnungen und Bezahlung von Lieferanten
2. *Debitoren(buchhaltung):* Bearbeitung von Ausgangsrechnungen und Erfassung der Zahlungen von Kunden
3. *Personal-/Lohnbuchhaltung:* fristgerechte und korrekte Zahlung der Gehälter an Mitarbeiter

Weitere Bereiche und Funktionen des Rechnungswesens sind unter anderen:

- Anlagenbuchhaltung
- Lagerbuchhaltung
- Steuerabteilung
- Finanzberichterstattung
- Konzernbilanzierung
- Ansprechpartner für externe Abschlussprüfer

## Liquiditätsmanagement

Das Team Liquiditätsmanagement ist unter anderem dafür zuständig:

- sicherzustellen, dass das Unternehmen ausreichend Liquidität hat, d.h. jederzeit in der Lage ist, fällige Rechnungen zu bezahlen,
- überschüssige Barmittel effektiv zu nutzen,
- Quellen mittel- und langfristiger Finanzierung zu finden,

- die Beziehungen zu Aktionären des Unternehmens zu managen (Investor Relations),
- Beziehungen zu Banken handzuhaben und Klauseln in Kreditverträgen zu überwachen,
- bei Geschäftstätigkeit im Ausland Fremdwährungen zu managen.

**Internes Rechnungswesen**

Das Team internes Rechnungswesen überwacht Budgets, erstellt Prognosen und liefert Informationen, die finanzielle Entscheidungen unterstützen.

Jedes Unternehmen hat seine eigene Struktur. In kleineren Unternehmen werden viele dieser Funktionen zusammengelegt. Die kleinsten Unternehmen können ihre Finanzaktivitäten ganz oder teilweise an einen Steuerberater oder eine Wirtschaftsprüfungsgesellschaft auslagern, da dies kostengünstiger ist, als Mitarbeiter einzustellen.

## Finanzsysteme

### Informationsquellen

Die meisten Dokumente kommen aus den Subsystemen Verkauf und Kauf und enthalten:

- Kaufanforderungen
- Kauf- und Verkaufsaufträge
- Lieferscheine (Verkäufe)
- Wareneingangsbestätigungen (Käufe)
- Eingangs- und Ausgangsrechnungen
- Überweisungsanzeigen (Geldeingänge und Auszahlungen)

Sonstige Dokumente sind unter anderen:

- Zeitkonten für Lohnabrechnung
- Rechnungen für sonstige Kosten, z.B. von Versorgungsunternehmen und Miete
- Belege für den Kauf von Sachanlagen

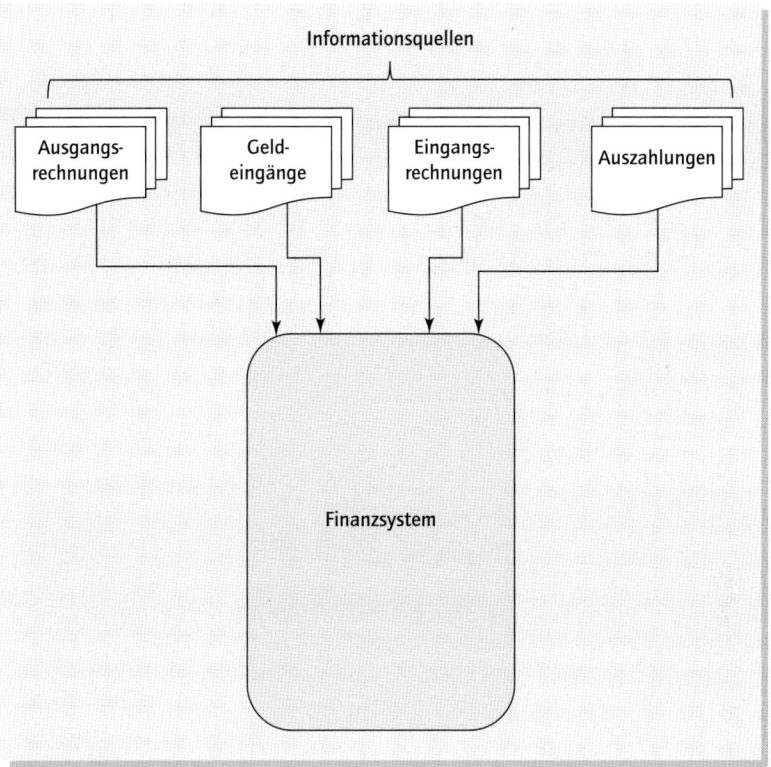

**Abbildung 1.2:** Quellendokumente

**Wichtige Aufgaben**

- Kauf- und Verkaufsberichte
- Cashflowmanagement
- Verwaltung von Sachanlagen
- Verwaltung des Lagerbestands
- Steuerverwaltung, z.B. Umsatzsteuerzahlungen

Kapitel 1    Mitarbeiter und Systeme im Finanzbereich

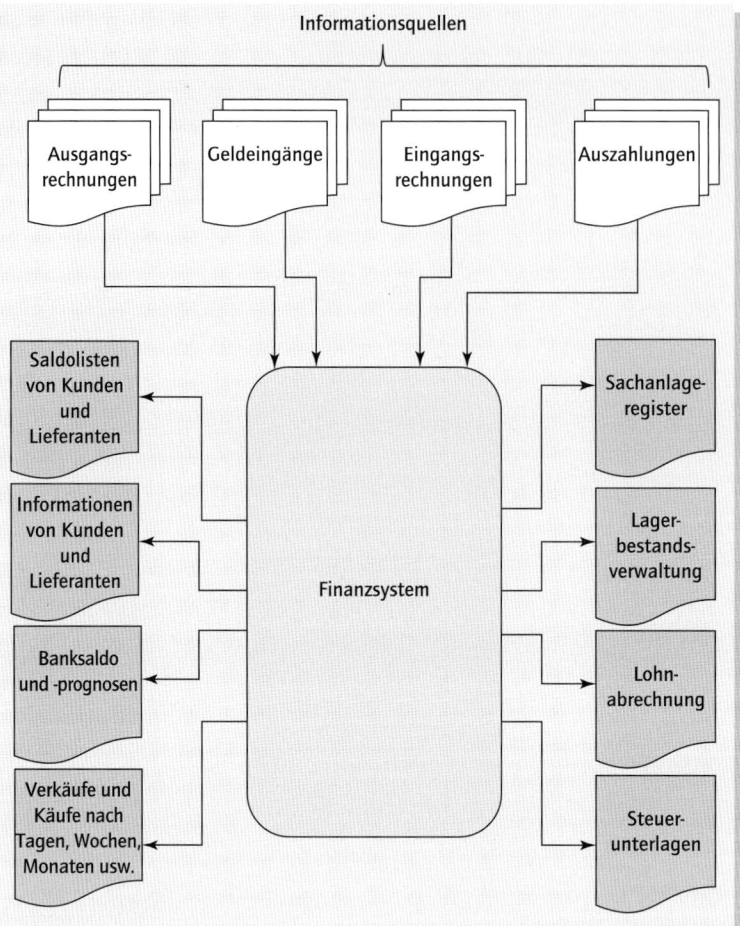

**Abbildung 1.3:** Wichtige Aufgabenbereiche

Die Verwaltung von Lohn- und Gehaltszahlungen ist manchmal aus Kontrollgründen ein eigenständiges System.

### Das Hauptbuch

Das Hauptbuch ist das zentrale Verzeichnis für sämtliche Buchungen. Je nach ihrer Art wird jede Transaktion einem anderen „Hauptkonto" zugeteilt. Das Hauptbuch ist bisweilen sehr detailliert. Beispielsweise kann die Position „Verkäufe" eigene Hauptkonten haben für jedes einzelne Produkt oder jede Dienstleistung, die in einzelnen Regionen verkauft wurden. Der Grad der Detailliertheit hängt von der Größe des Unternehmens, der Komplexität und den geschäftlichen Erfordernissen ab.

**Die Rohbilanz**

Die Rohbilanz ist eine Liste aller Konten im Hauptbuch und dem damit zusammenhängenden „Kontostand" (oder Saldo), unterteilt in die Bilanzposten und in die Gewinn- und Verlustrechnung.

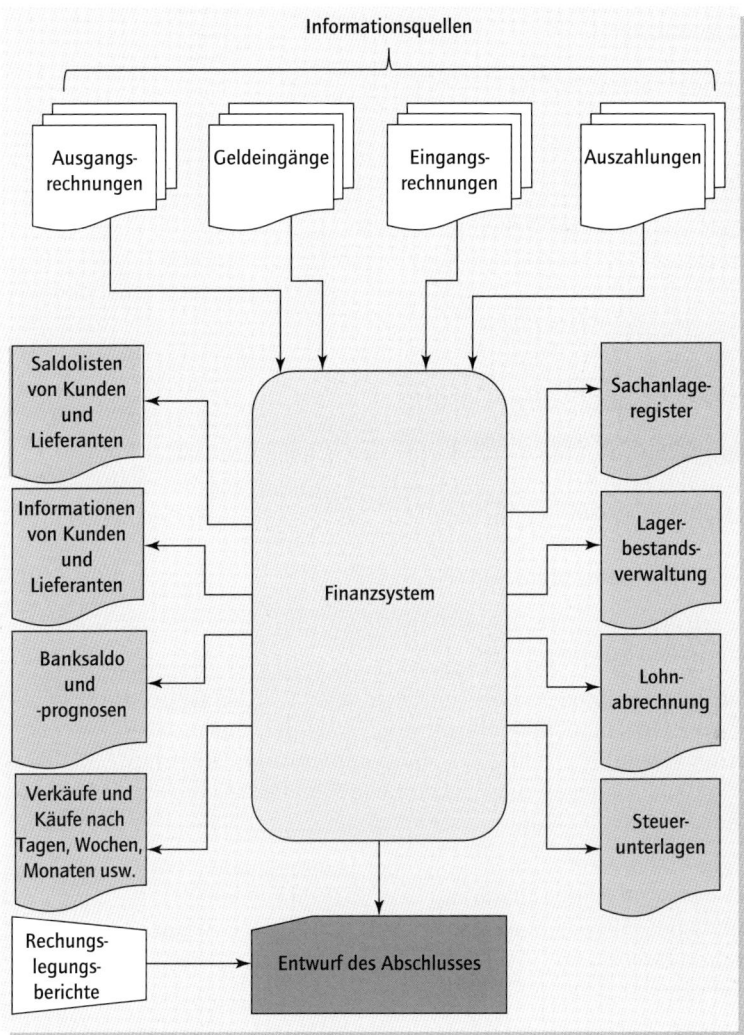

**Abbildung 1.4:** Hauptbuch, Rohbilanz und Journale

## Journale

Zuständige Mitarbeiter des Rechnungswesens sind für die Erstellung der Journale am Ende der Periode verantwortlich. Dabei handelt es sich um Anpassungen der Rechnungserstellung, um zeitliche Differenzen im Zusammenhang mit dem Konzept der Periodenabgrenzung wiederzugeben. Typische Journale sind:

- Abschreibungen
- Transitorische und antizipative Abgrenzungen
- Rückstellungen

## Entwurf des Abschlusses

Anhand der „angepassten" Rohbilanz werden die Gewinn- und Verlustrechnung und die Bilanz erstellt. In dieser Phase können die Finanzausweise in einem Format sein, das den Erfordernissen des Unternehmens entspricht, jedoch möglicherweise nicht den gesetzlichen Anforderungen.

# Berichtswesen und Budgetierung

Der Entwurf des Abschlusses wird verwendet, wenn die regelmäßigen Rechnungslegungsberichte in gebündelter Form erstellt werden. Diese enthalten auch Berichte über die erzielten Ergebnisse im Vergleich zu den geplanten Ergebnissen (Budget).

## Gesetzlicher Jahresabschluss

Der Entwurf des Abschlusses wird angepasst, um den verwendeten Rechnungslegungsvorschriften zu entsprechen.

In manuell geführten Rechnungslegungssystemen wurden früher die Transaktionen in „Bücher" und „Hauptbücher" eingetragen. Trotz der allgemeinen Verwendung rechnergestützter Rechnungslegungssysteme werden diese Ausdrücke immer noch verwendet. Heutzutage gibt es eine Vielzahl von Standardsystemen wie Datev oder Sage, und die meisten bieten cloudbasierte Versionen.

Große (und zunehmend auch mittelgroße) Unternehmen verwenden eher ERP-Systeme (Enterprise Resource Planning) wie SAP und Oracle. Diese liefern eine integrierte Reihe von Subsystemen, die außer Finanzen auch Supply-Chain-Management, Produktionsverarbeitung, Customer-Relationship-Management (CRM), Personal und weitere Unternehmensbereiche einschließen.

Im Zuge der zunehmenden Technologisierung hat sich der Finanzbereich von der reinen Verarbeitung von Transaktionen und Routineanalysen mehr zu Ad-hoc-Analysen und zu einer unterstützenden Rolle für Unternehmen gewandelt. Viele große Unternehmen verwenden gemeinsam genutzte sogenannte Shared Service Center (d.h. eine zentrale Abteilung in einem Unternehmen mit vielen Geschäftsbereichen) für die Verarbeitung von Transaktionen und die eher routinemäßigen Aufgaben des Rechnungswesens.

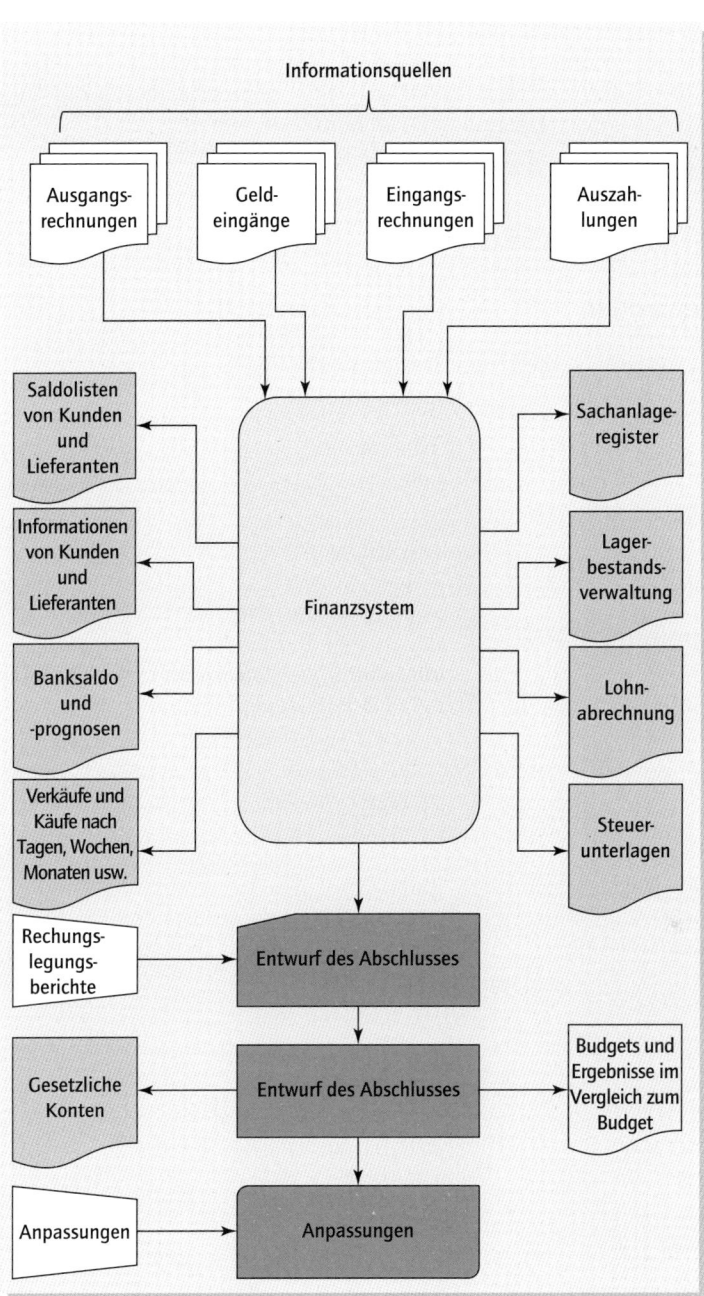

**Abbildung 1.5:** Konten

Viele Unternehmen stellen den von der Finanzabteilung geschaffenen Mehrwert in den Mittelpunkt. Buchhalter und weitere Fachleute aus dem Rechnungswesen werden zunehmend als Ansprechpartner auf Augenhöhe gesehen, die in Unternehmen eine beitragende sowie eine unterstützende Rolle spielen.

 ## Vertiefungswissen

### Systemkontrollen

Alle Finanzsysteme sollten zuverlässige Kontrollen gegen menschliche Fehler und Betrug haben. Beispiele für typische Kontrollen sind:

| | |
|---|---|
| Berechtigungen | Alle Berechtigungen und Systemeingaben sollten von einer geeigneten Person gebilligt und genehmigt werden, Käufe z.B. vom zuständigen Manager. |
| Trennung der Aufgabenbereiche | Wenn möglich, sollten jeweils andere Mitarbeiter zuständig sein für Genehmigung, Buchung und Abstimmung von Transaktionen. |
| Zugangskontrollen | Es sollte einen hierarchischen Zugang, eingeschränkt durch Passwörter geben, z.B. nur geeignete Mitarbeiter können Daten eingeben oder haben Zugang zu Daten. |
| Physische Kontrollen | Nur befugte Mitarbeiter haben Zugang zu bestimmten Büros, z.B. nur befugte IT-Mitarbeiter können in die Server-Räume. |
| Eingabekontrollen | Dazu gehören z.B. Stapeleingabe und Prüfziffer. |
| Abstimmungen | Es sollte regelmäßige Abstimmungen, z.B. Kontoabstimmungen und Aktienchecks, geben. |
| Budgets | Unerwartete Differenzen zwischen Budget und den tatsächlichen Zahlen (Abweichungen genannt) können mögliche Fehler aufzeigen. |
| Buchungskontrollen | Es sollte ein Buchungsprotokoll vorhanden sein, das erfasst, was geändert wurde und wer dies gemacht hat. |
| Datensicherungen | Es sollten regelmäßige Datensicherungen vorgenommen werden, die außerhalb des Systems gelagert werden, sodass das System in den vorherigen Zustand zurückgesetzt werden kann. |
| Notfallpläne | Diese umfassen z.B. einen Wiederherstellungsplan bei einem Systemausfall oder anderen Katastrophen. |
| Interne Prüfung / Kontrolle | Es sollten regelmäßige unabhängige „interne" Prüfungen der Systeme und ihrer Kontrollen erfolgen. |
| Prüfungsausschuss | Ein Ausschuss des Aufsichtsrats kann die Richtigkeit der Rechnungslegung überprüfen. |

**Tabelle 1.1:** Beispiele für interne Kontrollen

Zusätzlich zu den offensichtlichen Vorteilen starker interner Kontrollen sollten diese auch einen externen Prüfer in die Lage versetzen, den erforderlichen Prüfaufwand zu verringern.

# Profiwissen

## Standesorganisationen und Berufsverbände

Für Rechnungswesenexperten und andere Mitarbeiter im Finanzbereich gibt es eine Reihe von Berufsverbänden.

In Deutschland unterscheidet man normalerweise den Steuerberater, den vereidigten Buchprüfer und den Wirtschaftsprüfer. Vereidigte Buchprüfer dürfen als externer Abschlussprüfer für mittelgroße Kapitalgesellschaften bestellt werden, Wirtschaftsprüfer dürfen Abschlussprüfer bei jeder Gesellschaft sein.

Vertreten werden die Interessen beispielsweise durch das Institut der Wirtschaftsprüfer in Deutschland e. V. (IDW), das auch Richtlinien zur korrekten Bilanzierung und Jahresabschlussprüfung herausgibt.

# Anwendung und Darstellung in der Praxis

Ein Unternehmen veröffentlicht im Allgemeinen nicht die internen Strukturen seines Finanzbereichs.

> **FALLSTUDIE** zooplus AG
>
> Die zooplus AG zeichnet sich durch eine klare Organisations-, Unternehmens- sowie Kontroll- und Überwachungsstruktur aus. Zur ganzheitlichen Analyse und Steuerung ertragsrelevanter Risikofaktoren und bestandsgefährdender Risiken existieren unternehmensweit abgestimmte Planungs-, Reporting-, Controlling- sowie Frühwarnsysteme und -prozesse. Die Funktionen in sämtlichen Bereichen des (Konzern-)Rechnungslegungsprozesses (z.B. Rechnungswesen, Finanzbuchhaltung und Controlling) sind eindeutig zugeordnet. Aufgrund ihrer eher geringen Größe und Komplexität verzichtet die zooplus AG bisher auf eine separate Revisionsabteilung und bedient sich für Revisionszwecke neben internen Mitarbeitern auch fallweise externer Dienstleister.
>
> Die im Rechnungswesen eingesetzten IT-Systeme sind gegen unbefugte Zugriffe geschützt. Im Bereich der eingesetzten Finanzsysteme wird überwiegend auf Standardsoftware (SAP) und eigenentwickelte Software zurückgegriffen.
>
> *Quelle: Geschäftsbericht zooplus AG 2018, S. 85*
>
> Die klare Organisations-, Unternehmens- sowie Kontroll- und Überwachungsstruktur sowie die hinreichende Ausstattung des Rechnungswesens in personeller und materieller Hinsicht stellen die Grundlage für ein effizientes Arbeiten der an der (Konzern-)Rechnungslegung beteiligten Bereiche und Personen dar. Klare gesetzliche und unternehmensinterne Vorgaben und Leitlinien sorgen für einen einheitlichen und ordnungsgemäßen Rechnungslegungsprozess. Die klar definierten Überprüfungsmechanismen innerhalb der an der Rechnungslegung selbst beteiligten Bereiche sowie die Überprüfung durch das interne Controlling und eine frühzeitige Risikoerkennung durch das Risikomanagement sollen eine fehlerfreie (Konzern-)Rechnungslegung gewährleisten.
>
> *Quelle: Geschäftsbericht zooplus AG 2018, S. 86*

**Kapitel 1    Mitarbeiter und Systeme im Finanzbereich**

Zur Absicherung von Fremdwährungsrisiken aus erwarteten zukünftigen Transaktionen sowie bilanzierten Vermögenswerten und Schulden verwendet der Konzern Devisentermingeschäfte, die durch die Konzernfinanzabteilung abgeschlossen werden.

*Quelle: Geschäftsbericht zooplus AG 2018, S. 82*

Das Risikomanagement erfolgt durch die zentrale Finanzabteilung entsprechend den vom Vorstand verabschiedeten Leitlinien. Die Konzernfinanzabteilung identifiziert, bewertet und sichert finanzielle Risiken in enger Zusammenarbeit mit den operativen Einheiten des Konzerns ab.

*Quelle: Geschäftsbericht zooplus AG 2018, S. 131*

# Besondere Hinweise für die Praxis

Im Zusammenhang mit dem Finanzbereich und den Finanzsystemen sind folgende Fragen für Sie hilfreich:

- Die Struktur des Finanzbereichs. Sind Rollen und Zuständigkeiten klar definiert?
- Ist das Finanzteam in das Unternehmen integriert? Wird dieses als Partner betrachtet, das zur Unterstützung von Entscheidungen einen Mehrwert liefert?
- Ist das eingesetzte Finanzsystem ein anerkanntes? Gibt es viele unterschiedliche Systeme, die abgestimmt und manuell integriert werden müssen?
- Verwendet das Unternehmen detaillierte (individuelle) Berichte aus Tabellenkalkulationen anstelle von / zusätzlich zu Standard-Systemberichten?
- Wie hoch sind die Investitionen in die Aufrechterhaltung und Verbesserung der Systeme?
- Gibt es Eingabekontrollen für das System, wie z.B. Trennung der Aufgabenbereiche und hierarchischer Zugang?
- Liefert das Finanzsystem genaue und verlässliche Informationen? Machen die Führungskräfte tatsächlich Gebrauch von den Systeminformationen?
- Gibt es eine interne Kontrolle oder eine unabhängige Bewertung des Finanzsystems und des Finanzbereichs?
- Vertrauen externe Wirtschaftsprüfer bei der Durchführung ihrer Prüfung den eingesetzten Finanzsystemen?

# 2
# Periodisierungsprinzip des Rechnungswesens

*„Vergesst nicht, dass Kredit Geld ist."*

Benjamin Franklin, amerikanischer Staatsmann, Diplomat, Schriftsteller,
Wissenschaftler und Erfinder

## Auf einen Blick

Eine *Ergebnisrechnung nach Zahlungsflüssen,* auch als Kameralistik bezeichnet, verzeichnet die Zuflüsse von Geld in das Unternehmen und Abflüsse von Geld aus dem Unternehmen. Einnahmen werden dann ausgewiesen, wenn tatsächlich Geld erhalten wurde, und Ausgaben werden dann ausgewiesen, wenn tatsächlich Geld gezahlt wurde. Bei dieser zahlungsorientierten Systematik besteht jedoch das Risiko, dass das Reinvermögen des Unternehmens über- oder unterschätzt wird.

Im Gegensatz dazu erstellen die meisten Unternehmen ihre Rechnungslegung anhand der periodengerechten Buchführung, auch als System der doppelten Buchführung oder Doppik bezeichnet. Dabei werden Erträge und Aufwendungen der Periode zugeordnet, in der sie anfallen (auf Englisch „matching principle" = Zuordnungsprinzip).

Die Buchführung nach dem *Periodisierungsprinzip* berücksichtigt Zeitunterschiede, die sich bei geschäftlichen Transaktionen regelmäßig ergeben. Einnahmen und Ausgaben bzw. Erträge und Aufwendungen müssen der richtigen Periode zugeordnet werden. Transaktionen werden ohne Rücksicht darauf gebucht, ob bereits ein Geldfluss erfolgt ist. Einnahmen bzw. Erträge werden buchhalterisch erfasst, wenn sie „verdient" wurden. Ausgaben bzw. Aufwendungen werden buchhalterisch erfasst, wenn sie angefallen sind, ohne Rücksicht auf Geldflüsse. Dadurch ergibt sich eine viel bessere Darstellung der tatsächlichen Vermögens-, Finanz- und Ertragslage des Unternehmens.

## Basiswissen

### Gegenüberstellung von Erträgen und Aufwendungen

Die wichtigsten Konzepte, die man verstehen muss, sind „verdiente" Einnahmen, d.h. Erträge, und „angefallene" Ausgaben, d.h. Aufwendungen:

| Verdiente Einnahmen = Erträge | Angefallene Ausgaben = Aufwendungen |
|---|---|
| Erträge werden im Rechnungswesen erfasst, wenn sie „verdient" sind, nicht wenn Geld „erhalten" wird. | Aufwendungen werden im Rechnungswesen erfasst, wenn sie „angefallen" sind, nicht wenn Geld „gezahlt" wird. |
| Beispielsweise wird ein Verkauf auf Ziel (d.h. mit Forderung an den Kunden) als Ertrag erfasst, wenn er getätigt wird, auch wenn das Unternehmen noch kein Geld erhalten hat. | Beispielsweise wird ein Kauf auf Rechnung als Aufwand erfasst, wenn er getätigt wird, auch wenn das Unternehmen noch kein Geld gezahlt hat. |

**Tabelle 2.1:** Gegenüberstellung von Erträgen und Aufwendungen

Verkäufe zwischen Unternehmen erfolgen üblicherweise auf Ziel bzw. gegen Kredit, d.h., der Käufer zahlt an den Verkäufer nach einer vereinbarten Zahl von Tagen.

### Periodengerechte Buchführung

Nach der periodengerechten Buchführung wird ein Verkauf vom Verkäufer im Zeitpunkt der Durchführung der Transaktion buchhalterisch erfasst (d.h. „verdient"), nicht wenn die Zahlung des Käufers erhalten wird. Die Zahlung könnte auch 30 oder mehr Tage danach auf dem Bankkonto eingehen.

Ebenso wird ein Kauf vom Käufer im Zeitpunkt der Durchführung der Transaktion buchhalterisch erfasst (d.h., „wenn er anfällt"), nicht wenn die Zahlung an den Verkäufer geleistet wird.

Der Zeitpunkt der Transaktion ist je nach Art des Geschäfts üblicherweise der Zeitpunkt, zu dem Waren geliefert werden oder eine Leistung erbracht wird.

Die Buchführung nach dem Periodisierungsprinzip ist von den Rechnungslegungsgrundsätzen und den Grundsätzen ordnungsmäßiger Buchführung (GoB) vorgeschrieben und erfolgt normalerweise nach den Generally Accepted Accounting Principles (GAAP), d.h. den im jeweiligen Land vorgeschriebenen Rechnungslegungsvorschriften. So schreibt z.B. das deutsche Handelsgesetzbuch (HGB) vor, dass Transaktionen im Zeitpunkt der Leistungserbringung zu buchen sind, nicht bei Zahlungsfluss.

Die Erstellung der Rechnungslegung anhand der periodengerechten Buchführung gibt ein genaueres Bild der aktuellen finanziellen Lage oder des Nettovermögens eines Unternehmens. Nur weil ein Unternehmen in seiner Bilanz einen hohen Kassenbestand ausweist, bedeutet das nicht, dass es eine starke Finanzlage hat. Es könnte verpflichtet sein, in sehr naher Zukunft eine Reihe von Zahlungen zu leisten.

> **BEISPIEL**
>
> Alle Verkäufe der ABC GmbH werden bar vereinnahmt, und alle Käufe erfolgen auf Rechnung, d.h. auf Kredit. In der Bilanz nach periodengerechter Buchführung wird ausgewiesen, dass ein Teil des Barbestands der ABC GmbH zukünftig für Zahlungen an den Verkäufer der eingekauften Waren verwendet wird. Gleichzeitig werden bei der Berechnung des Gewinns in der Gewinn- und Verlustrechnung (G&V) nach periodengerechter Buchführung die (Bar-)Verkäufe mit den (Kredit-)Käufen, die diese Verkäufe generiert haben, verrechnet.

Die periodengerechte Buchführung mit Abgrenzungen ist am Ende des Geschäftsjahres, wenn der Jahresabschluss erstellt wird, am wichtigsten. Aus den Finanzberichten sollten klar sämtliche zukünftigen Zahlungsverpflichtungen und erwarteten Geldzuflüsse hervorgehen.

Ein Verkauf beispielsweise, der kurz vor Ende des Jahres stattfand, sollte im selben Jahr als Ertrag ausgewiesen werden, auch wenn die Zahlung für diesen Verkauf erst im folgenden Jahr erhalten wird.

Wenn ein Unternehmen regelmäßig Berichte erstellt, ist es auch wichtig, etwaige zeitliche Differenzen am Ende jeder Periode zu berücksichtigen.

Einige Folgen aus dem Periodisierungsprinzip in der Praxis sind:

- Umsatzrealisierung
- Abschreibungen
- Forderungen und Verbindlichkeiten (auch als Debitoren und Kreditoren bezeichnet)
- Abgrenzungsposten und Vorauszahlungen (auch als transitorische und antizipative Rechnungsabgrenzung bezeichnet)
- Rückstellungen

Wirtschaftsprüfer achten immer auf Transaktionen am Jahresende, um sicherzustellen, dass diese in der richtigen Periode ausgewiesen werden. Ein großer Verkauf auf Ziel bzw. Kredit unmittelbar vor Jahresende oder ein großer Kauf auf Rechnung bzw. Kredit unmittelbar nach dem Jahresende hat aufgrund der Periodenrechnung eine klare Auswirkung auf den Gewinn des laufenden Jahres.

# Vertiefungswissen

Für die meisten Unternehmen mit einfachen Produkten oder Dienstleistungen ist die Festlegung des Zeitpunkts der Transaktionen relativ unkompliziert.

Bei komplexeren Situationen gibt es jedoch einige Bereiche, die mehr Überlegungen erfordern und eventuell die Einbeziehung von Wirtschaftsprüfern und/oder Rechnungslegungsexperten. Obwohl es einige bewährte Methoden gibt, haben Unternehmen je nach Art der Transaktion einen gewissen Spielraum bezüglich der für ihre Rechnungslegung eingesetzten Methode.

Hier sind zwei Beispiele für solche Transaktionen:

> **BEISPIEL 1**
>
> Wenn Produkte mit Dienstleistungen kombiniert werden, kann es zu Abgrenzungsschwierigkeiten kommen, beispielsweise wenn für ein Produkt nach dem Verkauf ein Kundendienst vorgesehen ist. Die Dienstleistung könnte einige Monate nach Lieferung und Zahlung des Produkts erfolgen. Das Unternehmen muss sich für eine Rechnungslegungsrichtlinie entscheiden, um die Periode(n) festzulegen, in der die Erträge aus dem Verkauf und die Aufwendungen für die Dienstleistung buchhalterisch erfasst werden sollen.

> **BEISPIEL 2**
>
> Bauunternehmen mit Projekten über mehrere Jahre benötigen eine klare Richtlinie, wie die Erträge ausgewiesen werden. Der Umfang der fertig gestellten Leistungen kann beispielsweise nicht wiedergeben, wann und in welcher Höhe die vorher vereinbarten Zahlungen erhalten werden. Dies wird noch komplexer, wenn ein Einbehalt (= ein bis zur vollständigen Fertigstellung einbehaltener Betrag als Sicherheitsleistung) vereinbart wurde.

# Profiwissen

Im Englischen wird Periodisierung auch als „accrual accounting" bezeichnet. Der englische Begriff „accrual" verwirrt oft diejenigen, die keine Rechnungslegungsexperten sind. Viele der Begriffe, die im Rechnungswesen verwendet werden, kommen aus dem Lateinischen, da das System der doppelten Buchführung dem Italiener Luca Pacioli zugeschrieben wird. „Accrual" ist abgeleitet vom lateinischen „accrescere" = wachsen, doch die meisten Definitionen in Wörterbüchern von „accrual" beziehen sich auf „accumulation" (Ansammlung). Leider ist es immer noch eine Herausforderung, diese Erklärung auf das Konzept des „accrual accounting" (periodengerechte Buchführung) zu beziehen.

# Anwendung und Darstellung in der Praxis

Alle Buchhaltungskonten eines Unternehmens werden nach der Buchführung mit dem Periodisierungsprinzip erstellt.

Die Art der Umsatzrealisierung ist bei den Angaben zu den Rechnungslegungsvorschriften im Anhang ersichtlich.

> **FALLSTUDIE** zooplus AG
>
> **Ertragsrealisierung**
>
> Umsatz wird realisiert, wenn die entsprechende Leistungsverpflichtung erfüllt wird, das heißt, wenn die Kontrolle über die Güter oder Dienstleistungen auf den Kunden übergeht. Kontrolle wird entweder zeitpunkt- oder zeitraumbezogen übertragen. Die Kontrolle an den verkauften Waren wird zeitpunktbezogen übertragen. Eine zeitraumbezogene Umsatzrealisierung erfolgt bei Sparplänen entsprechend deren Laufzeit.
>
> *Quelle: Geschäftsbericht zooplus AG 2018, S. 13*

## Besondere Hinweise für die Praxis

Bei der Buchführung nach dem Periodisierungsprinzip sollten Sie die folgenden Punkte beachten:

- Richtlinien zur Umsatzrealisierung
- Transaktionen, die gegen Ende einer Periode stattfinden
- Änderungen der Salden bei Debitoren, Kreditoren und bei den Abgrenzungsposten im Jahresvergleich

# 3
# Corporate Governance

*„Der wirkliche Mechanismus für die Steuerung eines Unternehmens ist
die aktive Beteiligung der Eigentümer."*

Louis Gerstner Jr., ehemaliger Vorstandsvorsitzender von IBM

## Auf einen Blick

*Corporate Governance* bezieht sich auf die Regelungen, durch die Unternehmen gelenkt werden (d.h. geführt und gesteuert werden). Gute Systeme zur Steuerung von Unternehmen halten die Geschäftsführer davon ab, Entscheidungen zu treffen, die sie selbst begünstigen und Aktionäre oder andere schädigen.

Auf der ganzen Welt gibt es Regelungen zur Unternehmenssteuerung. In den meisten europäischen Ländern stehen die Geschäftsführung, der Aufsichtsrat sowie die Beziehungen zu den Aktionären im Mittelpunkt der Vorschriften. Beinhaltet sind auch Publizitätspflichten sowie die Regelung möglicher Interessenkonflikte.

# Basiswissen

## Unternehmenssteuerung

Die Unternehmenssteuerung ist immer dann ein wichtiges Thema, wenn das Eigentum am Unternehmen von der Steuerung des Unternehmens getrennt ist, d.h., wenn Gesellschafter und Geschäftsführung nicht derselbe Personenkreis sind.

In börsennotierten Unternehmen (Aktiengesellschaften) sind die Vorstände gewöhnlich andere Personen als die Aktionäre, die Eigentümer des Unternehmens sind. Dabei handelt es sich um eine Agenten-Beziehung, bei der die Aktionäre, die üblicherweise an der Führung des Tagesgeschäfts des Unternehmens nicht beteiligt sind, sich auf den Vorstand (Agenten) verlassen müssen, dass dieser mit seinem Wissen das Unternehmen zu ihrem Vorteil führt. Diese Agenten-Beziehung bringt die Gefahr mit sich, dass die Vorstände Entscheidungen treffen können, die in ihrem eigenen Interesse sind und nicht im Interesse der Aktionäre.

In Deutschland haben sich die Richtlinien bezüglich der Unternehmenssteuerung im Laufe vieler Jahre entwickelt und sind zumeist auf börsennotierte Unternehmen anwendbar. Sie sollen sicherstellen, dass die Interessen der Unternehmensführung und der Aktionäre aufeinander abgestimmt sind.

Der deutsche *Corporate-Governance-Kodex* beinhaltet Vorschriften der guten Unternehmensführung für börsennotierte Unternehmen, hat aber auch Auswirkungen auf nicht börsennotierte Unternehmen.

Der Kodex enthält Grundsätze und Bestimmungen für börsennotierte Unternehmen, die berichten müssen

1. wie sie die wichtigsten Grundsätze des Kodex angewendet haben,
2. ob sie die Bestimmungen des Kodex eingehalten haben. Falls das nicht der Fall war, ist eine Erklärung erforderlich (sog. „Comply or Explain").

Nicht börsennotierte Unternehmen werden zwar ermutigt, den Kodex einzuhalten, müssen dies aber nicht. Privatunternehmen, auch diejenigen, die sich mehrheitlich oder vollständig im Besitz der Geschäftsführer befinden, wird empfohlen, die Richtlinien zur Unternehmenssteuerung einzuhalten. Dies gilt insbesondere aufgrund der Auswirkungen, die eine Insolvenz auf andere Stakeholder (Mitarbeiter, Kunden, Staat usw.) haben kann.

Die im Kodex enthaltenen Pflichten wurden als Reaktion auf Unternehmensinsolvenzen in der Vergangenheit erstellt. Die Erklärung der Unternehmensführung, dass sie die Pflichten eingehalten hat, sollte die Investoren darauf vertrauen lassen, dass die Vorstände im besten Interesse der Aktionäre handeln.

Die im Kodex dargelegten Grundsätze sind das Ergebnis zahlreicher Unternehmenszusammenbrüche. Prominente Fälle von Zusammenbrüchen englischer Unternehmen sind unter anderen Maxwell Communications und Polly Peck Anfang der 1990er Jahre sowie Northern Rock und RBS während der Finanzkrise Ende der 2000er Jahre.

Die Einhaltung der Grundsätze und Bestimmungen des Kodex sind nicht gesetzlich vorgeschrieben. Es wird davon ausgegangen, dass sich die Geschäftsführer von Unternehmen an die Empfehlungen halten oder dass sie erklären, warum sie sich entschieden haben, dies nicht zu tun. Der Kodex ist kein Allheilmittel für Erfolg und auch kein Ersatz für eine Unternehmensstrategie. Wenn eine oder mehrere Bestimmungen nicht eingehalten werden, ist dies kein Anzeichen dafür, dass das Unternehmen insolvent wird oder dass es zu einem Fehlverhalten gekommen ist.

Die Einhaltung des Kodex soll die Anleger darauf vertrauen lassen und ihnen Sicherheit geben, dass sich das Unternehmen und seine Geschäftsführer daran orientieren, was als „beste Praktiken" bezeichnet werden könnte.

# Vertiefungswissen

## Geschichte und Methoden

Der „Deutsche Corporate Governance Kodex" ist das Ergebnis von Entwicklungen, die länger als ein Vierteljahrhundert andauerten, und von Lernprozessen in Bezug auf die Unternehmenssteuerung. Zahlreiche Komitees sprachen Empfehlungen aus, wie ein Unternehmen (der Vorstand) geführt und verwaltet werden sollte. Außerdem gab es Empfehlungen bezüglich der Vergütung der Vorstände, der Verbesserung der Finanzberichte und der Wirtschaftsprüfung und der Beziehungen zu den Aktionären.

Der „Einhalten versus Erklären"-Ansatz („Comply of Explain") unterscheidet sich vom amerikanischen Ansatz, der verlangt, dass an US-Börsen notierte Unternehmen einen regelbasierten Ansatz verfolgen (der „SOX" oder „Sarbanes-Oxley" heißt). Ein regelbasierter Ansatz lässt den Kodex nach und nach zum Gesetz werden, d.h., die Regeln werden zu einer gesetzlichen Vorschrift. Das schafft zwar größere Klarheit, die Flexibilität geht jedoch verloren, da es keine Möglichkeit gibt, die Regeln so anzuwenden, dass sie den Charakter des Unternehmens am besten wiedergeben (z.B. seine Größe oder Entwicklungsphase).

# Anwendung und Darstellung in der Praxis

Unternehmen müssen ihre Entsprechenserklärung zum Coporate-Governance-Kodex auf der Webseite veröffentlichen. Darüber hinaus sind Ausführungen zur Corporate Governance und zum Coporate-Governance-Kodex im Jahresabschluss bzw. Geschäftsbericht erforderlich.

### FALLSTUDIE zooplus AG

**Corporate Governance**

Aufsichtsrat und Vorstand handeln in dem Bewusstsein, dass eine gute Corporate Governance im Interesse der Aktionäre der zooplus AG und der Kapitalmärkte eine wichtige Basis für den Erfolg des Unternehmens ist.

Der Aufsichtsrat hat gemeinsam mit dem Vorstand eine Entsprechenserklärung zu den Empfehlungen der „Regierungskommission Deutscher Corporate Governance Kodex" gemäß § 161 AktG abgegeben und auf der Internetseite der zooplus AG (http://investors.zooplus.com/de/corporate-governance / entsprechenserklrung.html) dauerhaft zugänglich gemacht.

**Corporate-Governance-Bericht**

Vorstand und Aufsichtsrat berichten jährlich gemäß den Vorgaben des Deutschen Corporate Governance Kodex über die Corporate Governance des Unternehmens. Die Erklärung zur Unternehmensführung gemäß §§ 289f, 315d HGB ist auf der Website des Unternehmens im Bereich Investor Relations unter http://investors.zooplus.com/de/investorrelations.html veröffentlicht, vgl. auch Lagebericht Seite 99.

Erklärung des Vorstands und Aufsichtsrats der zooplus AG zu den Empfehlungen der „Regierungskommission Deutscher Corporate Governance Kodex" entsprechend § 161 Aktiengesetz

1. Vorstand und Aufsichtsrat erklären, dass die zooplus AG seit der letzten Entsprechenserklärung vom 1. Dezember 2017 den vom Bundesministerium der Justiz und für Verbraucherschutz im amtlichen Teil des Bundesanzeigers bekannt gemachten Empfehlungen der „Regierungskommission Deutscher Corporate Governance Kodex" in der Fassung vom 7. Februar 2017 („Kodex") mit folgenden Einschränkungen entsprochen hat:

    - Ziff. 3.8 Abs. 3: Die bestehende D&O-Versicherung sieht für Mitglieder des Aufsichtsrats keinen Selbstbehalt vor. Ein Selbstbehalt hat nach Auffassung von Vorstand und Aufsichtsrat keine Auswirkungen auf das Verantwortungsbewusstsein und die Loyalität, mit denen die Gremienmitglieder die ihnen übertragenen Aufgaben und Funktionen wahrnehmen.

    - Ziff. 4.2.3 Abs. 2 Satz 4: Die Vorstandsmitglieder nehmen an einem Aktienoptionsprogramm der Gesellschaft teil. Nach Ablauf einer festgelegten Wartezeit und unter der Voraussetzung des Erreichens bestimmter, von der Hauptversammlung beschlossener Erfolgsziele gewähren die Aktienoptionen ein Recht auf den Bezug von Aktien der Gesellschaft zu einem festgelegten Preis. Das Aktienoptionsprogramm sieht keine ausdrückliche Regelung zur Berücksichtigung negativer Entwicklungen vor. Die Berücksichtigung negativer Entwicklungen erfolgt mittelbar dadurch, dass die Ausübung der Optionsrechte aufgrund des feststehenden Bezugspreises wirtschaftlich unattraktiv werden kann. Dementsprechend erklären Vorstand und Aufsichtsrat vorsorglich eine Abweichung.

- Ziffer 4.2.3 Abs. 4 Satz 3: Für die Berechnung des Abfindungs-Caps wird bei vorzeitiger Beendigung der Vorstandstätigkeit nicht durchgängig auf die Gesamtvergütung des abgelaufenen Geschäftsjahres und gegebenenfalls auch auf die voraussichtliche Gesamtvergütung für das laufende Geschäftsjahr abgestellt. Nach den Regelungen der Vorstandsverträge werden die Abfindungs-Caps – neben der jeweiligen Grundvergütung – auch unter Berücksichtigung des Zeitwerts (Fair Value) der dem jeweiligen Vorstandsmitglied bis zum Beendigungstermin zu erteilenden Aktienoptionen bzw. gegebenenfalls zu gewährender Ansprüche aus einem Cash-Bonus-Plan berechnet. Vorstand und Aufsichtsrat erachten dies als angemessen, um den konkreten Umständen, die zu einer vorzeitigen Beendigung der Vorstandstätigkeit führen, und der übrigen Situation des Einzelfalls zum Zeitpunkt der Beendigung hinreichend Rechnung zu tragen.
- Ziff. 5.4.1 Abs. Satz 2: Der Aufsichtsrat hat keine Regelgrenze für die Zugehörigkeitsdauer zum Aufsichtsrat festgelegt. Der Aufsichtsrat ist der Ansicht, dass eine pauschale Regelgrenze individuelle Faktoren, die eine längere Zugehörigkeit einzelner Aufsichtsratsmitglieder rechtfertigen, nicht berücksichtigt. Der Aufsichtsrat möchte sich daher die grundsätzliche Möglichkeit und Flexibilität erhalten, von der Expertise langjähriger und erfahrener Aufsichtsratsmitglieder zu profitieren und Kandidaten zur Aufsichtsratswahl vorzuschlagen, die aus ihrer bisherigen Tätigkeit im Aufsichtsrat der zooplus AG große Erfahrungen mit dem Unternehmen haben und sich in ihrer Aufsichtsratstätigkeit bewährt haben.
- Ziff. 5.4.6 Abs. 1 Satz 2: Bei der Vergütung der Aufsichtsratsmitglieder werden der stellvertretende Vorsitz im Aufsichtsrat sowie die Mitgliedschaft in den Ausschüssen nicht berücksichtigt, da der Arbeitsaufwand des stellvertretenden Aufsichtsratsvorsitzenden sowie der Mitglieder in den Ausschüssen nicht maßgeblich vom Arbeitsaufwand der übrigen Aufsichtsratsmitglieder abweicht.
- Ziff. 7.1.2 Satz 2: Unterjährige Finanzinformationen werden vor der Veröffentlichung nicht vom Vorstand mit dem Aufsichtsrat oder seinem Prüfungsausschuss erörtert. Dies könnte aus zeitlichen Gründen zu Verzögerungen in der Kapitalmarktinformation führen.
- Ziff. 7.1.2 Satz 3: Die Zwischenberichte (seit Bekanntmachung der Kodex-Fassung vom 7. Februar 2017: die verpflichtenden unterjährigen Finanzinformationen) werden jeweils spätestens zwei Monate nach Ablauf des Berichtszeitraums und damit innerhalb der von der Börsenordnung für die Frankfurter Wertpapierbörse für die Veröffentlichung von Quartalsmitteilungen durch im Prime Standard notierte Emittenten vorgesehenen Zweimonatsfrist veröffentlicht. Diese Fristvorgabe hält die zooplus AG für hinreichend, um eine ordnungsgemäße Rechnungslegung sicherzustellen.

2. Den Empfehlungen der „Regierungskommission Deutscher Corporate Governance Kodex" in der Fassung vom 7. Februar 2017 wird mit den vorstehend unter Ziffer 1. genannten Einschränkungen auch in Zukunft entsprochen, wobei die zooplus AG fortan der Empfehlung in Ziffer 7.1.2 Satz 2 entsprechen wird und daher für Ziffer 7.1.2 Satz 2 des Kodex für die Zukunft keine Abweichung erklärt wird.

München, 30. November 2018

Für den Aufsichtsrat          Für den Vorstand

*Quelle: Geschäftsbericht zooplus AG 2018, S. 14–15*

Kapitel 3   Corporate Governance

# Besondere Hinweise für die Praxis

Wenn Sie sich mit Corporate Governance beschäftigen, sollten Sie sich die folgenden Fragen stellen:

- Liegt eine Entsprechenserklärung der Unternehmensführung vor?
- Welche Vorschriften des Corporate-Governance-Kodex werden nicht eingehalten?
- Was sind die Gründe dafür?

# 4

# Insolvenz und Going Concern

*„Vorsicht ist eine reiche, alte, hässliche Maid und ihr Liebhaber ist die Insolvenz."*

*William Blake, Dichter, Maler, Grafiker*

## Auf einen Blick

Unternehmen, die ihre Schuldverpflichtungen erfüllen, wenn sie fällig werden, werden „solvent" genannt. *Insolvenz* ist ein Rechtsbegriff, der verwendet wird, wenn ein Unternehmen seine Schulden nicht zurückzahlen kann.

*Going Concern* (Prämisse bzw. Annahme der Unternehmensfortführung) ist ein Konzept der Rechnungslegung, das für die Erstellung von Finanzberichten verwendet wird. Es geht davon aus, dass ein Unternehmen seinen Geschäftsbetrieb weiterführen wird und nicht beabsichtigt, den Betrieb einzustellen, oder nicht gezwungen ist, den Betrieb einzustellen.

Going Concern und Insolvenz hängen miteinander zusammen, weil ein insolventes Unternehmen kein Going Concern ist.

Der Begriff „Insolvenz" ist nicht mit „Konkurs" zu verwechseln. Konkurs ist ein umgangssprachlicher Begriff, während „Insolvenz" der korrekte Fachbegriff ist.

# Kapitel 4 Insolvenz und Going Concern

 ## Basiswissen

Die meisten Unternehmen schulden irgendwann Geld, entweder weil sie Gelder von Banken aufgenommen haben oder weil sie kurzfristige Kreditlaufzeiten nutzen, wenn sie Waren oder Dienstleistungen von Lieferanten kaufen. Ein gut geführtes Unternehmen, das seine Verpflichtungen bei Fälligkeit erfüllen kann, ist ein Going Concern. Doch auch die angesehensten Unternehmen unterliegen einem Insolvenzrisiko, falls sie nicht über ausreichende Barmittel verfügen, wenn sie ihren finanziellen Verpflichtungen nachkommen müssen.

Gläubiger dürften am ehesten finanzielle Verluste erleiden, wenn die Vermögenswerte eines Unternehmens nicht ausreichen, um seine Verbindlichkeiten zu zahlen, wie es bei einer Überschuldung der Fall ist.

Eine Insolvenz betrifft auch andere Interessengruppen (sog. Stakeholder): Mitarbeiter werden ihre Arbeitsstelle verlieren und erhalten möglicherweise keine Abfindung. Aktionäre können ihre Investitionen ganz oder teilweise verlieren.

Auch Kunden können betroffen sein. Carcraft (ein in Großbritannien tätiger Gebrauchtwagenhändler) beispielsweise war eine von mehreren Insolvenzen, über die im Jahr 2015 viel berichtet wurde. Die Kunden wurden benachrichtigt, dass bestehende Garantien, TÜV-Prüfungen Pannenhilfe und Wartungsverträge, die sie mit der Firma abgeschlossen hatten, nicht mehr gültig sind. In der Folge mussten tausende Kunden diese Dienste selbst bezahlen.

Geschäftsführer sind rechtlich verpflichtet, einen Insolvenzantrag zu stellen, wenn das Unternehmen insolvent ist.

Dies kann auch erforderlich sein, wenn nur die Gefahr einer Insolvenz besteht. Pflicht der Geschäftsführer ist es, die Interessen der Gläubiger zu schützen.

## Warnzeichen

Die Geschäftsführer eines Unternehmens sind verpflichtet, „den Erfolg des Unternehmens zu fördern", unter anderem dadurch, dass das Unternehmen solvent bleibt, und Schritte zu unternehmen, wenn die Gefahr einer Insolvenz besteht.

Warnzeichen können den Geschäftsführern Zeit geben, die erforderlich ist, um andere Geldquellen zu beschaffen (oder das Geschäftsmodell / die Unternehmensstrategie zu ändern).

Auch wenn Geschäftsführer – insbesondere in größeren Unternehmen – nicht in das Tagesgeschäft involviert sind, wird erwartet, dass sie laufend überprüfen, dass das Unternehmen nicht insolvent ist.

Frühwarnsignale können unter anderen sein:

1. Überfällige Steuerzahlungen (Lohnsteuer, Sozialversicherung, Körperschaftsteuer, Umsatzsteuer)
2. Verluste über mehrere Jahre hinweg

3. Eine Liquiditätskennzahl fällt unter 1.
4. Unmöglichkeit, weitere liquide Mittel aufzunehmen, z.B. wegen schlechter Beziehungen zu Kreditgebern
5. Keine alternativen Finanzierungsquellen
6. Bestehende oder neue Gläubiger setzen dem Unternehmen die Bedingung „Zahlung auf erste Aufforderung"
7. Häufiger Wechsel von Lieferanten (bestehende Lieferanten sind nicht bereit, vor der Bezahlung von Schulden weiter zu liefern)
8. Ausstellung von nachdatierten Schecks
9. Unternehmensergebnisse und finanzielle Lage (zeitbezogene Angaben und Qualität der Finanzdaten) sind nicht bekannt

Im Idealfall sollten die Geschäftsführer in der Lage sein, aktuelle und zeitnahe Informationen zu überprüfen, um zu verstehen, wie sich die Geschäfte entwickeln. Detaillierte Liquiditätsprognosen sind das beste Frühwarnzeichen dafür, ob (und wann) Barmittel benötigt werden, und mit ihnen lässt sich feststellen, ob es erforderlich ist, die Strategie anzupassen oder zu ändern, um langfristig zu überleben.

Im Bedarfsfall werden regelmäßig Anwälte damit beauftragt, die Geschäftsführer hinsichtlich ihrer Handlungen zu beraten, um die besonderen Vorschriften zum Schutz der Interessen der Gläubiger zu beachten.

Die Insolvenz eines Unternehmens ist nicht immer leicht erkennbar und kann nicht immer vorhergesagt werden. Die Geschwindigkeit, mit der sich die wirtschaftliche Tätigkeit ändert, kann die Geschäftsführer (und die Anteilseigner) häufig überraschen. Eine Änderung des Verbraucherverhaltens (z.B. die Entwicklung hin zu Onlinekäufen bei Amazon anstatt im Einzelhandel) oder das Aufkommen disruptiver Technologien (z.B. die Auswirkungen der von Netflix und iTunes verwendeten Technologie auf Kinobetreiber oder Hersteller von Compact Discs), kann für etablierte Unternehmen zu plötzlichen, starken geschäftlichen Herausforderungen führen (mit typischerweise hohen Fixkosten).

Man kann sich nicht darauf verlassen, dass der geprüfte Jahresabschluss eines Unternehmens garantiert, dass das Unternehmen solvent ist. Der Jahresabschluss enthält eine Erklärung bezüglich Going Concern, in der die Geschäftsführer ihre Beurteilung der Fähigkeit des Unternehmens darlegen, in der „vorhersehbaren Zukunft" (ein Zeitraum von wenigstens zwölf Monaten nach dem Tag, an dem der Jahresabschluss von den Geschäftsführern unterzeichnet wird) weiter seine Geschäfte zu betreiben. Obwohl dies zum Zeitpunkt der Unterzeichnung des Jahresabschlusses stimmen mag, wird dies jedoch nicht für einen längeren Zeitraum garantiert, da die Unternehmen Finanzberichte jährlich erstellen. Die Geschwindigkeit von Änderungen in den meisten Unternehmen bedeutet, dass eine Lücke von zwölf Monaten zwischen den Berichten zu lang ist, um aussagekräftige Erkenntnisse über die sich ändernde geschäftliche Lage eines Unternehmens zu liefern. Hinzu kommt, dass externen Stakeholdern wie z.B. Lieferanten Informationen über die finanzielle Lage erst neun Monate nach Ende des Jahres zur Verfügung stehen können.

Erwähnenswert ist, dass das Ausmaß der Veröffentlichung je nach Typ des Unternehmens stark schwankt. Während börsennotierte Unternehmen detaillierte Informationen über die Liquiditätslage und Verfügbarkeit finanzieller Mittel veröffentlichen, liefern in Privatbesitz befindliche Unternehmen häufig kaum Informationen, die für die Beurteilung der Solvenz des Unternehmens hilfreich sind. Gläubiger wenden sich daher üblicherweise an Rating-Agenturen, bevor sie Kredite vergeben, oder fordern, dass Geschäfte solange per Vorauskasse oder sofortiger Zahlung abgewickelt werden, bis das Unternehmen seine Kreditwürdigkeit bewiesen hat.

# Vertiefungswissen

Es gibt im deutschen Insolvenzrecht drei Insolvenzgründe:

1. *Überschuldung.* Diese ist gegeben, wenn die gesamten Verbindlichkeiten des Unternehmens seine gesamten Vermögenswerte übersteigen. Ein Unternehmen, das typischerweise am Anfang mit einem Nettovermögen gegründet wurde, kann in einem oder mehreren Jahren Verluste erleiden. Diese Verluste zehren Jahr für Jahr die Eigenkapitalbasis aus und es kommt zur Überschuldung. In dieser Situation kann jeder Versuch, die Forderung eines Gläubigers zu begleichen, die Rückzahlung an andere Gläubiger gefährden, da die Vermögenswerte nicht ausreichen, an alle Gläubiger Rückzahlung zu leisten.

2. *Zahlungsunfähigkeit.* Diese ist gegeben, wenn ein Unternehmen nicht ausreichende liquide Mittel für die Rückzahlung fälliger Verbindlichkeiten hat. Bei dieser Insolvenz kann ein Unternehmen zwar ausreichende Vermögenswerte haben, doch das Problem ist, dass es nicht ausreichende liquide Vermögenswerte (d.h. Geld) hat, um seine Verpflichtungen zu erfüllen. Ein Unternehmen, das schnell expandiert, aber von seinen Kunden nicht schnell genug liquide Mittel vereinnahmt, kann eventuell Zahlungen an Lieferanten nicht leisten, obwohl es profitabel ist.

3. *Drohende Zahlungsunfähigkeit.* Auch schon die Gefahr, dass in einem (in nicht zu ferner Zukunft liegenden) späteren Zeitpunkt die liquiden Mittel voraussichtlich nicht ausreichen werden, um die dann fälligen Zahlungsverpflichtungen zu begleichen, stellt einen Grund für ein mögliche Insolvenz dar.

Es ist möglich, dass ein Unternehmen zahlungsunfähig, jedoch nicht überschuldet ist.

In allen Fällen haben die Geschäftsführer unverzüglich (d.h. im Regelfall innerhalb von drei Wochen) beim zuständigen Amtsgericht einen Antrag auf Eröffnung eines Insolvenzverfahrens zu stellen.

# Profiwissen

## Insolvenzverfahren

Ein Unternehmen kann nach Eröffnung eines Insolvenzverfahrens auf verschiedene Arten weitergeführt („verwaltet") werden, je nachdem, wie hoch die Wahrscheinlichkeit für eine Sanierung ist.

1. *Insolvenzplan* (Verwertung des vorhandenen Vermögens und Auszahlung der erzielten Erlöse an die Gläubiger), danach Auflösung des Unternehmens (Liquidation)
2. *Sanierungsplan* (Sanierung des Unternehmens mit dem Ziel, zukünftig die bestehenden Verbindlichkeiten zu begleichen)
3. *Übertragende Sanierung* (Übertragung des Geschäftsbetriebs auf ein anderes Unternehmen)

## Going-Concern-Unternehmensfortführung

Die Geschäftsführer sind für die Erstellung des Jahresabschlusses und für die Beurteilung verantwortlich, ob das Unternehmen weiter als Going Concern geführt werden kann. Die Geschäftsführer müssen offenlegen, ob es richtig ist, bei der Erstellung des Geschäftsberichts und der Bilanz weiter davon auszugehen, dass das Unternehmen als Going Concern weitergeführt wird.

Die Going-Concern-Einschätzung wird überprüft und die Wirtschaftsprüfer nehmen in ihrem Prüfbericht darauf Bezug. Wenn diese bezüglich des Status des Unternehmens als Going Concern Bedenken haben, kann das Auswirkungen auf das Prüfungsurteil und den Prüfbericht haben.

# Anwendung und Darstellung in der Praxis

Die Going-Concern-Erklärung befindet sich im Jahresabschluss, üblicherweise in der Darstellung der angewendeten Bilanzierungs- und Bewertungsvorschriften.

Wenn es hinsichtlich der Fähigkeit des Unternehmens, als Going Concern weitergeführt zu werden, Bedenken gibt, müssen die Geschäftsführer das mitteilen und ausführen, auf welcher Basis die Bilanz stattdessen erstellt wurde.

Die Gültigkeit der veröffentlichten Erklärung bezüglich Going Concern und Bestandsfähigkeit wird vom Abschlussprüfer überprüft, das Ergebnis in seinen Prüfbericht aufgenommen.

## Kapitel 4 Insolvenz und Going Concern

> **FALLSTUDIE zooplus AG**
>
> **Verantwortung der gesetzlichen Vertreter und des Aufsichtsrats für den Konzernabschluss und den Konzernlagebericht**
>
> Die gesetzlichen Vertreter sind verantwortlich für die Aufstellung des Konzernabschlusses, der den IFRS, wie sie in der EU anzuwenden sind, und den ergänzend nach § 315e Abs. 1 HGB anzuwendenden deutschen gesetzlichen Vorschriften in allen wesentlichen Belangen entspricht, und dafür, dass der Konzernabschluss unter Beachtung dieser Vorschriften ein den tatsächlichen Verhältnissen entsprechendes Bild der Vermögens-, Finanz- und Ertragslage des Konzerns vermittelt. Ferner sind die gesetzlichen Vertreter verantwortlich für die internen Kontrollen, die sie als notwendig bestimmt haben, um die Aufstellung eines Konzernabschlusses zu ermöglichen, der frei von wesentlichen – beabsichtigten oder unbeabsichtigten – falschen Darstellungen ist.
>
> Bei der Aufstellung des Konzernabschlusses sind die gesetzlichen Vertreter dafür verantwortlich, die Fähigkeit des Konzerns zur Fortführung der Unternehmenstätigkeit zu beurteilen. Des Weiteren haben sie die Verantwortung, Sachverhalte in Zusammenhang mit der Fortführung der Unternehmenstätigkeit, sofern einschlägig, anzugeben. Darüber hinaus sind sie dafür verantwortlich, auf der Grundlage des Rechnungslegungsgrundsatzes der Fortführung der Unternehmenstätigkeit zu bilanzieren, es sei denn, es besteht die Absicht den Konzern zu liquidieren oder der Einstellung des Geschäftsbetriebs oder es besteht keine realistische Alternative dazu.
>
> *Quelle: Geschäftsbericht zooplus AG 2018, S. 171*

# Besondere Hinweise für die Praxis

Achten Sie beim Thema Insolvenz auf die folgenden Aspekte:

- Außer bei den oben erwähnten Warnsignalen seien Sie wachsam bei Anzeichen für Probleme des operativen Cashflows (wenn Sie im Unternehmen arbeiten). Verhält sich das Unternehmen z.B. wie folgt:
  - Werden Telefonanrufe von Lieferanten ignoriert?
  - Werden nachdatierte Schecks verwendet?
  - Müssen abgestufte Rückzahlungspläne vereinbart werden, um ausstehende Schulden zurückzuzahlen?
  - Kann das Unternehmen den Mitarbeitern noch die Löhne zahlen? Als Mitarbeiter wissen Sie das als Erster.
  - Kommt es bei den Vorräten regelmäßig zu Fehlbeständen? Das kann auf Probleme bei der Aufstockung der Vorräte hinweisen (die Lieferanten sind nicht bereit, Zahlungsziele zu gewähren).
  - Muss das Unternehmen mit der Möglichkeit rechnen, dass Gerichtsvollzieher auftauchen und Vermögenswerte des Unternehmens mitnehmen?
- Finanzberichte, die auf der alternativen Grundlage der „Liquidation" erstellt werden. Sachanlagen werden als kurzfristige Anlagen neu eingestuft und der Wert wird auf die Bewertung als Notverkauf (erzwungener Verkauf) herabgesetzt. Zusätzliche Verbindlichkeiten müssen möglicherweise ausgewiesen werden, z.B. wegen der Verletzung von Kunden- oder Lieferantenverträgen und Gebühren des Insolvenzverwalters.

# Bestandteile des Jahresabschlusses

# 5
# Bilanz

*„Wir neigen dazu, die Vermögensgegenstände anzusehen,
und vergessen dabei die Verbindlichkeiten."*

*Suze Orman,
Finanzberater, Autor und Persönlichkeit aus den US-amerikanischen Medien*

## Auf einen Blick

Die *Bilanz* ist einer der wichtigsten von einem bilanzierungspflichtigen Unternehmen zu erstellende Bestandteil der Rechnungslegung. Sie zeigt die Vermögens- und Finanzlage des Unternehmens zu einem bestimmten Zeitpunkt.

Jedem Vermögenswert und jeder Verbindlichkeit wird ein Wert zugewiesen, um das Reinvermögen eines Unternehmens bzw. das Eigenkapital wiederzugeben.

# Basiswissen

Es ist hilfreich, sich die Bilanz als ein Bild der Vermögenswerte und Verbindlichkeiten des Unternehmens zu einem bestimmten Zeitpunkt vorzustellen. Sie ist ein statisches Dokument. Ein Unternehmen sollte oder muss regelmäßig in bestimmten Abständen (gewöhnlich jährlich, teilweise aber auch häufiger) Momentaufnahmen erstellen, um zu sehen, wie sich die Vermögenswerte und Verbindlichkeiten Zeitablauf ändern.

Die Erstellung einer Bilanz erfolgt wie die Aufnahme eines Fotos zu einem bestimmten Zeitpunkt. Die Gewinn- und Verlustrechnung (G&V) dagegen zeigt die Reise (oder die Videoaufnahme) von einem Bilanzierungsdatum zum nächsten.

## Vermögenswerte und Verbindlichkeiten

Ein Vermögenswert ist einfach gesagt ein Gegenstand, dessen Eigentümer man ist. Eine Verbindlichkeit ist eine Schuld, die man zu begleichen hat.

Die Bilanz ist im Grunde eine Liste der Vermögenswerte (Aktiva) und Verbindlichkeiten (Passiva) eines Unternehmens. Sie stellt ein Gleichgewicht her, da der Wert der Aktiva dem Wert der Passiva entspricht. Denn ein Unternehmen muss genau darstellen können, woher die Mittel stammen, mit denen es seine Vermögenswerte erworben hat.

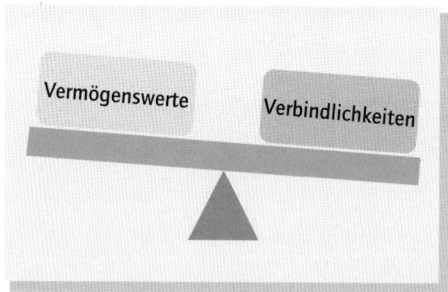

**Abbildung 5.1:** Die Grundstruktur der Bilanz

Einige der wichtigsten Bilanzposten werden nachfolgend erläutert:

| Langfristige Aktiva (Anlagevermögen) | Langfristige Aktiva werden im Allgemeinen als Anlagevermögen bezeichnet. Sie werden längerfristig im Unternehmen verwendet, in der Regel bedeutet dies länger als ein Jahr. |
| --- | --- |
| | Sie bestehen aus materiellen Vermögenswerten, d.h. Sachanlagen (z.B. Maschinen, Immobilien und Ausrüstungen) und immateriellen Vermögenswerten (z.B. Marken, Patente und Firmenwert) sowie Finanzanlagen (z.B. Beteiligungen an anderen Unternehmen oder langfristig vergebene Darlehen). |

| | |
|---|---|
| Kurzfristige Aktiva (Umlaufvermögen) | Kurzfristige Aktiva werden im Allgemeinen als Umlaufvermögen bezeichnet. Sie werden gewöhnlich schnell in liquide Mittel umgewandelt, meist innerhalb von zwölf Monaten. |
| | Beispiele sind Vorräte oder Debitoren (= Forderungen gegen Kunden), Kundenanzahlungen und Bargeld. |
| Kurzfristige Passiva | Kurzfristige Passiva sind im Allgemeinen innerhalb eines Jahres fällig. |
| | Beispiele sind Überziehungskredite, kurzfristige Kredite oder Lieferantenkredite und Abgrenzungsposten. |
| Langfristige Passiva | Langfristige Verbindlichkeiten haben im Allgemeinen eine Laufzeit von mehr als einem Jahr. |
| | Beispiele sind Bankkredite (Darlehen) und Unternehmensanleihen. |
| Eigenkapital und Rücklagen | Im Eigenkapital werden neben dem Grundkapital auch Rücklagen ausgewiesen. |
| | Trotz des gesonderten Ausweises als Eigenkapital ist auch das Eigenkapital eine Art von Verbindlichkeit, weil es nicht dem Unternehmen gehört, sondern den Eigentümern. Dies gilt insbesondere bei Kapitalgesellschaften, bei denen das Unternehmen eine von den Eigentümern getrennte Körperschaft ist. |

**Tabelle 5.1:** Die wichtigsten Bilanzposten

Die Bilanz gibt einen Hinweis auf die Größe des Unternehmens und zeigt seine Vermögenswerte (was es besitzt), seine Verbindlichkeiten (was es schuldet, wie es finanziert ist) sowie den von den Eigentümern investierten Betrag bzw. den diesen zustehenden Betrag im theoretischen Fall einer Auflösung des Unternehmens. Insbesondere für vermögensintensive Unternehmen, wie z. B. produzierende Unternehmen, ist sie ein wichtiges Zeichen der finanziellen Stärke.

Wichtige Kennzahlen zur Vermögens- und Finanzlage des Unternehmens werden aus der Bilanz errechnet.

Die Bilanz kann auch bei der Analyse der G&V eines Unternehmens als Kontext verwendet werden. Die folgenden wichtigen Kennzahlen werden aus den beiden Bestandteilen der Rechnungslegung errechnet:

- Kapitalumschlag
- Gesamtkapitalrendite
- Eigenkapitalrendite

Da die Bilanz die Darstellung eines bestimmten Zeitpunkts im Leben eines Unternehmens ist, ist es wichtig, bei der Interpretation der Bilanz das Timing zu berücksichtigen. Eine einen Tag früher oder später aufgenommene Momentaufnahme kann möglicherweise ein völlig anderes Bild des Unternehmens ergeben.

Wirtschaftsprüfer richten ihre Aufmerksamkeit immer auf Transaktionen um das Ende des Jahres herum. Sie betrachten die Auswirkungen auf die Bewertung der Bilanzpositionen, um sicherzustellen, dass diese in der richtigen Periode erfasst sind. Wirtschaftsprüfer konzentrieren sich auch auf Wertminderungen sowie Neubewertungen und deren Auswirkungen auf die Bilanzwerte.

Kapitel 5   Bilanz

# Vertiefungswissen

## Weitere Bilanzpositionen

Weitere erwähnenswerte Bilanzposten werden nachfolgend aufgeführt.

- *Geschäfts- oder Firmenwert, bisweilen auch Goodwill:* der Unterschied zwischen dem Kaufpreis für Vermögensgegenstände und und dem Buchwert von erworbenen Vermögensgegenständen.
- *Rückstellungen:* Gelder, die für eine bekannte Verbindlichkeit zurückgestellt wurden, deren Existenz, Höhe oder Fälligkeit nicht genau bestimmt werden kann.
- *Latente Steuern:* ergeben sich aus der zeitlichen Differenz zwischen einem Ausweis in der Bilanz nach Handelsrecht und der Bilanz nach Steuerrecht.
- *Kapitalrücklagen:* Überschüsse, die nicht aus laufenden Ergebnissen stammen.
- *Gewinnrücklagen:* Überschüsse aus laufenden Ergebnissen, die im Unternehmen für zukünftige Investitionen einbehalten werden.

## Bewertung von Bilanzpositionen

Die Werte der Aktiva in der Bilanz werden gewöhnlich zu historischen Kosten (offiziell Anschaffungskosten oder Buchwert genannt) angegeben. Nach einigen Rechnungslegungsvorschriften wie z.B. den International Financial Reporting Standards (IFRS) können Aktiva neu bewertet werden, z.B. Beteiligungen oder Immobilien.

Die Frage, ob die Werte von Aktiva an die aktuellen Marktwerte angepasst werden sollen, ist ein oft diskutiertes Thema. Eine Bilanz kann folglich eine Mischung aus historischen und aktuellen Werten enthalten. Dies wird durch die vom Unternehmen gewählten Bilanzierungsmethoden beeinflusst.

Verbindlichkeiten werden gewöhnlich zu den Dritten geschuldeten Beträgen angegeben.

Wichtig ist, sich der Auswirkungen schwankender Werte der Aktiva und Passiva auf den Wert der Bilanz insgesamt und der damit zusammenhängenden Kennzahlen bewusst zu sein.

Außerdem ist hervorzuheben, dass die Bilanz üblicherweise weder die Marktwerte der einzelnen Aktiva noch des Unternehmens insgesamt wiedergibt.

# Profiwissen

## Alternative Interpretationen der Bilanz

Alle Bilanzen weisen die Vermögenswerte und Verbindlichkeiten (einschließlich Eigenkapital) eines Unternehmens aus. Der Gesamtbetrag der Vermögenswerte entspricht immer dem Gesamtbetrag der Verbindlichkeiten. Die zwei Abschnitte gleichen sich immer aus. Standard-Bilanzen weisen einfach auf einer Seite alle Vermögenswerte des Unternehmens aus und auf der anderen alle Verbindlichkeiten.

Es ist jedoch möglich, die zwei Abschnitte oder Hälften in unterschiedlicher Weise anzuordnen. Beispielsweise kann es nützlich sein, einige Passiva neben den Aktiva anzugeben. Da die Verbindlichkeiten mit den Vermögenswerten saldiert werden, bleiben die beiden Hälften gleich.

Nachfolgend zwei Beispiele für alternative Darstellungen:

1. **Reinvermögen/Eigenkapital**

Wesentlicher Adressat der Rechnungslegung sind die Eigentümer, Mit dieser Darstellung der Bilanz soll das Unternehmen aus ihrer Sicht dargestellt werden.

Das Eigenkapital (d.h. das Reinvermögen der Gesellschafter) befindet sich in der Abbildung rechts und ist der Saldo der Nettoaktiva (Anlagevermögen + Umlaufvermögen − Verbindlichkeiten (= kurzfristige Verbindlichkeiten + Schulden)) auf der linken Seite.

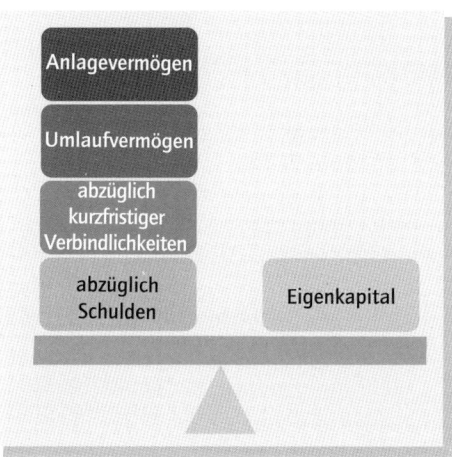

**Abbildung 5.2:** Die Bilanz aus Sicht der Gesellschafter

Eine häufig verwendete Kennzahl ist der ROE (Return on Equity, Eigenkapitalrendite) oder RONA (Return on Net Assets, Rendite der Nettoaktiva), bei dem diese Darstellung der Bilanz angewandt wird. Die Gesamtsumme jeder Hälfte der Bilanz stellt den „Wert" der Investition der Aktionäre in das Unternehmen dar.

2. **Mittelherkunft/Mittelverwendung**

In das Unternehmen eingebrachte Barmittel sind die Quelle der Finanzierung und alle ausgezahlten, d.h. investierten, Barmittel stellen die Verwendung dieser Mittel dar. Eine Bilanz kann daher als Ausweis der Mittelherkunft und der Mittelverwendung angesehen werden.

## Kapitel 5 Bilanz

Die Mittelherkunft eines Unternehmens (Eigenkapital und Fremdkapital) ist in der Abbildung unten auf der rechten Seite dargestellt, saldiert durch die Verwendung der Mittel bzw. das in das Unternehmen „eingesetzte Kapital" (Anlagevermögen + Umlaufvermögen − kurzfristige Verbindlichkeiten) auf der linken Seite.

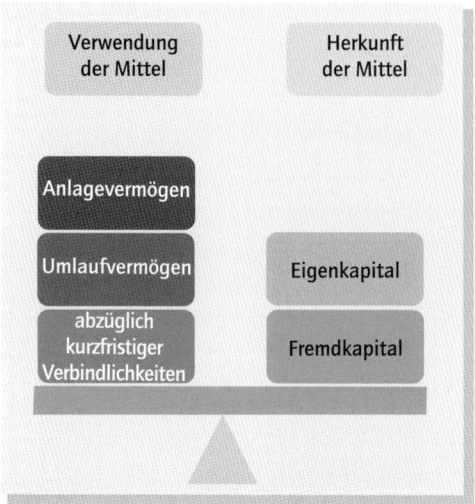

**Abbildung 5.3:** Die Bilanz aus Mittelsicht

Das eingesetzte Kapital, auch Capital Employed genannt, selten auch als TALCL (Total Assets Less Current Liabilities, Gesamtaktiva abzüglich kurzfristiger Verbindlichkeiten) bezeichnet, zeigt, wie die Finanzmittel vom Unternehmen verwendet werden. Es ist eine von externen und internen Analysten allgemein verwendete Größe.

Ein häufig verwendetes Leistungsmaß, das diese Darstellung der Bilanz verwendet, ist der ROCE (Return on Capital Employed, Gesamtkapitalrendite).

Diese Art der Darstellung zeigt das Unternehmen aus der Sicht derjenigen, die dem Unternehmen Finanzmittel, sowohl Eigenkapital als auch Fremdkapital, zur Verfügung stellen.

## Anwendung und Darstellung in der Praxis

Die Bilanz ist eines der drei grundlegenden Elemente der Rechnungslegung, die anderen beiden sind die G&V und die Kapitalflussrechnung.

Normalerweise ist die Bilanz eine einseitige oder doppelseitige Übersicht, auf der die Werte für jede einzelne Bilanzposition der aktuellen und vorhergehenden Berichtsperiode verzeichnet sind.

Die meisten Bilanzpositionen enthalten einen Verweis auf den Anhang mit weiteren Erläuterungen.

## FALLSTUDIE zooplus AG

**Vermögenswerte**

| in EUR | | Anhang Nr. | 31.12.2018 | 31.12.2017 |
|---|---|---|---|---|
| A. | LANGFRISTIGE VERMÖGENSWERTE | | | |
| I. | Sachanlagen | 5 | 55.890.965,98 | 14.953.996,71 |
| II. | Immaterielle Vermögenswerte | 6 | 14.156.165,66 | 13.068.635,16 |
| III. | Sonstige finanzielle Vermögenswerte | 7 | 0,00 | 37.708,71 |
| | **Langfristige Vermögenswerte, gesamt** | | **70.047.131,64** | **28.060.340,58** |
| B. | KURZFRISTIGE VERMÖGENSWERTE | | | |
| I. | Vorräte | 9 | 107.559.691,30 | 104.542.066,62 |
| II. | Geleistete Anzahlungen | 10 | 448.104,13 | 628.240,48 |
| III. | Forderungen aus Lieferungen und Leistungen | 11 | 28.144.164,99 | 26.387.959,32 |
| IV. | Sonstige kurzfristige Vermögenswerte | 12 | 16.144.387,00 | 27.474.816,50 |
| V. | Vertragsvermögenswerte | 21 | 19.013.101,65 | n/a |
| VI. | Steuerforderungen | 8 | 885.554,04 | 1.169.804,50 |
| VII. | Zahlungsmittel | 14 | 59.521.301,59 | 51.191.242,91 |
| | **Kurzfristige Vermögenswerte, gesamt** | | **231.716.304,70** | **211.394.130,33** |
| | | | **301.763.436,34** | **239.454.470,91** |

**Eigenkapital und Schulden**

| in EUR | | Anhang Nr. | 31.12.2018 | 31.12.2017 |
|---|---|---|---|---|
| A. | EIGENKAPITAL | | | |
| I. | Gezeichnetes Kapital | 15 | 7.143.278,00 | 7.137.578,00 |
| II. | Kapitalrücklage | 15, 16 | 100.794.343,16 | 98.831.984,63 |
| III. | Sonstige Rücklagen | 15, 13 | -1.765.361,28 | -1.379.456,36 |
| IV. | Ergebnis der Periode und Gewinnvortrag | 15 | 4.911.555,33 | 6.789.493,63 |
| | **Eigenkapital, gesamt** | | **111.083.815,21** | **111.379.599,90** |
| B. | LANGFRISTIGE SCHULDEN | | | |
| I. | Rückstellungen | 16, 20 | 320.792,97 | 1.190.060,16 |
| II. | Passive latente Steuern | 8 | 821.754,13 | 1.010.240,95 |
| III. | Finanzierungsleasingverbindlichkeiten | 28 | 40.255.160,14 | 8.869.681,49 |
| | **Langfristige Schulden, gesamt** | | **41.397.707,24** | **11.069.982,60** |

## Kapitel 5  Bilanz

| C. | KURZFRISTIGE SCHULDEN | | | |
|---|---|---|---:|---:|
| I. | Verbindlichkeiten aus Lieferungen und Leistungen | 17 | 99.734.714,98 | 78.132.936,61 |
| II. | Derivative Finanzinstrumente | 13 | 52.243,23 | 509.085,60 |
| III. | Sonstige kurzfristige Verbindlichkeiten | 19 | 19.928.246,07 | 24.564.100,54 |
| IV. | Vertragsverbindlichkeiten | 21 | 17.119.343,03 | n/a |
| V. | Steuerschulden | 8 | 122.733,18 | 1.344.271,91 |
| VI. | Finanzierungsleasingverbindlichkeiten | 28 | 9.757.572,14 | 2.078.750,41 |
| VII. | Rückstellungen | 20 | 2.567.061,26 | 7.447.738,92 |
| VIII. | Passive Abgrenzungen | 21 | 0,00 | 2.928.004,42 |
| | **Kurzfristige Schulden, gesamt** | | **149.281.913,89** | **117.004.888,41** |
| | | | 301.763.436,34 | 239.454.470,91 |

*Quelle: Geschäftsbericht zooplus AG 2018, S. 102–103*

# Besondere Hinweise für die Praxis

Wenn Sie sich mit der Bilanz eines Unternehmens beschäftigen, könnten die folgenden Aspekte für Sie hilfreich sein:

- Für die Bilanz sollte ein Bezug auf Vergleichsgrößen erfolgen. Für Vergleichszwecke sollte immer eine vorherige Periode angegeben sein. Nützliche interne Vergleichsgrößen sind frühere Perioden, Budgets und Prognosen. Nützliche externe Vergleichsgrößen sind Daten von Wettbewerbern und Branchendurchschnitte.
- Die Bilanz ist ein Verzeichnis der Vermögens- und Finanzlage zu einem bestimmten Zeitpunkt. Zur Bestimmung von Trends ist die Bilanz über eine Reihe von Jahren zu analysieren.
- Seien Sie sich bewusst, dass eine Bilanz durch zeitliche Unterschiede verzerrt werden kann. Deshalb ist es wichtig, das Konzept der periodengerechten Buchführung richtig anzuwenden. Transaktionen gegen Ende der Periode können dazu führen, dass die Bilanz für eine bestimmte Periode stärker oder schwächer als gewöhnlich aussieht. Daher ist es wichtig, den Trend zu analysieren.
- Seien Sie sich bewusst, dass Bilanzwerte durch Änderungen in der Rechnungslegung verzerrt werden können.
- Beachten Sie die Entwicklungen der Lage eines Unternehmens, z.B. Liquidität und Verhältnis von Fremdkapital/Eigenkapital.
- Beachten Sie die Entwicklung der Leistungskennzahlen des Unternehmens, z.B. Gesamtkapitalrendite und Eigenkapitalrendite.

# 6 Gewinn- und Verlustrechnung (G&V)

*"In der Wirtschaft dreht sich alles darum, die Probleme der Menschen zu lösen – mit Gewinn."*

Paul Marsden,
Unternehmensberater, Autor und ehemaliger Politiker

## Auf einen Blick

Die *Gewinn- und Verlustrechnung (G&V)*, teilweise auch das Gewinn- und Verlustkonto bzw. die Erfolgsrechnung genannt, ist einer der wichtigsten Finanzberichte, die von einem Unternehmen erstellt werden. Sie gibt die erfolgswirksamen Ergebnisse eines Unternehmens wieder.

Der Zweck der G&V ist, den Gewinn (oder Verlust) auszuweisen, den ein Unternehmen in einem bestimmten Zeitraum, üblicherweise ein Jahr, erzielt hat. Die G&V zeigt die erzielten Erträge und die unterschiedlichen Aufwendungen, die zu einem Gewinn (Verlust) geführt haben.

Kapitel 6   Gewinn- und Verlustrechnung (G&V)

# Basiswissen

## Wichtige G&V-Positionen

Die G&V erfasst die finanziellen Tätigkeiten eines Unternehmens in einem bestimmten Zeitraum. Man kann sich die G&V als Videoaufnahme der Reise eines Unternehmens von einem Bilanzierungsdatum zum nächsten vorstellen.

Das Bild eines Trichters, das üblicherweise im Zusammenhang mit Umsätzen verwendet wird, kann für die Darstellung der G&V verwendet werden. Die Umsätze kommen am oberen Ende des Trichters in das Unternehmen und das Ergebnis, das aus dem Trichter kommt, stellt den vom Unternehmen tatsächlich erzielten Gewinn dar.

In der folgenden Abbildung wird dies anhand des Querschnitts eines Trichters näher betrachtet, in dem die verschiedenen Aufwendungen bzw. Auszahlungen des Unternehmens dargestellt werden.

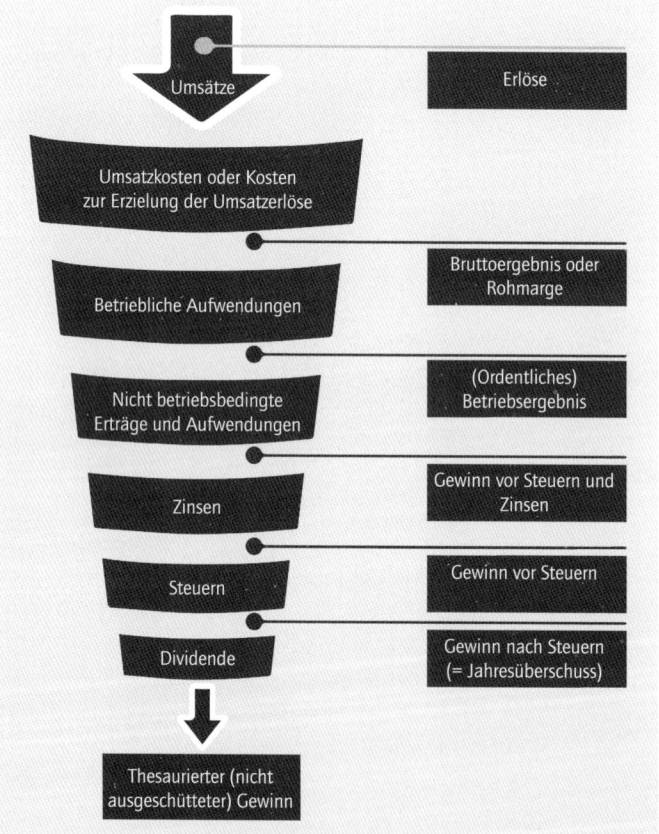

**Abbildung 6.1:** Umsatz- und Ergebnistrichter

Mit dieser Abbildung können auch wichtige Positionen der G&V dargestellt werden, die weiter unten definiert werden.

Einige der wichtigsten G&V-Positionen werden nachfolgend erläutert:

| | |
|---|---|
| Umsatzerlöse | • Umsatzerlöse werden oft in der ersten Zeile angegeben und bezeichnen die in dem jeweiligen Zeitraum erzielten Einnahmen. |
| | • Einige Unternehmen bezeichnen mit Erlösen auch den Umsatz, die Einnahmen oder die Verkäufe. |
| Umsatzkosten | • Umsatzkosten sind die direkten Kosten, die in unmittelbarem Zusammenhang mit den in der jeweiligen Periode erzielten Erlösen stehen. |
| | • Für ein Handelsunternehmen sind sie die Kosten der gekauften Handelsware, für ein produzierendes Unternehmen die Herstellungskosten. |
| Bruttomarge, Bruttoergebnis oder Rohmarge | • Die Bruttomarge wird errechnet, indem die Umsatzkosten von den Erlösen abgezogen werden. |
| | • Sie wird zur Berechnung der Rohmarge verwendet, ein häufig verwendetes Ergebnismaß. |
| Betriebliche Aufwendungen | • Betriebliche Aufwendungen sind die sonstigen Kosten des Geschäftsbetriebs in einer Periode, z.B. Marketing, Verwaltung, Miete und andere Gemeinkosten. |
| Betriebsergebnis | • Das Betriebsergebnis bezeichnet das aus dem normalen Geschäftsbetrieb des Unternehmens erzielte Ergebnis. |
| | • Es wird berechnet, indem die Umsatzkosten und die betrieblichen Aufwendungen von den Erlösen abgezogen werden. |
| | • Nicht enthalten sind nicht betriebsbedingte Erträge und Aufwendungen, wie z.B. gezahlte Bankzinsen. |
| EBIT (selten: PBIT) | • Earnings (selten: Profit) before interest and taxes |
| | • Das ist das Ergebnis vor Steuern und Zinsen. |
| | • Es wird berechnet durch den Abzug nicht betriebsbedingter Erträge und/oder Aufwendungen vom Betriebsergebnis. |
| | • Dies ist ein allgemein verwendetes Erfolgsmaß für die Sparten großer Unternehmen, in denen die Bereiche Steuern und Finanzen zentral organisiert werden. |
| EBT (selten: PBT) | • Earnings (selten: Profit) before tax |
| | • Das ist das Ergebnis vor Steuern. |
| | • Es wird berechnet durch den Abzug des Finanzergebnisses (Finanzerträge abzüglich Finanzaufwendungen) vom EBIT. |
| | • Dieser Betrag wird in großen Unternehmen oft auch als Erfolgsmaß verwendet, in Abhängigkeit von der Behandlung zentraler Finanzierungsbereiche. |
| Jahresüberschuss (Jahresfehlbetrag) (selten: EAT) PAT | • (Selten: Earnings) Profit after tax |
| | • Gewinn oder Verlust nach Steuern bzw. Jahresüberschuss oder Jahresfehlbetrag. |
| | • Es wird berechnet durch den Abzug der Steuern für die Periode vom EBT. |
| | • Dies ist die übliche Bezeichnung für den Nettogewinn, der auch Jahresüberschuss genannt wird. |

**Tabelle 6.1:** Zentrale Positionen in der G&V

Der Gewinn ist die wichtigste Größe für den Erfolg des Unternehmens und das langfristige Überleben.

Vereinfachte G&V können auch für einzelne Sparten, Abteilungen, Produkte, Kunden usw. erstellt werden. G&V sollten grundsätzlich in einem Unternehmen verwendet werden.

Für Führungskräfte stellen sie regelmäßig die wichtigste Quelle ihrer Finanzinformationen und ein wichtiges Erfolgsmaß dar.

Obwohl Unternehmenskonten einschließlich der G&V mindestens einmal jährlich erstellt werden, gibt es viele Unternehmen, die G&V intern häufiger und regelmäßiger erstellen. Üblicherweise erfolgen G&V im Rahmen der internen Rechnungslegung des Unternehmens monatlich.

## Vertiefungswissen

### Weitere Begrifflichkeiten innerhalb der G&V

Nachfolgend werden einige weitere Begriffe im Zusammenhang mit der G&V erläutert:

| | |
|---|---|
| EBITDA | • Earnings before Interest, Taxes, Depreciation and Amortisation <br> • Das EBITDA bezeichnet den Gewinn vor Zinsen, Steuern und Abschreibungen. <br> • Das ist im Wesentlichen das Betriebsergebnis vor wesentlichen Abzügen. <br> • Hier handelt es sich um eine häufig von externen Analysten verwendete Kennzahl für den operativen Erfolg und deshalb auch ein in börsennotierten Unternehmen oft intern verwendetes Erfolgsmaß. |
| Außerordentliche Posten | • Der Gewinn wird manchmal vor und nach außerordentlichen Posten ausgewiesen. Diese sind einmalige, „ungewöhnliche" Posten (eng definiert in den Vorschriften für Bilanzierung), z.B. der Verkauf einer Sparte oder ein großes Sanierungsprogramm. <br> • Die Information über die Wirkung außerordentlicher Posten ermöglicht Adressaten der Bilanz die Entwicklung des Gewinns ohne einmalige Ereignisse zu sehen, die die Entwicklung verzerren können. |
| Ausschüttbarer Gewinn | • Der ausschüttbare Gewinn ist der Gewinn, der im Unternehmen nach Erfassung aller Aufwendungen verbleibt, und er kann an die Aktionäre ausgeschüttet werden. <br> • Er ist gewöhnlich derselbe Gewinn wie der Jahresüberschuss (Gewinn nach Steuern). <br> • Der ausschüttbare Gewinn wird in einem weiteren Element der Rechnungslegung angegeben, dem sog. Eigenkapitalspiegel. |
| Einbehaltener Gewinn | • Der einbehaltene Gewinn wird ermittelt, indem die an die Aktionäre ausgeschüttete Dividende vom ausschüttbaren Gewinn abgezogen wird. <br> • Die meisten Unternehmen behalten einen bestimmten Teil für die Finanzierung zukünftiger Investitionen ein und einbehaltene Gewinne sind daher eine wichtige Finanzierungsquelle der Unternehmen. <br> • Der einbehaltene Gewinn wird mit dem ausschüttbaren Gewinn im Eigenkapitalspiegel veröffentlicht. Er wird auch in der Bilanz ausgewiesen. |

**Tabelle 6.2:** Wichtige Begriffe innerhalb der G&V

## Profiwissen

**Alternative Bezeichnungen**

Die G&V ist auch unter einer Reihe anderer Bezeichnungen bekannt. Nachfolgend eine Auswahl der am häufigsten verwendeten Begriffe:

- Das Gewinn- und Verlustkonto
- Die Gewinn- oder Verlustrechnung und die Aufstellung nicht erfolgswirksamer Veränderungen des Eigenkapitals
- Die Gesamtergebnisrechnung

Einige dieser Bezeichnungen werden in der Unternehmenssatzung definiert und einige durch die Rechnungslegungsvorschriften. Einige sind historisch erklärbar und viele werden synonym verwendet.

**Sonstige nicht in der G&V enthaltenen Erträge**

Die G&V verzeichnet die erfolgswirksamen Aktivitäten des Unternehmens. Einige Unternehmen sind auch in Bereichen tätig, die nicht zur eigentlichen Geschäftstätigkeit gehören oder zu keinen Umsätzen führen und dennoch eine Änderung des Reinvermögens bewirken können. Einige Beispiele sind:

- Wertsteigerung durch Neubewertung von Immobilien, Maschinen und maschinellen Anlagen
- Versicherungsmathematische Gewinne und Verluste
- Gewinne oder Verluste aus Fremdwährungsumrechnung
- Besondere Gewinne oder Verluste aus Finanzinstrumenten

Diese Posten werden in der Aufstellung nicht erfolgswirksamer Veränderungen des Eigenkapitals ausgewiesen. Für diese Bereiche bestehen sehr konkrete Bilanzierungsvorschriften.

## Anwendung und Darstellung in der Praxis

Normalerweise besteht die G&V aus nur einer Seite, auf der die Werte für jeden einzelnen G&V-Posten der aktuellen und vorhergehenden Berichtsperiode verzeichnet sind. Die meisten G&V-Positionen enthalten einen Verweis auf den Anhang mit weiteren Erläuterungen.

## Kapitel 6  Gewinn- und Verlustrechnung (G&V)

**FALLSTUDIE zooplus AG**

**Konzern-Gesamtergebnisrechnung vom 1. Januar bis 31. Dezember 2018 nach IFRS**

| in EUR | Anhang Nr. | 2018 | 2017 |
|---|---|---|---|
| Umsatzerlöse | 21 | 1.341.701.106,40 | 1.110.632.561,02 |
| Sonstige Erträge | 22 | 8.560.949,98 | 52.757.525,11 |
| Aktivierte Eigenleistungen | 23 | 2.800.632,00 | 3.468.915,18 |
| Materialaufwand | | −956.772.788,98 | −839.629.129,66 |
| Aufwendungen für Leistungen an Arbeitnehmer | 24 | −47.079.267,43 | −39.136.528,32 |
| davon zahlungswirksam | | (−45.355.837,90) | (−37.890.957,15) |
| davon aktienbasiert und zahlungsunwirksam | 16 | (−1.723.429,53) | (−1.245.571,17) |
| Aufwendungen für Abschreibungen | 5, 6 | −10.079.830,99 | −4.321.913,92 |
| Wertminderungsaufwendungen auf finanzielle Vermögenswerte | 25 | −2.746.211,37 | n/a |
| Sonstige Aufwendungen | 25 | −337.895.952,30 | −279.323.170,85 |
| davon Aufwendungen für Warenabgabe | | (−263.752.148,70) | (−219.942.730,59) |
| davon Aufwendungen für Werbung | | (−29.100.204,92) | (−19.267.185,68) |
| davon Aufwendungen für Zahlungsverkehr | | (−11.418.925,78) | (−11.335.774,29) |
| davon sonstige übrige Aufwendungen | | (−33.624.672,90) | (−28.777.480,29) |
| **Ergebnis aus der laufenden Geschäftstätigkeit** | | **−1.511.362,69** | **4.448.258,56** |
| Finanzerträge | 26 | 440,88 | 20.903,53 |
| Finanzaufwendungen | 26, 28 | −770.879,24 | −417.577,52 |
| **Ergebnis vor Steuern** | | **−2.281.801,04** | **4.051.584,56** |
| Steuern vom Einkommen und Ertrag | 8 | 177.210,36 | −2.113.270,76 |
| **Konzernergebnis** | | **−2.104.590,68** | **1.938.313,80** |
| **Sonstige Gewinne und Verluste (nach Steuern)** | | | |
| Unterschied aus Währungsumrechnung | 15 | −692.103,52 | −539.923,10 |
| Hedge Reserve | 15, 13 | 306.198,60 | −1.986.694,32 |
| **Posten, die anschließend in den Gewinn oder Verlust umgegliedert werden** | | **−385.904,92** | **−2.526.617,42** |
| **Gesamtergebnis** | | **−2.490.495,60** | **−588.303,62** |

*Quelle: Geschäftsbericht zooplus AG 2018, S. 104*

# Besondere Hinweise für die Praxis

Wenn Sie eine Gewinn- und Verlustrechnung analysieren, sind die folgenden Punkte hilfreich:

- Die G&V sollte auf Vergleichsgrößen bezogen sein. Nützliche interne Vergleichsgrößen sind frühere Perioden, Budgets und Prognosen. Nützliche externe Vergleichsgrößen sind Daten von Wettbewerbern und Branchendurchschnitte.
- Die G&V ist eine eher kurzfristige Aufstellung der Leistung eines Unternehmens. Es ist nützlich, die G&V über eine Reihe von Jahren zu analysieren, um einen Trend feststellen zu können.
- Sie müssen sich bewusst sein, dass der Gewinn durch zeitliche Differenzen verzerrt sein kann. Transaktionen gegen Ende der Periode können dazu führen, dass eine bestimmte Periode mehr oder weniger profitabel als gewöhnlich erscheint. Deshalb ist es wichtig, den Trend zu analysieren.
- Seien Sie sich bewusst, dass die Gewinne durch Berichtigungen der Rechnungslegung verzerrt werden können, z.B. durch:
  - Abgrenzungsposten und Vorauszahlungen
  - Rückstellungen
  - Wertminderungen
- Seien Sie sich bewusst, dass auch die Bilanzierungsmethode und -entscheidungen den Gewinn beeinflussen können, wie z.B.:
  - Operative Ausgaben versus Investitionen
  - Abschreibungen
- Analysten errechnen häufig in Prozent ausgedrückte Erfolgsgrößen aus der G&V, beispielsweise die Bruttomarge in Prozent und die Betriebsergebnisspanne.
- Einbehaltene Gewinne können ein Zeichen für Zuversicht für die Zukunft oder ein Sicherheitspolster für zukünftige Jahre sein. Das Unternehmen könnte Rücklagen für Investitionschancen in der Zukunft bilden.

# 7

# Sonderfälle der Gewinn- und Verlustrechnung 1 – Opex und Capex

*„Kontrolliere deine Ausgaben besser als deinen Wettbewerb. So findest du immer einen komparativen Vorteil gegenüber deinen Wettbewerbern."*

Sam Walton, Gründer von Walmart (10 Rules for Building a Business, 10 Regeln für den Aufbau eines Unternehmens)

## Auf einen Blick

*Opex* (Operating expenditure, laufende Aufwendungen für den Betrieb) sind Mittel (Geld, Kosten), die für den laufenden Betrieb eines Unternehmens ausgegeben und in der Gewinn- und Verlustrechnung als Aufwand ausgewiesen werden.

*Capex* (Capital expenditure, Kapitalaufwand, Aufwendungen für Investitionen) sind Mittel (Geld), die für langfristige Investitionen ausgegeben werden, sodass sie in der Bilanz ausgewiesen werden.

Kapitel 7    Sonderfälle der Gewinn- und Verlustrechnung 1 – Opex und Capex

# Basiswissen

## Wesentliche Unterschiede zwischen Opex und Capex

Die wichtigsten Unterschiede zwischen Opex und Capex sind in der der nachfolgenden Tabelle angegeben.

| Opex | Capex |
|---|---|
| **Definition** | **Definition** |
| Auszahlung für Aufwand, der beim Betrieb eines Unternehmens entsteht, wird auch erfolgswirksamer Aufwand genannt. | Auszahlung zum Kauf oder zur Verbesserung langfristiger Vermögenswerte. |
| **Beispiele** | **Beispiele** |
| Gehälter, Verwaltungskosten, Marketing, Versorgungsunternehmen, Reparaturen und Wartung. | Gebäude, Maschinen, Autos, Computer, Büromöbel, Renovierungen. |
| **Auswirkung** | **Auswirkung** |
| Aufwand in der G&V, der den Gewinn des laufenden Jahres verringert. | Steigerung des Werts der in der Bilanz erfassten Vermögenswerte. |
| | Keine unmittelbare Auswirkung auf den Gewinn im Jahr der Auszahlung, Auswirkungen erst im Zeitverlauf durch Abschreibungen. |

**Tabelle 7.1:** Unterschiede zwischen Opex und Capex

Sowohl der Jahresüberschuss aus der G&V als auch die Bilanzsumme sind wichtige Leistungsmaße für Unternehmen und Führungskräfte.

Die Entscheidung, eine Auszahlung entweder als Opex, also laufenden Aufwand, oder Capex, also verzögerten Aufwand, einzustufen, wirkt sich auf die G&V und die Bilanz aus.

Die Unterscheidung zwischen Opex und Capex ist insbesondere bei den Aufwandsposten relevant, die entweder in die Kategorie Opex oder in die Kategorie Capex fallen könnten.

Ein typischer Fall sind Reparaturen und Renovierungen. Allgemeine Reparaturen und Wartung sind normalerweise Opex, d.h. Aufwand der aktuellen Periode. Renovierungen sind meistens Capex, d.h., sie erhöhen den Wert des Vermögenswerts in der Bilanz. Es könnte jedoch Reparaturen und Renovierungen geben, die in beide Kategorien fallen. Die Reparatur einer gebrochenen Glasscheibe könnte z.B. zweifelsohne unter „Reparaturen und Wartung" in Opex eingestuft werden. Wenn die neue Fensterscheibe jedoch eine Verbesserung im Vergleich zur alten Fensterscheibe ist, da sie isoliert ist, dann könnte man argumentieren, dass sie unter Capex eingestuft werden sollte.

Unternehmen können versucht sein, Aufwand in Capex und nicht in Opex einzustufen, wenn

- die Vergütung auf Gewinnzielen basiert, denn die Erfassung als Capex und nicht als laufender Aufwand in Opex wird sich auf den Gewinn des jeweiligen Jahres positiv auswirken;

- das Unternehmen für Opex und Capex unterschiedliche Budgets hat und das Opex-Budget bereits vollständig ausgegeben wurde;
- finanzielle Mittel verfügbar sind, um sie für Investitionen (Capex), jedoch nicht für laufende Kosten (Opex) auszugeben.

Die meisten Unternehmen haben klare und konsistente Richtlinien zur Erfassung als Opex oder als Capex. Dieselben Sachverhalte sollten über einen längeren Zeitraum auf die gleiche Weise stetig behandelt werden.

Zwei ansonsten gleiche Unternehmen könnten diese Posten jedoch unterschiedlich behandeln und daher aus einem identischen Sachverhalt unterschiedlich hohe Gewinne ausweisen.

## Vertiefungswissen

In der Praxis sollten die Unternehmen klare und überzeugende Gründe für eine Unterscheidung zwischen einer Einstufung in Opex oder Capex anführen. Ihre Entscheidungen sollten nicht davon beeinflusst sein, ein spezielles Bild des Gewinns und der Vermögenswerte zu geben.

Capex, das für die Verbesserung eines langfristigen Anlagewerts ausgegeben wurde, sollte den Wert des Vermögensgegenstands tatsächlich erhöhen und nicht nur die aus dem Vermögensgegenstand erwarteten wirtschaftlichen Vorteile beibehalten.

## Rechnungslegungsvorschriften

Für die Rechnungslegung und Berichterstattung gibt es eine Reihe von Vorschriften, an denen sich Buchhalter und Wirtschaftsprüfer zu orientieren haben und die einige häufige Spezialthemen für die Unterscheidung zwischen Opex und Capex abdecken, beispielsweise:

- Aufwendungen für Entwicklung (z.B. von Neuprodukten) können aktiviert (d.h. als Capex behandelt) werden, falls das Unternehmen zukünftige Vorteile aus der Entwicklung zeigen kann.
- Bestimmte Kosten der Finanzierung für den Kauf eines Vermögensgegenstands können aktiviert werden.

Die meisten Unternehmen haben eine festgelegte Grenze für Capex. Zum Beispiel werden alle Kosten unter 1.000 Euro als Aufwand, d.h. als Opex, behandelt. Der Hauptgrund für eine Begrenzung von Capex ist, die Verwaltungskosten zu verringern. Die Einstufung als Capex erfordert eine weitere Dokumentation (im Anlagespiegel) sowie die Berechnung der Abschreibungen.

Kapitel 7 Sonderfälle der Gewinn- und Verlustrechnung 1 – Opex und Capex

## Profiwissen

In der buchhalterischen Rechnungslegung gibt es einen gewissen Spielraum für die Einstufung in Opex oder Capex. Im Steuerrecht ist jedoch der Unterschied zwischen Opex und Capex eng definiert. Opex und Capex können daher in der Steuerbilanz (im Grunde eine eigene Gewinnermittlung, auf der die Steuerbelastung beruht) oft anders behandelt werden als in der Handelsbilanz.

## Anwendung und Darstellung in der Praxis

Der gesamte Verwaltungsaufwand ist als Opex zu erfassen.

Capex ist jedoch einfacher zu erkennen und kann gewöhnlich sowohl im Anlagespiegel als auch in der Kapitalflussrechnung (im Cashflow aus der Investitionstätigkeit) gefunden werden.

| FALLSTUDIE | zooplus AG |
| --- | --- |

Die Investitionskosten für die Errichtung der Logistikzentren liegen fast ausschließlich aufseiten der Logistikpartner, sodass für zooplus nur sehr geringe Investitionskosten (CAPEX), überwiegend in Coventry, Großbritannien, entstehen.
*Quelle: Geschäftsbericht zooplus AG 2018, S. 45*

Der negative Cashflow aus Investitionstätigkeit (–7,3 Mio. EUR 2018 gegenüber –7,4 Mio. EUR im Jahr 2017) ist beeinflusst durch Investitionen in Hard- und Softwarekomponenten in Form von Anschaffungen und Investitionen in selbst erstellte immaterielle Vermögensgegenstände sowie Geschäfts- und Betriebsausstattung.
*Quelle: Geschäftsbericht zooplus AG 2018, S. 72*

# Besondere Hinweise für die Praxis

Wenn Sie sich mit Opex und Capex beschäftigen, sollten Sie die folgenden Aspekte berücksichtigen:

- Interne Diskussionen über die Einstufung von Auszahlungen als Opex oder Capex
- Arten von Capex und wie diese sich an der Strategie ausrichten
- Die Änderungen von Capex im Jahresvergleich
- Das Verhältnis von Capex zu Abschreibungen
- Das Verhältnis von Cashflow zu Capex

# 8

# Sonderfälle der Gewinn- und Verlustrechnung 2 – Umsatzrealisierung

*„Die umfassende Überarbeitung der Regeln für den Ausweis von Erlösen wird für viele Branchen Änderungen bewirken".*

*Christine Klimek, Sprecherin für das Financial Accounting Standards Board nach einem Bericht im „The Wall Street Journal" mit Bezug auf die Neufassung der Umsatzrealisierung durch die Rechnungslegungsvorschrift IFRS 15*

## Auf einen Blick

Die *Umsatzrealisierung* bestimmt sowohl den Zeitpunkt als auch die Höhe der Erfassung von Erträgen in der Rechnungslegung eines Unternehmens.

Bei den meisten Unternehmen werden die Erträge zum Zeitpunkt des Verkaufs bei einer geschäftlichen Transaktion erfasst. Dies ist gewöhnlich der Zeitpunkt, zu dem der Rechtsanspruch an einer Ware vom Verkäufer auf den Käufer übergeht. Bei komplexen Transaktionen oder Geschäften mit einem Ermessensspielraum kann es zu Fehlern oder zur Manipulation der Ertragsrealisierung kommen.

Jedes Unternehmen muss festlegen (und veröffentlichen), nach welchen Grundregeln es die Umsatzrealisierung vornimmt. Bei Unternehmen, die eine externe Abschlussprüfung benötigen, unterliegen diese Verfahren einer genauen Überprüfung.

Kapitel 8    Sonderfälle der Gewinn- und Verlustrechnung 2 – Umsatzrealisierung

# Basiswissen

## Ausweis der Erlöse

Entscheidend für das Verständnis der Leistung eines Unternehmens ist, wie es seine Umsatzerlöse buchhalterisch erfasst.

Fehler beim Ausweis von Erlösen können sich stark auf die angegebenen Ergebnisse eines Unternehmens und seinen Ruf auswirken. Tesco teilte im Jahr 2015 mit, dass es seine Erlöse um ca. 250 Millionen britische Pfund zu hoch ausgewiesen hatte. Dies führte dazu, dass der Marktwert des Unternehmens um 2 Milliarden britische Pfund (ein Rückgang von 11,5 Prozent des Aktienkurses) fiel und es auch zu personellen Veränderungen im Vorstand kam.

Erträge (auch Erlöse, Umsatzerlöse oder Einnahmen genannt) sind eine wichtige betriebswirtschaftliche Zahl, die Anleger aufmerksam beobachten, da sie signalisiert, wie ein Unternehmen an seinen Märkten und im Vergleich mit seinen Wettbewerbern abschneidet. Erträge sind normalerweise die größte Zahl in der G&V eines Unternehmens.

Anleger, Analysten, Mitarbeiter und andere sind an den Umsatzerlösen interessiert. Das Umsatzwachstum im Jahresvergleich ist eine wichtige Zahl, mit der das Wachstum des Unternehmens bewertet wird. Erlösdaten werden vom Staat und von der Wirtschaft allgemein verwendet, um Entwicklungen zu verstehen und Konzepte zu formulieren. Die Vergütung der Leistung der Führungskräfte kann auch von den Umsätzen abhängen.

Die Bestimmung des Zeitpunkts eines Verkaufs sollte bei den meisten geschäftlichen Transaktionen einfach sein. Erträge sollten nur zu dem Zeitpunkt ausgewiesen werden, an dem sie verdient wurden. Diese Anwendung des Konzepts der Periodenabgrenzung führt üblicherweise dazu, dass ein Verkauf zu dem Zeitpunkt erfasst wird, an dem die Ware an den Käufer übergeht.

Bei Verkäufern von Waren, wie bei z.B. bei Einzelhändlern, sollten die Umsatzerlöse zum Zeitpunkt des Verkaufs ausgewiesen werden, d.h., wenn der Käufer die Ware übernimmt (oder die Lieferung annimmt), nachdem er sich zur Zahlung verpflichtet hat.

Bei Dienstleistern, wie z.B. Mobilfunkbetreibern, sollten die Erlöse für den Zeitraum ausgewiesen werden, in dem die Dienstleistung erbracht wurde.

In Fällen, in denen eine Ware mit einer Dienstleistung kombiniert und zusammen verkauft wird (wie z.B. bei Mobilfunkverträgen, die das Mobiltelefon und die Dienstleistung beinhalten), sollte der Erlös aus dem Produkt zum Zeitpunkt des Verkaufs erfasst werden, während der Erlös aus der Dienstleistung aufgeschoben und für den Zeitraum ausgewiesen werden sollte, in dem die Dienstleistung erbracht wird.

## BEISPIEL

Ein Mobilfunkvertrag über zwei Jahre mit monatlicher Zahlung wurde am 1. Juli für 720 Euro verkauft. Das Mobiltelefon könnte vom Kunden separat für 400 Euro erworben werden.

In diesem Beispiel würde sich der Erlös aus der Dienstleistung auf 320 Euro (720 Euro abzüglich der 400 Euro Verkaufspreis des Geräts) belaufen. Das Unternehmen würde diese Erträge über 24 Monate verdienen, das ist der Zeitraum, in dem die Dienstleistung erbracht wird.

Angenommen, das Geschäftsjahr des Verkäufers endet am 31. Dezember. Dann würde das Unternehmen die Umsätze wie folgt ausweisen:

### Jahr 1

Mobiltelefon        400 EUR (Erlös sofort zum Zeitpunkt des Verkaufs erfasst)
Dienstleistung       80 EUR (6 Monate/24 Monate × 320 EUR)
Gesamt 1. Jahr      480 EUR

### Jahr 2 und Jahr 3

Die Dienstleistungserlöse für die restliche Laufzeit des Vertrags würden wie folgt ausgewiesen:

Jahr 2    160 EUR (12 Monate/24 Monate × 320 EUR)
Jahr 3     80 EUR (Restlaufzeit 6 Monate)

Der *Gewinn* (der Differenzbetrag zwischen Erträgen und Aufwendung) in jedem Jahr würde errechnet, indem die mit den Erlösen zusammenhängenden Aufwendungen den Erlösen zugeordnet werden. In diesem Beispiel würden die Aufwendungen des Mobilgeräts (das sind die Anschaffungskosten des Verkäufers für den Kauf des Geräts) zum Zeitpunkt des Verkaufs erfasst, d.h. in Jahr 1, während die Kosten der Bereitstellung der laufenden Dienstleistung den Erlösen über die Laufzeit des Vertrags zugeordnet würden.

# Vertiefungswissen

Obwohl ein Unternehmen klare Regeln für die Umsatzrealisierung festlegen muss, sind die Erlöse – was vielleicht überrascht – trotzdem beeinflussbar. Die Versuchung, falsche Angaben zu machen, ist bei börsennotierten Unternehmen besonders hoch, in denen der Erfolg des Unternehmens (und der Führungskräfte) an den Erwartungen des Markts gemessen wird.

Bei Tesco ermöglichten die Regeln für die Umsatzrealisierung dem Unternehmen angeblich, einen wichtigen Bestandteil der Erlöse – „gewerbliche Einnahmen" (im Wesentlichen Lieferantenrabatte) genannt – falsch anzugeben, indem die Erträge „geschätzt" wurden, die aus wahrscheinlichen Verkäufen in der Zukunft von Waren in ihren Geschäften fällig werden sollten. Tesco gab so die „gewerblichen Einnahmen" zu hoch an, indem das Unternehmen seine zukünftigen Verkäufe, auf die Rabatte berechnet wurden, aggressiv schätzte.

Interessant ist, dass die Jahresabschlüsse von Tesco extern geprüft worden waren und von den Wirtschaftsprüfern diese Erfassung der „gewerblichen Einnahmen" nicht kritisiert wurde.

Die Erlöse werden in den Finanzausweisen nach Umsatzsteuer ausgewiesen. Da ein Unternehmen diese Steuer für die Finanzbehörden vereinnahmt, stellen diese Gelder für das Unternehmen keine Erträge dar.

Erlöse werden auch abzüglich Handels- und Mengenrabatten ausgewiesen.

Bei Unternehmen, die als Vermittler bzw. Makler tätig sind, werden die Erlöse als Provisionserträge für die Bereitstellung einer Dienstleistung berechnet, anstatt den vollen Wert der verkauften Waren anzugeben. In seiner Rolle als Vermittler stellt eBay zum Beispiel Schaufenster für tausende Einzelhändler bereit. In der Rechnungslegung des Vermittlers (eBay) wird deshalb nur der Wert der Provision als Ertrag erfasst.

## Profiwissen

### Rückkaufvereinbarungen

Wenn ein Verkauf erfolgt ist, die Zahlung aber erst zu einem späteren Termin fällig wird (i.d.R. später als ein Jahr), kann es erforderlich sein, diese Forderungen gegen Kunden, die später erhalten werden, auf den Barwert abzuzinsen. Die Abzinsung bildet ab, dass wegen der Inflation ein Euro morgen weniger wert ist als ein Euro heute. Die Abzinsung ist besonders relevant bei der Bilanzierung von „Jetzt kaufen, später bezahlen"-Geschäften, z.B. Kredite mit einer Laufzeit von vier Jahren oder einer anderen Laufzeit ohne Zinsen, die vor allem für den Verkauf von Möbeln verwendet werden. Bei solchen Geschäften wird der Verkaufspreis aufgeteilt in den entsprechenden Preis der Ware (Erlös), wenn sie heute bar verkauft wird, zuzüglich der angefallenen Zinsen.

*Rückkaufvereinbarungen* können den ausgewiesenen Umsatz eines Unternehmens künstlich aufblähen. Die Erlöse werden in dem Jahr erfasst, in dem ein Unternehmen die Waren verkauft, und dieser Verkauf wird in einem zukünftigen Jahr rückabgewickelt, d.h., die Erlöse werden wieder ausgebucht, wenn es dieselben Waren zurückkauft. Tatsächlich führen diese Geschäfte nicht zu echten Verkäufen und sollten daher von den Erlösen ausgeschlossen werden. In der Praxis ist dies jedoch sehr schwer zu erkennen, denn die Umkehrung des Geschäfts kann erst zu einem späteren Zeitpunkt erkannt werden, d.h. in der G&V eines zukünftigen Jahres.

## Anwendung und Darstellung in der Praxis

Lesen Sie die Angaben zu den Bilanzierungsverfahren im Anhang des Jahresabschlusses. Dort sollte die Umsatzrealisierung klar zusammengefasst sein und es sollten Erläuterungen zu wesentlichen Einschätzungen des angewendeten Verfahrens der Umsatzrealisierung enthalten sein.

Der Prüfbericht sollte wesentliche Einschätzungen im Zusammenhang mit der Umsatzrealisierung hervorheben.

## FALLSTUDIE zooplus AG

**Ertragsrealisierung**

Umsatz wird realisiert, wenn die entsprechende Leistungsverpflichtung erfüllt wird, das heißt, wenn die Kontrolle über die Güter oder Dienstleistungen auf den Kunden übergeht. Kontrolle wird entweder zeitpunkt- oder zeitraumbezogen übertragen. Die Kontrolle an den verkauften Waren wird zeitpunktbezogen übertragen. Eine zeitraumbezogene Umsatzrealisierung erfolgt bei Sparplänen entsprechend deren Laufzeit.

Umsatzerlöse entsprechen dem vertraglich vereinbarten Transaktionspreis und umfassen die Gegenleistung, die zooplus im Austausch für die Übertragung der zugesagten Güter oder Dienstleistungen auf einen Kunden voraussichtlich erhalten wird. Die aus dem Verkauf von Gütern oder Dienstleistungen stammenden Erlöse werden netto, das heißt nach Abzug von Umsatzsteuer, Retouren, Skonti, Kundenboni und Rabatten, ausgewiesen.

Die Veräußerungsgeschäfte erfolgen unter dem gesetzlichen 14-tägigen Widerrufsrecht des Käufers. Eine Rückstellung für Kundenretouren (ausgewiesen in Vertragsverbindlichkeiten) wird umsatzerlösmindernd zum Ende der Berichtsperiode gebildet. Die Ermittlung der Rückstellung basiert auf den tatsächlichen Rücksendungen im Abschlusserstellungszeitraum für Lieferungen der Berichtsperiode.

Der Konzern bietet seinen Kunden verschiedene (marktübliche) Zahlungsarten/-ziele an. Keine umfasst eine signifikante Finanzierungskomponente. Zudem existieren keine Verträge, bei denen der Zeitraum zwischen der Übertragung des versprochenen Guts auf den Kunden und der Zahlung des Kunden ein Jahr überschreitet. Entsprechend wird die zugesagte Gegenleistung nicht um den Zeitwert des Geldes angepasst.

Eine Forderung wird bei Versand der Güter oder Erbringung der Dienstleistung ausgewiesen, weil zu diesem Zeitpunkt der Anspruch auf Gegenleistung entstanden ist. Die Forderungen aus Lieferungen und Leistungen sind zwischen 0 und 14 Tagen fällig.

Der Konzern bietet ein eigenständiges und selbst aufgelegtes Bonuspunkteprogramm an, bei dem die Kunden mit jedem Kauf Punkte sammeln können. Wenn eine bestimmte Mindestpunktzahl erreicht ist, können die Punkte gegen Produkte eingetauscht werden. Zum Zeitpunkt des Verkaufs wird eine Vertragsverbindlichkeit für die Punkte (separate Leistungsverpflichtung) ausgewiesen. Die Erlöse aus den Punkten werden erfasst, wenn diese eingelöst werden oder wenn sie zwölf Monate nach dem ursprünglichen Kauf verfallen. Die erhaltene Gegenleistung wird zwischen den veräußerten Produkten und den ausgegebenen Punkten auf Basis der relativen Einzelveräußerungspreise aufgeteilt, wobei der Einzelveräußerungspreis der Punkte ihrem beizulegenden Zeitwert entspricht. Der beizulegende Zeitwert der Punkte wird auf Basis der Verkaufspreise der Prämienprodukte ermittelt.

Der Konzern bietet seinen Kunden die Möglichkeit an, durch den Erwerb eines „zooplus-Sparplans" bei zukünftigen Einkäufen über einen vertraglich festgelegten Zeitraum Rabatte zu erhalten. Die aus dem Verkauf des Sparplans generierten Erträge werden über die Gültigkeitsdauer der einzelnen Sparpläne abgegrenzt und unter den Vertragsverbindlichkeiten ausgewiesen.

Der Konzern hat seine Geschäftsbeziehungen beurteilt, um festzustellen, ob er als Auftraggeber oder Vermittler handelt. Der Konzern ist zu dem Schluss gekommen, dass er bei allen Umsatztransaktionen als Auftraggeber handelt.

*Quelle: Geschäftsbericht zooplus AG 2018, S. 130*

Kapitel 8   Sonderfälle der Gewinn- und Verlustrechnung 2 – Umsatzrealisierung

## Besondere Hinweise für die Praxis

Bei der Erfassung der Umsatzerlöse sollten Sie auf die folgenden Punkte achten:

- Erläuterung der Umsatzrealisierung im Anhang und Angaben zu Änderungen in der Vorgehensweise
- Risiken einer falschen Umsatzrealisierung, die im Prüfbericht hervorgehoben werden
- Art der verkauften Ware/Dienstleistung und ob dies in der Umsatzrealisierung korrekt wiedergegeben ist
- Stornierungen und Warenrücksendungen und wie sie berechnet werden. Änderungen, wie ein Unternehmen seine Stornierungen und Warenrücksendungen schätzt, können den ausgewiesenen Umsatz verringern oder steigern und einen Spielraum für Manipulationen oder Fehler schaffen.
- Rückkaufvereinbarungen, bei denen ein Unternehmen einen Vermögenswert verkauft, nur um ihn zu einem höheren Preis später zurückzukaufen

# 9

# Kapitalflussrechnung

*„,Cash is King' – Bargeld sticht! Nehmt jeden Euro und jeden Cent, die ihr kriegen könnt, und behaltet sie."*

Jack Welch, Autor und Vorstandsvorsitzender von General Electric von 1981 bis 2001

## Auf einen Blick

Die Kapitalflussrechnung (KFR) ist eines der wesentlichen Elemente der Rechnungslegung.

Die *KFR* zeigt die Zuflüsse und Abflüsse von liquiden Mitteln (Bargeld und Bankbestände) während eines bestimmten Berichtszeitraums. Sie zeigt, wie sich der Bestand an liquiden Mitteln in der Bilanz im Vergleich zur Vorperiode verändert hat, d.h., ob er gestiegen oder gefallen ist.

Die KFR enthält drei Bereiche, zu denen die Zuflüsse und Abflüsse der liquiden Mittel zugeordnet sind:

- Kapitalfluss (oder: Cashflow) aus der operativen Geschäftstätigkeit
- Kapitalfluss (oder: Cashflow) aus der Investitionstätigkeit
- Kapitalfluss (oder: Cashflow) aus der Finanzierungstätigkeit

Für ein Unternehmen gilt: „Liquidität ist alles!" und die KFR ist eine sehr informative Möglichkeit, die Fähigkeit eines Unternehmens zu beurteilen, liquide Mittel einerseits zu generieren und andererseits zu verwenden.

# Basiswissen

Die KFR ist einer der für die Analyse der Leistung eines Unternehmens und seines Liquiditätsmanagements nützlichsten Teile der Rechnungslegung. Sie liefert zahlreiche Erkenntnisse, die aus den häufiger verwendeten Elementen Bilanz und G&V nicht ersichtlich sind.

Liquide Mittel sind tatsächlich beobachtbar und vorhanden. Die Bilanz und die G&V enthalten Anpassungen der Rechnungslegung, die der Beurteilung unterliegen, wie z.B. bei den Abgrenzungsposten, Rückstellungen oder Abschreibungen. In einer KFR gibt es keinen Spielraum für eine individuelle Beurteilung.

Die KFR zeigt, wie ein Unternehmen

- seine kurzfristige Liquidität verwaltet hat, wie es z.B. mit Debitoren und Kreditoren umgegangen ist;
- seine langfristige Stabilität steuert und seine Finanzlage als Vorbereitung für die zukünftige Entwicklung angepasst hat;
- in Vermögenswerte für zukünftige Erfolge investiert hat.

Für ein etabliertes Unternehmen kann die KFR dazu verwendet werden, die Höhe, die Zeitpunkte und die Gewissheit zukünftiger Kapitalflüsse (auch: Cashflows) anzuzeigen. Sie ermöglicht auch einen Vorjahresvergleich der liquiden Mittel, da die Kapitalzuflüsse und -abflüsse nicht von den Methoden der Rechnungslegung beeinflusst werden.

## Cashflow aus der operativen Geschäftstätigkeit

Die Umsätze eines Unternehmens werden in erster Linie durch die *Geschäftstätigkeit* erzielt.

Dies ist der wichtigste Teil der KFS, da daraus hervorgeht, ob das Unternehmen aus seiner operativen Geschäftstätigkeit einen positiven Cashflow erzielt. Ein Unternehmen, das keine liquiden Überschüsse generiert, muss Kredite aufnehmen oder kurzfristige Barreserven auflösen. Letztendlich müssen die liquiden Mittel bzw. die liquiden Überschüsse aus der Geschäftstätigkeit den Rest des Unternehmens langfristig unterstützen.

Die Geschäftstätigkeit besteht vor allem aus:

- erhaltenen Einzahlungen von Kunden,
- gezahlten liquiden Mitteln an Lieferanten,
- Zahlungen an Mitarbeiter sowie
- gezahlten Zinsen und Steuern.

In der KFR werden somit auch Zins- und Steuerzahlungen als Teil der operativen Geschäftstätigkeit angesehen.

Da es zwischen dem Cashflow aus der operativen Geschäftstätigkeit und dem Jahresergebnis aus der G&V einen Unterschied gibt, hat die KFR eine erläuternde Funktion, die zeigt, wie sich der Cashflow aus der Geschäftstätigkeit zusammensetzt.

## Cashflow aus der Investitionstätigkeit

*Investitionen* sind wichtig für den langfristigen Erfolg eines Unternehmens, sie zeigen die Höhe der neuen Investitionen in Vermögenswerte. Diese Investitionen sollten die zukünftigen Cashflows unterstützen und zu Gewinnen führen.

Der Cashflow aus Investitionstätigkeit umfasst üblicherweise Kauf und Veräußerung langfristiger Vermögenswerte.

Er enthält auch Rückflüsse aus Investitionen wie Bankeinlagen und Dividenden von anderen Unternehmen, an denen das Unternehmen selbst Anteile hält.

## Cashflow aus der Finanzierungstätigkeit

*Finanzierungstätigkeiten* führen entweder aus der Eigenkapitalfinanzierung oder Fremdkapitalfinanzierung zu Änderungen (Erhöhung oder Verringerung) der liquiden Mittel.

Sie schließen auch an Anteilseigner gezahlte Dividenden ein. An Fremdkapitalgeber, wie z.B. Banken, gezahlte Zinsen werden allerdings unter dem „Cashflow aus der operativen Geschäftstätigkeit" ausgewiesen.

Die Finanzierungstätigkeiten zeigen, wie gut ein Unternehmen seine Finanzierung koordiniert, indem es den Verschuldungsgrad (Verhältnis von Fremdkapital zu Eigenkapital) steuert.

Sie geben auch Hinweise auf zukünftige Zins- und Dividendenzahlungen.

## Unterschiede zwischen Cashflow und Gewinn

Cashflow ist nicht das Gleiche wie Gewinn, dies wird deutlich in der Kapitalflussrechnung.

Der operative Gewinn eines Unternehmens muss nicht zwangsläufig dem Cashflow aus der operativen Geschäftstätigkeit entsprechen.

Tesco wies zum Beispiel im Jahr 2015 eines seiner schlechtesten Ergebnisse überhaupt aus. Aus seiner Rechnungslegung ergab sich ein Verlust aus der betrieblichen Geschäftstätigkeit in Höhe von 5,8 Milliarden britischen Pfund. Die Kapitalflussrechnung zeigte jedoch, dass das Unternehmen im Jahresverlauf immer noch aus der betrieblichen Geschäftstätigkeit einen Cashflow in Höhe von 1,5 Milliarden britischen Pfund erwirtschaftete.

Langfristig sollten sich der Cashflow aus der operativen Geschäftstätigkeit und die operativen Gewinne demselben Wert annähern. Es sind jedoch die kurzfristigen Unterschiede, die Einblicke in die Performance des Unternehmens geben können und die aus den anderen Finanzausweisen nicht ersichtlich sind.

# Vertiefungswissen

## Berechnung des Cashflows

Zur Berechnung des Cashflows aus der betrieblichen Geschäftstätigkeit kann die direkte Methode oder die indirekte Methode angewendet werden.

### 1. Direkte Methode

Diese Methode zeigt am deutlichsten, woher die Cashflows kommen und wo sie ausgegeben wurden.

|  | EUR |
|---|---|
| Von Kunden erhaltene Einzahlungen | X |
| An Lieferanten gezahlte liquide Mittel | (X) |
| Zahlungen an Mitarbeiter | (X) |
| Gezahlte Zinsen und Steuern | (X) |
| = Zuflüsse von liquiden Mitteln aus der operativen Geschäftstätigkeit | X |

### 2. Indirekte Methode

Diese Methode ist in der Praxis beliebter, da mit ihr die erforderlichen Zahlen einfacher zu errechnen sind. Sie zeigt die Wirkung von Anpassungen durch die Rechnungslegung und von Bewegungen des Nettoumlaufvermögens.

|  | EUR |
|---|---|
| Jahresüberschuss laut G&V | X |
| Berichtigungen: |  |
| + Abschreibung | X |
| +/− Erhöhung/Verminderung von Rückstellungen | (X) |
| −/+ Zunahme/Abnahme der Vorräte | (X) |
| −/+ Zunahme/Abnahme der Debitoren | (X) |
| +/− Zunahme/Abnahme der Kreditoren | (X) |
| = Cashflow aus operativer Geschäftstätigkeit | X |

## Profiwissen

### Liquide Mittel und Zahlungsmitteläquivalente

Die Kapitalflussrechnung analysiert die Änderung der liquiden Mittel und Zahlungsmitteläquivalente von einem Berichtszeitpunkt zum nächsten:

- „Liquide Mittel" bedeutet im Unternehmen verwahrtes physisches Bargeld (z.B. geringe Barbeträge) sowie Barmittel für schnellen Zugriff, d.h. auf Bankkonten gehaltene Barmittel.

- „Zahlungsmitteläquivalente" sind kurzfristige (Laufzeit drei Monate oder weniger), hoch liquide Anlagen, die leicht in liquide Mittel umgewandelt werden können und deren Wert nicht wesentlich schwankt (z.B. kurzfristiges Festgeld und marktgängige Wertpapiere). Sie werden gehalten, um kurzfristige Verpflichtungen liquide erfüllen zu können, und nicht für Anlagezwecke.

Die Kapitalflussrechnung berücksichtigt keine Bewegungen zwischen den beiden Bestandteilen liquide Mittel und Zahlungsmitteläquivalente.

## Anwendung und Darstellung in der Praxis

Die Kapitalflussrechnung ist in Deutschland nur für Konzernabschlüsse vorgeschrieben.

**FALLSTUDIE zooplus AG**

**Konzern-Kapitalflussrechnung vom 1. Januar bis 31. Dezember 2018 nach IFRS**

| in EUR | Anhang Nr. | 2018 | 2017 |
|---|---|---|---|
| Cashflow aus der laufenden Geschäftstätigkeit | | | |
| Ergebnis vor Steuern | | −2.281.801,04 | 4.051.584,56 |
| Berichtigungen für: | | | |
| Abschreibungen auf das Anlagevermögen | 5, 6 | 10.079.830,99 | 4.321.913,92 |
| Zahlungsunwirksame Personalaufwendungen | 16 | 1.723.429,53 | 1.245.571,17 |
| Sonstige zahlungsunwirksame Geschäftsvorfälle | 6 | −588.072,85 | −539.923,10 |
| Zinsaufwendungen und ähnliche Aufwendungen | 26 | 770.879,24 | 417.577,52 |
| Zinserträge und ähnliche Erträge | 26 | −440,88 | −20.903,53 |
| Veränderungen der: | | | |
| Vorräte | 9 | −3.017.624,68 | −25.760.978,12 |
| Geleistete Anzahlungen | 10 | 180.136,35 | 994.017,30 |
| Forderungen aus Lieferungen und Leistungen | 11 | −1.756.205,67 | −7.210.228,38 |
| Sonstige kurzfristige Vermögenswerte | 12 | 11.330.429,50 | −1.832.243,32 |
| Vertragsvermögenswerte | 21 | −19.013.101,65 | n/a |

## Kapitel 9    Kapitalflussrechnung

| | | | |
|---|---|---|---|
| Verbindlichkeiten aus Lieferungen und Leistungen | 17 | 21.530.512,04 | 29.649.644,02 |
| Sonstige Verbindlichkeiten | 19 | –4.635.854,47 | 3.198.161,97 |
| Vertragsverbindlichkeiten | 21 | 17.119.343,03 | n/a |
| kurzfristige Rückstellungen | 16, 20 | –4.880.677,66 | –603.365,20 |
| langfristige Rückstellungen | 20 | –869.267,19 | –313.489,55 |
| Passive Abgrenzungen | 21 | –2.928.004,42 | 502.856,10 |
| Gezahlte Ertragsteuern | | –1.099.127,94 | –4.824.194,19 |
| Erhaltene Zinsen | 26 | 440,88 | 20.903,53 |
| **Cashflow aus der laufenden Geschäftstätigkeit** | | **21.664.823,11** | **3.296.904,71** |
| **Cashflow aus der Investitionstätigkeit** | | | |
| Auszahlungen für Gegenstände des Sachanlagevermögens / immateriellen Anlagevermögens | 5, 6 | –7.330.312,47 | –7.438.411,59 |
| **Cashflow aus der Investitionstätigkeit** | | **–7.330.312,47** | **–7.438.411,59** |
| **Cashflow aus der Finanzierungstätigkeit** | | | |
| Einzahlung aus Kapitalerhöhung | 15 | 244.629,00 | 2.852.145,00 |
| Tilgung Finanzierungsleasingverbindlichkeit | 28 | –5.524.371,74 | –2.151.426,25 |
| Gezahlte Zinsen | 26 | –770.879,24 | –417.577,52 |
| **Cashflow aus der Finanzierungstätigkeit** | | **–6.050.621,98** | **283.141,23** |

| in EUR | Anhang Nr. | 2018 | 2017 |
|---|---|---|---|
| Einfluss von Wechselkurseffekten auf die Zahlungsmittel | | 8.461,31 | 125.947,20 |
| Konsolidierungskreisbedingte Änderung des Finanzmittelfonds | | 37.708,71 | 0,00 |
| **Nettoveränderung der liquiden Mittel** | | **8.330.058,68** | **–3.732.418,46** |
| Zahlungsmittel zu Beginn der Periode | 14 | 51.191.242,91 | 54.923.661,37 |
| Zahlungsmittel am Ende der Periode | 14 | 59.521.301,59 | 51.191.242,91 |
| **Zusammensetzung des Finanzmittelbestands am Ende des Geschäftsjahres** | | | |
| Kassenbestand, Guthaben bei Kreditinstituten | | 59.521.301,59 | 51.191.242,91 |
| | | **59.521.301,59** | **51.191.242,91** |

*Quelle: Geschäftsbericht zooplus AG 2018, S. 105–106*

# Besondere Hinweise für die Praxis

Wenn Sie sich mit der Kapitalflussrechnung beschäftigen, sollten Sie die folgenden Aspekte berücksichtigen:

- Ob das Unternehmen aus seiner Geschäftstätigkeit Cashflows erzielt
- Die Korrelation zwischen den Cashflows aus der operativen Geschäftstätigkeit und dem Betriebsergebnis
- Die Hauptunterschiede zwischen Cashflows aus der operativen Geschäftstätigkeit und dem Betriebsergebnis
- Die Cashflows für Investitionen im Zeitverlauf
- Die Cashflows aus Finanzierungstätigkeit im Zeitverlauf
- Die Umschuldung und Rückzahlung von Schulden sowie andere finanzielle Verpflichtungen im Zeitverlauf

# Teil III

# Wesentliche Elemente der Bilanzierung

# 10

# Sachanlagevermögen und planmäßige Abschreibungen

*„Nichts dauert ewig ..."*

Arnold H. Glasow, amerikanischer Autor

## Auf einen Blick

*Sachanlagevermögen (SAV)* sind materielle Vermögensgegenstände. Beispiele sind unter anderen Grundstücke, Immobilien, Maschinen, Schreibtische.

Sachanlagen werden vom Unternehmen langfristig genutzt (i.d.R. länger als ein Jahr), um über mehrere Jahre Umsätze zu erzielen. Sie stehen im Gegensatz zu den kurzfristigen Vermögenswerten, wie z.B. den Vorräten, bei denen die Möglichkeit einer schnellen Veräußerung im Vordergrund steht.

Die Kosten der Nutzung von SAV werden über Abschreibungen erfasst. Eine *Abschreibung* ist buchhalterisch der Aufwand, mit dem versucht wird, die Kosten einer Sachanlage über die Nutzungsdauer zu verteilen. Tatsächlich gibt sie die Verwendung, die Abnutzung oder den Verbrauch einer Sachanlage wieder.

Kapitel 10    Sachanlagevermögen und planmäßige Abschreibungen

# Basiswissen

Der Wert von Sachanlagen des Unternehmens kann ein wichtiger Indikator für das Leistungsvermögen eines Unternehmens sein.

- Die Höhe des SAV beeinflusst Leistungsmaße wie das Verhältnis Eigenkapital/Fremdkapital und die Gesamtkapitalrendite.
- Das SAV stellt für Kreditgeber eine Sicherheit für die Kredite dar, die an das Unternehmen vergeben wurden.

In einigen Branchen ist das SAV auch Ausdruck der Produktionskapazität. Zum Beispiel kann die Größe des SAV eines Produktionsunternehmens seine Fähigkeit widerspiegeln, eine zusätzliche Nachfrage zu decken.

Sachanlagen werden in der Bilanz erfasst, wenn ein Unternehmen berechtigt ist, aus den Sachanlagen einen wirtschaftlichen Nutzen zu ziehen. Dies geschieht am häufigsten, wenn das Unternehmen einen Anlagewert durch Zahlung erwirbt oder selbst erstellt.

Abschreibungen sind wichtig, da sie zum einen das Jahresergebnis direkt beeinflussen (als Aufwand, der den Gewinn verringert), zum anderen auch den Wert der Vermögensgegenstände in der Bilanz.

Unternehmen können ihre Abschreibungsmethoden wählen. Die angewendeten Verfahren müssen zwar begründbar und widerspruchsfrei sein, sie eröffnen jedoch Entscheidungsspielräume, die sich direkt auf die Vermögens- und Ertragslage des Unternehmens auswirken.

Die jährlichen Abschreibungen werden je nach Bilanzierungsmethode des Unternehmens gewöhnlich ab dem Erwerbsdatum berechnet. Da sich Abschreibungen unmittelbar auf die G&V und Bilanz auswirken, beeinflusst der Kaufzeitpunkt der Anlagen die Vermögens- und Ertragslage des Unternehmens.

## Buchwert und Restbuchwert

In einer Bilanz sind die Sachanlagen zu ihren Buchwerten (BW) (im Gegensatz zu Marktwerten (MW)) angegeben. Der Restbuchwert (RBW) umfasst die Kosten einer Sachanlage abzüglich der Abschreibungen bzw. abzüglich des über die Zeit kumulierten Abschreibungsaufwands.

Der RBW der ABC AG wird beispielsweise wie folgt berechnet:

|  | EUR |
|---|---|
| SAV Anschaffungskosten | 100.000 |
| Kumulierte Abschreibung | −30.000 |
| RBW | 70.000 |

Wichtig zu wissen ist, dass der BW und der RBW regelmäßig nicht dem Marktwert entsprechen, der von externen Faktoren bestimmt wird. Zwischen dem BW und dem MW besteht also oft nur eine geringe Korrelation. Dies ist insbesondere dann von Bedeutung, wenn eine Unternehmensbewertung auf der Grundlage der Bilanz erfolgt.

## Berechnung der Abschreibung

Die Abschreibung wird bei der sogenannten linearen Abschreibung wie folgt berechnet:

Jährlicher Abschreibungsaufwand = (Kosten des Vermögensgegenstands abzüglich geschätzter Restwert bzw. Veräußerungserlös) / Geschätzte Nutzungsdauer

> **BEISPIEL**
>
> Die XYZ AG kauft einen neuen Lieferwagen für 20.000 Euro. Lieferwagen werden im Durchschnitt vier Jahre genutzt, danach ersetzt sie das Unternehmen durch neue Fahrzeuge. Der geschätzte Restwert des Lieferwagens nach vier Jahren beträgt 8.000 Euro.
>
> Jährlicher Abschreibungsaufwand =
> (20.000 EUR − 8.000 EUR) / 4 Jahre = 3.000 EUR p. a.
>
> Die Nettokosten des Lieferwagens in Höhe von 12.000 Euro (20.000 Euro abzüglich 8.000 Euro) werden systematisch über die Nutzungsdauer des Vermögensgegenstands (3.000 Euro pro Jahr über vier Jahre) als Aufwand erfasst und so mit den Erträgen verrechnet.
>
> Der RBW des Lieferwagens ändert sich in den nächsten vier Jahren wie folgt:
>
> |  | Jahr 1 EUR | Jahr 2 EUR | Jahr 3 EUR | Jahr 4 EUR |
> |---|---|---|---|---|
> | Anschaffungskosten bzw. BW | 20.000 | 17.000 | 14.000 | 11.000 |
> | Abschreibungen | 3.000 | 3.000 | 3.000 | 3.000 |
> | RBW | 17.000 | 14.000 | 11.000 | 8.000 |
>
> Am Ende des vierten Jahres sollte der RBW des Lieferwagens in Höhe von 8.000 Euro dem erwarteten Restwert von 8.000 Euro entsprechen.

### Gewinn/Verlust beim Verkauf

- Wenn der tatsächliche Restwert mehr als 8.000 Euro beträgt, wird bei einem Verkauf ein Gewinn erzielt.
- Wenn der tatsächliche Restwert weniger als 8.000 Euro beträgt, entsteht bei einem Verkauf ein Verlust.

Zu beachten ist, dass dieser Gewinn oder Verlust nur auf dem Papier steht. Tatsächlich passt er den kumulierten Abschreibungsaufwand an, der auf einer Schätzung von vor vier Jahren basierte. Er spiegelt nicht die Cashflows wider. Es kommt in der Praxis häufig zu derartigen geringen Abweichungen von den Schätzungen.

Jeder Veräußerungsgewinn oder -verlust wird unter sonstiger Betriebsertrag oder -aufwand in der Gewinn- und Verlustrechnung aufgenommen.

### Neubewertung

In einigen Rechnungslegungssystemen besteht für Unternehmen die Möglichkeit, Sachanlagen neu zu bewerten, d.h. mit dem Marktwert zu bilanzieren, anstatt sie zu den Anschaffungskosten abzüglich Abschreibungen, d.h. mit dem BW, zu bilanzieren.

Wenn sich ein Unternehmen für ein Verfahren der Neubewertung von Sachanlagen entscheidet, muss die Bewertung immer auf dem neuesten Stand gehalten werden.

**Wertminderung**

Das Sachanlagevermögen muss jedes Jahr auch hinsichtlich Wertminderungen untersucht werden, um sicherzustellen, dass es in der Bilanz nicht überbewertet ist. Wenn es Anzeichen für Wertminderungen gibt, wird der mit dem Vermögenswert erzielbare Betrag berechnet und etwaige Verluste werden in der G&V als Aufwand erfasst.

Da die Unternehmen über ihr Abschreibungsverfahren und ihre Abschreibungsschätzungen frei entscheiden können, kann sich dies auf die Ergebnisse wie folgt unmittelbar auswirken:

| | |
|---|---|
| „Kurze" Schätzung der Nutzungsdauer des SAV | Höherer jährlicher Abschreibungsaufwand (niedrigere Gewinne) und geringerer BW |
| „Lange" Schätzung der Nutzungsdauer des SAV | Geringerer jährlicher Abschreibungsaufwand (höhere Gewinne) und höherer BW |
| Niedrige Schätzung des Restwerts | Höherer jährlicher Abschreibungsaufwand (niedrigere Gewinne), geringerer BW und Gewinn aus Veräußerung |
| Hohe Schätzung des Restwerts | Niedrigerer jährlicher Abschreibungsaufwand (höhere Gewinne), höherer BW und Verlust aus Veräußerung |

**Tabelle 10.1:** Unterschiedliche Schätzungen und daraus folgende Ergebnisse

Es ist nicht ungewöhnlich, dass Unternehmen ihre Sachanlagen über das Ende der geschätzten Nutzungsdauer hinaus weiter nutzen, d.h., auch nachdem sie vollständig abgeschrieben sind. Dies ist manchmal ein Anzeichen für eine „kurze" Schätzung der Nutzungsdauer, kann aber auch das Ergebnis einer Änderung der Vorgehensweise bei Ersatzbeschaffungen oder der Planung des Cashflows sein, indem die Investitionen verzögert werden.

Änderungen der Annahmen bezüglich der Abschreibungen sind zwar anscheinend eine einfache Möglichkeit, die ausgewiesenen Ergebnisse zu steigern, doch diese Änderungen müssen im Anhang bei der Erläuterung der Bilanzierungsverfahren angegeben werden und sie werden intern, z.B. durch einen Prüfungsausschuss, und extern durch die Abschlussprüfer des Unternehmens genau geprüft.

## Vertiefungswissen

### Alternative Abschreibungsverfahren

Das lineare Abschreibungsverfahren dürfte das am häufigsten verwendete Abschreibungsverfahren sein. Die Anwendung dieses Verfahrens führt, wie oben gezeigt, zu einer identischen Belastung für jede Periode der Nutzung.

Es gibt mehrere alternative Verfahren, unter anderen die *degressive Abschreibung* und die *digitale Abschreibung*. Die jährliche Abschreibungsbelastung ist je nach verwendeter Methode unterschiedlich hoch.

Die degressive Abschreibung basiert auf der jährlichen Berechnung der Abschreibung als fester Prozentsatz des BW einer Sachanlage. Die Abschreibungsbelastung verringert sich jedes Jahr im Verhältnis zum abnehmenden Nettobuchwert der Anlage, mit höheren Abschreibungen in den ersten Jahren der Nutzungsdauer der Anlage und geringerem Abschreibungsaufwand in späteren Jahren.

## Anschaffungskosten von Sachanlagevermögen

Gemäß Rechnungslegungsstandards enthalten die Anschaffungskosten einer Sachanlage unter anderem:

- Die Erwerbskosten sowie
- etwaige Kosten, die direkt dem Transport des Sachanlageguts an den Bestimmungsort zugewiesen können, und
- weitere Kosten, die erforderlich sind, um die Sachanlage in einen betriebsbereiten Zustand zu versetzen.

Während die Kosten z.B. der Lieferung und der Montage erforderlich sein können, um das Sachanlagegut an den Bestimmungsort und in einen funktionsfähigen Zustand zu bringen, können andere damit verbundene Kosten wie für Schulungen und Kredite nicht so eindeutig sein.

Aufwendungen für Schulungen sind beispielsweise gewöhnlich Kosten der laufenden Geschäftstätigkeit und werden als laufender Aufwand behandelt. Einige Aufwendungen für Schulungen können jedoch aktiviert und so als Teil des SAV bilanziert werden, wenn die Schulung als notwendig erachtet wird, um das neue Sachanlagegut betreiben zu können.

Wenn ein Sachanlagegut konkret durch einen bestimmten Kredit finanziert wird, können die Finanzierungskosten als Teil der Kosten des Sachanlageguts ebenso aktiviert anstatt als laufender Aufwand gebucht werden.

### Amortisation (in Deutschland nicht separat bezeichnet)

*Abschreibung und Amortisation* sind synonyme Begriffe. Im angelsächsischen Sprachraum wird mit Amortisation die Abschreibung für immaterielle Anlagegüter bezeichnet, während die Abschreibung (engl.: depreciation) den Werteverzehr von Sachanlagen bezeichnet. Sachanlagen sind materiell, während immaterielle Anlagen nicht materiell sind. Beispiele für immaterielle Anlagegüter sind Patente und Lizenzen.

# Profiwissen

## Sachanlagen mit unbegrenzter Nutzungsdauer

Grundstücke werden nicht abgeschrieben. „Boden" ist ein spezifisches Sachanlagegut, das als unbegrenzt nutzbar gilt. Das Konzept der Nutzung über einen Zeitraum gilt daher in diesem Fall nur, wenn ein Merkmal des Grundstücks ist, dass es tatsächlich verbraucht wird, wenn z.B. Mineralien abgebaut werden.

## Sachanlagen im Vergleich zum Umlaufvermögen

Die Klassifizierung als Sachanlage- oder Umlaufvermögen ist nicht immer eindeutig. Grundstücke und Gebäude beispielsweise können je nach Geschäftstätigkeit als Sachanlage- oder als Umlaufvermögen bilanziert werden.

Ein Wohnungsbauunternehmen will im Allgemeinen Immobilien verkaufen, anstatt sie langfristig zu vermieten. Häuser werden daher als Vorräte oder als unfertige Erzeugnisse (bei Immobilien, die noch in der Bauphase sind) bilanziert und in der Bilanz im Umlaufvermögen ausgewiesen.

Wenn sich die Immobilie im Eigentum eines Unternehmens (z.B. Immobilienbestandshalter) befindet, das langfristig aus dem Anlagegut Einnahmen erzielen möchte, ist das Objekt konsequenterweise im Sachanlagevermögen zu bilanzieren.

## Anlagespiegel

Die meisten Unternehmen führen einen Anlagespiegel, ein schriftliches Verzeichnis (oder eine Datenbank), das dem Unternehmen ermöglicht, den Überblick über die Standorte der einzelnen Sachanlagen zu haben. Er enthält den Ort der Sachanlagegüter auf dem eigenen Gelände sowie der Sachanlagen, die sich an sonstigen Orten befinden, und auch die Sachanlagen, die zwar im Besitz des Unternehmens sind, aber an andere Unternehmen verliehen wurden.

Der Anlagespiegel verzeichnet auch den Wert der Sachanlagen und wird als Quelldokument für die Berechnung der Abschreibungen verwendet.

# Anwendung und Darstellung in der Praxis

Sachanlagegüter werden in der Bilanz unter Sachanlagevermögen ausgewiesen.

Der Anlagespiegel zeigt separat die Anschaffungskosten, die kumulierten Abschreibungen und den Buchwert, sowohl für Sachanlagen als auch für immaterielle Vermögensgegenstände.

Im Anhang wird die Behandlung des Sachanlagevermögens einschließlich Abschreibungs- und Neubewertungsgrundsätzen erläutert.

> **FALLSTUDIE** zooplus AG
>
> **Sachanlagen**
>
> Unter den Sachanlagen werden im Wesentlichen Betriebs- und Geschäftsausstattung, Hardware sowie Mietereinbauten ausgewiesen. Sachanlagen werden zu Anschaffungs- bzw. Herstellungskosten abzüglich kumulierter planmäßiger Abschreibungen und / oder kumulierter Wertminderungsaufwendungen angesetzt. Die Anschaffungs- und Herstellungskosten des Sachanlagevermögens beinhalten die direkt dem Erwerb zurechenbaren Ausgaben, die entstehen, um den Vermögenswert in einen betriebsbereiten Zustand zu versetzen. Kaufpreisminderungen wie Rabatte, Boni und Skonti mindern die Anschaffungskosten.
>
> Nachträgliche Anschaffungs-/Herstellungskosten werden nur dann als Teil der Anschaffungs-/Herstellungskosten des Vermögenswerts oder – sofern einschlägig – als separater Vermögenswert erfasst, wenn es wahrscheinlich ist, dass daraus dem Konzern zukünftig wirtschaftlicher Nutzen zufließen wird und die Kosten des Vermögenswerts zuverlässig ermittelt werden können. Der Buchwert einer Komponente, die als separater Vermögenswert bilanziert ist, wird ausgebucht, wenn diese ersetzt wird. Alle laufenden Wartungs- und Instandhaltungskosten werden in der Periode, in der sie anfallen, erfolgswirksam erfasst.
>
> Die Anschaffungs- oder Herstellungskosten enthalten keine Fremdkapitalkosten, da keine aktivierungsfähigen Fremdkapitalkosten gemäß IAS 23 angefallen sind. Geleistete Anzahlungen für noch nicht geliefertes bzw. noch nicht abgenommenes Sachanlagevermögen werden unter Sachanlagen bilanziert.
>
> Die planmäßige Abschreibung erfolgt linear, wobei die Anschaffungskosten über die erwartete Nutzungsdauer wie folgt auf den Restbuchwert abgeschrieben werden:
>
> - Betriebs- und Geschäftsausstattung: 3–10 Jahre
> - Hardware: 3–7 Jahre
> - Mietereinbauten: 5–8 Jahre
>
> Die Restbuchwerte und wirtschaftlichen Nutzungsdauern werden zu jedem Bilanzstichtag überprüft und gegebenenfalls angepasst. Der Buchwert eines Vermögenswerts wird gemäß IAS 36 abgeschrieben, sobald er über dem erzielbaren Betrag des Vermögenswerts liegt.
>
> Gewinne und Verluste aus Abgängen von Sachanlagen werden als Unterschiedsbetrag zwischen den Veräußerungserlösen und den Buchwerten der Sachanlagen ermittelt und erfolgswirksam in den „Sonstigen Erträgen" bzw. „Sonstigen Aufwendungen" erfasst.
>
> *Quelle: Geschäftsbericht zooplus AG 2018, S. 119–120*

## Besondere Hinweise für die Praxis

Wenn Sie sich mit dem Sachanlagevermögen eines Unternehmens und planmäßigen Abschreibungen beschäftigen, achten Sie auf die folgenden Aspekte:

- Physische Inspektionen der Sachanlagen (im Rahmen der Inventur), um festzustellen, ob sie vorhanden sind (d.h., sie wurden nicht gestohlen), und ihren Zustand zu überprüfen (zur Bestätigung ihres Nettobuchwerts).

- Das Verhältnis von Investitionsauszahlungen zu Abschreibungen. Wenn die Abschreibungen die Investitionsauszahlungen regelmäßig übersteigen, könnte das Unternehmen Probleme haben, die momentane Produktionskapazität auch in der Zukunft beizubehalten.

- Die Höhe der aktivierten Kosten beim Kauf neuer Sachanlagen

- Die Nutzungsdauer für die Berechnung der Abschreibungen ist kürzer als die tatsächliche Nutzungsdauer des Anlageguts

- Unternehmen mit voll abgeschriebenen (RBW = 0) Sachanlagen, die jedoch noch verwendet werden. Diese Unternehmen können im Vergleich zu Wettbewerbern, die ein realistischeres Abschreibungsverfahren haben, einen höheren Kapitalumschlag aufweisen.

- Änderungen des Abschreibungsverfahrens, einschließlich Schätzungen der Nutzungsdauer und der Restwerte

- Änderung der Vorgehensweise bei Ersatzbeschaffungen und Gründe dafür

# 11
# Geschäfts- oder Firmenwert (Goodwill) und andere immaterielle Vermögenswerte

*„Es gibt verrückt viel Goodwill und ich weiß nicht, wo der herkam."*

*Feist, kanadischer Musiker*

## Auf einen Blick

Unternehmen haben neben Sachanlagevermögen auch immaterielles Anlagevermögen. Der Firmenwert ist ein solcher immaterieller Vermögenswert. Weitere immaterielle Vermögenswerte, die Unternehmen haben können, sind unter anderen Patente, Handelsmarken und Entwicklungskosten.

Ein Unternehmen ist normalerweise mehr wert als die Summe seiner Teile und dieser Unterschied ist auf den *Geschäfts- oder Firmenwert, auch als Goodwill bezeichnet,* zurückzuführen. Der Firmenwert (auch originärer Firmenwert genannt) ist in den meisten Unternehmen ein versteckter Vermögenswert, den es aufgrund von Faktoren wie Image, Standort, Marktposition, Kunden, Loyalität von Kunden und Mitarbeitern usw. hat.

Was den Firmenwert einmalig macht und was ihn von anderen Vermögenswerten unterscheidet, ist, dass er nicht von dem Unternehmen, auf das er sich bezieht, getrennt werden kann, d.h., er kann nicht einzeln verkauft oder übertragen werden oder vom Unternehmen getrennt bestehen. Man kann ihn sich als die „DNA" des Unternehmens vorstellen.

Wegen seines eher nebulösen Wesens verbieten die Bilanzierungsregeln, dass der (originäre) Firmenwert in der eigenen Bilanz des Unternehmens verzeichnet wird.

Wenn ein Unternehmen jedoch ein anderes kauft, wird *gekaufter oder derivativer Firmenwert* geschaffen. Er wird berechnet als Differenz zwischen dem für das Unternehmen gezahlten Preis und dem Marktwert des gekauften Reinvermögens.

Der gekaufte Firmenwert wird im Gegensatz zum *originären Firmenwert* berechnet und in der Bilanz des Unternehmens erfasst.

# Basiswissen

### Immaterielle Vermögenswerte

*Immaterielle Vermögenswerte* sind Vermögenswerte, die nicht materiell sind, einschließlich Entwicklungskosten, Patenten, Handelsmarken und Software. Immaterielle Vermögenswerte sind trotzdem Vermögensgegenstände, da sie für ein Unternehmen Vorteile bewirken. Denken Sie z.B. an eine Lizenz für die Abfüllung von Limonade. Der Inhaber der Lizenz hat das ausschließliche Recht, eine Zeitlang mit dem Verkauf der Limonade Umsätze zu erzielen.

Immaterielle Vermögenswerte werden ebenfalls in der Bilanz ausgewiesen.

### Geschäfts- oder Firmenwert (Goodwill)

Der eigene (originäre) Firmenwert eines Unternehmens wird wegen der Unsicherheit und Volatilität bei der Berechnung seines Werts nie bilanziert.

Denken Sie z.B. an einen Autohersteller, der sich seinen Ruf (d.h. Firmenwert) durch die Qualität seiner Produkte erworben hat, unter anderem auch wegen der Umweltfreundlichkeit seiner Motoren. Die zukünftigen Umsätze des Unternehmens dürften Einbußen erleiden, wenn sich herausstellen sollte, dass die Kunden über die Umweltverträglichkeit der Autos getäuscht wurden. Der Wert des (originären) Firmenwerts würde in der Folge beeinträchtigt. Wegen der Risiken möglicher Volatilität muss dieser originäre Firmenwert unsichtbar bleiben, d.h., er wird nicht in der Bilanz ausgewiesen.

Die Bewertung eines Unternehmens kann komplex sein und bezieht typischerweise die Erstellung von Prognosen über Cashflows und Gewinne ein, um den potenziellen Wert eines Unternehmens festzustellen. Aus Sicht der Aktionäre sollte jede Prämie (d.h. Firmenwert), die für den Kauf eines Unternehmens gezahlt wird, durch zukünftige Gewinne gerechtfertigt sein, die vom erworbenen Unternehmen erwirtschaftet werden sollten.

Wenn ein Unternehmen ein anderes kauft (für einen höheren Preis als das Reinvermögen, d.h. Eigenkapital des gekauften Unternehmens), gibt es einen Geschäfts- oder Firmenwert als Bilanzdifferenz. Aus Sicht der Bilanzierung wurde der Firmenwert zuverlässig berechnet, weil er auf dem Betrag basiert, der tatsächlich von einem Unternehmen für den Kauf eines anderen gezahlt wurde.

In solchen Situationen wird der gekaufte Firmenwert als immaterieller Vermögenswert in die Bilanz des Käufers aufgenommen.

> **BEISPIEL**
>
> Ein Textileinzelhändler kauft einen anderen Laden in einer nahe gelegenen Stadt, damit dieser nicht von einem Wettbewerber gekauft wird. Das Reinvermögen des gekauften Ladens wird mit 200.000 Euro bewertet.
>
> Der Textileinzelhändler zahlt 300.000 Euro für den Kauf des Ladens. Dies stellt eine Prämie von 100.000 Euro auf das Reinvermögen dar. Für den Käufer ist dieser Aufschlag eine Zahlung, um den Firmenwert des Ladens über die vorhandenen Vermögenswerte des gekauften Unternehmens hinaus wiederzugeben. Es kann der Standort einen inhärenten Wert haben oder auch der Kundenstamm, von dem erwartet wird, dass er auch in Zukunft Einnahmen generiert. Die Kontrolle über den Standort kann den Käufer auch in die Lage versetzen, einen Wettbewerber davon abzuhalten, an dem Standort Handelsgeschäfte durchzuführen.
>
> Aus Bilanzierungssicht wurde das Reinvermögen in Höhe von 200.000 Euro für 300.000 Euro erworben. Der Unterschiedsbetrag von 100.000 Euro (300.000 Euro − 200.000 Euro) ist der erworbene oder derivative Firmenwert und wird in der Bilanz des Käufers als immaterieller Vermögenswert ausgewiesen.

Der „Wert" des Firmenwerts muss in Verhandlungen zwischen Käufer und Verkäufer vereinbart werden. Bei der Entscheidung, ob eine Prämie gezahlt werden soll, könnte der Käufer Faktoren wie Gewinne in der Vergangenheit und das Gewinnpotenzial in der Zukunft sowie Synergien (Kosteneinsparungen oder Vorteile, die entstehen könnten, wenn die beiden Firmen zusammengelegt werden, wie z.B. bessere Mengenrabatte der Lieferanten) in Erwägung ziehen.

In der Praxis ist es nicht immer der Fall, dass ein gezahlter Firmenwert auch gerechtfertigt ist. Die Geschichte von Unternehmen ist voll von Beispielen von Vorständen, die sich (zu) überschwänglich für den Kauf anderer Unternehmen begeistert haben.

Die Transaktion von Time Warner/AOL beispielsweise im Jahr 2001 führte zur Zahlung eines Firmenwerts in Höhe von 128 Milliarden britischen Pfund, d.h., das war der Aufpreis, den AOL für den Kauf von Time Warner zahlte. Zwei Jahre später wurden 60 Milliarden britische Pfund vom Firmenwert abgeschrieben, als die zu optimistisch prognostizierten Gewinne, mit denen ursprünglich die Zahlung des Aufpreises begründet worden war, ausblieben. Zu der Zeit wurde der Kauf von einer Führungskraft, die mit der Transaktion eng verbunden war, als „größter Fehler der Unternehmensgeschichte" bezeichnet.

Die Abschreibung des Firmenwerts führte zu einem starken Rückgang des Aktienkurses von AOL Time Warner, wodurch teilweise Aktionärswert vernichtet wurde.

Zyniker argumentieren oft, dass der Firmenwert nur als Zahl in der Bilanz dient, um zu zeigen, wie extravagant der Käufer ist!

# Vertiefungswissen

## Marktwert („gemeiner Wert")

Der Geschäfts- oder Firmenwert wird berechnet als Differenz zwischen dem Wert des Kaufpreises für das gekaufte Unternehmen und dem Marktwert des erworbenen Nettovermögens des gekauften Unternehmens. Der Marktwert darf dabei nicht mit dem Buchwert verwechselt werden.

Der *Marktwert* der Vermögenswerte unterscheidet sich oft vom Buchwert, da Sachanlagevermögen im Allgemeinen zu den Anschaffungskosten zu bilanzieren ist, statt es neu zu bewerten. Im Zeitablauf werden Sachanlagen (insbesondere Grundstücke und Gebäude) oft im Wert steigen, was zu einer größeren Differenz zwischen dem Marktwert und dem Buchwert führt. Zur Berechnung eines Firmenwerts ist daher üblicherweise eine Neubewertung der Sachanlagen zum Marktwert erforderlich.

## Abschreibung immaterieller Vermögenswerte

Die Abschreibung immaterieller Vermögensgegenstände entspricht der von materiellen Sachanlagen, sie wird im angelsächsischen Sprachraum als Amortisation bezeichnet.

*Immaterielle Vermögenswerte* haben üblicherweise eine begrenzte Nutzungsdauer und werden über die erwartete Nutzungsdauer im Unternehmen abgeschrieben.

Im Gegensatz zu den meisten Sachanlagen, die eine begrenzte bzw. endliche Nutzungsdauer haben, wird in einigen Rechnungslegungssystemen (z.B. IFRS) angenommen, dass der Firmenwert eine unbegrenzte Nutzungsdauer hat. Das bedeutet, dass davon ausgegangen wird, dass der gekaufte Firmenwert in der Bilanz des Käufers dauerhaft ein Vermögenswert bleibt. Deshalb wird der Wert des Firmenwerts nicht abgeschrieben, d.h. nicht über zukünftige Bilanzierungsperioden als Aufwand verteilt. In der Rechnungslegung nach deutschem Handelsrecht wird jedoch der derivative Geschäfts- oder Firmenwert auch als abnutzbarer Vermögenswert angesehen, d.h. über eine gewisse Zeit (im Allgemeinen fünf Jahre) abgeschrieben.

## Wertminderungen

Immaterielle Vermögenswerte mit einer begrenzten Nutzungsdauer unterliegen ebenso wie Sachanlagevermögen der Überprüfung hinsichtlich einer außerplanmäßigen Wertminderung nur dann, wenn es Anzeichen für eine solche Wertminderung gibt.

Nimmt man für einen Geschäfts- oder Firmenwert (wie in den IFRS) eine unbegrenzte Nutzungszeit an, ist der Firmenwert einer jährlichen Überprüfung auf Wertminderung zu unterziehen (sog. Impairment Test), um den Wertansatz zu bestätigen. Das bedeutet, die Prognoseannahmen für die Berechnung des Firmenwerts mit dem tatsächlich erzielten Ergebnis zu vergleichen.

## Profiwissen

### Negativer Firmenwert

Ein Geschäfts- oder Firmenwert kann sowohl negativ als auch positiv sein.

Intuitiv erkennt man, dass ein negativer Firmenwert bedeutet, dass sich der Käufer ein gutes Geschäft gesichert hat, da der gezahlte Kaufpreis geringer ist als die erworbenen Vermögenswerte. Dies könnte die Folge eines Notverkaufs seitens des Verkäufers sein. Anders als der Firmenwert, der in der Bilanz als Vermögenswert geführt wird, wird der negative Firmenwert in der Rechnungslegung des kaufenden Unternehmens als Gewinn erfasst.

## Anwendung und Darstellung in der Praxis

Der originäre Firmenwert erscheint nie in der Bilanz des Unternehmens.

Der derivative Geschäfts- oder Firmenwert wird im Anlagevermögen in der Bilanz des kaufenden Unternehmens als Goodwill ausgewiesen.

Abschreibungen auf einen Firmenwert werden als Aufwand erfasst und im Anhang zum Jahresabschluss erläutert.

---

**FALLSTUDIE** zooplus AG

**Immaterielle Vermögenswerte**

1. Softwarelizenzen

Erworbene Softwarelizenzen werden auf Basis der Anschaffungskosten aktiviert, die beim Erwerb sowie für die Vorbereitung der Software auf ihre beabsichtigte Nutzung anfallen. Diese Kosten werden über eine geschätzte Nutzungsdauer von drei bis fünf Jahren linear abgeschrieben. Danach erfolgt eine Bewertung zu Anschaffungskosten abzüglich kumulierter Abschreibungen und Wertminderungen.

2. Selbst erstellte Software

Die mit der Pflege von Computersoftware verbundenen Kosten werden bei Anfall als Aufwand erfasst. Entwicklungskosten, die direkt der Entwicklung und Überprüfung identifizierbarer Software, die in der Verfügungsmacht des Konzerns steht, zuordenbar sind, werden als immaterieller Vermögenswert angesetzt, wenn die nachfolgenden Kriterien erfüllt sind.

- Die Fertigstellung der Software ist technisch realisierbar.
- Das Management hat die Absicht, die Software zu nutzen.
- Es besteht die Fähigkeit, die Software zu nutzen.
- Es ist nachweisbar, auf welche Art und Weise die Software voraussichtlichen künftigen wirtschaftlichen Nutzen erzielen wird.
- Adäquate technische, finanzielle und sonstige Ressourcen sind verfügbar, um die Entwicklung abschließen und die Software nutzen zu können.
- Die der Software während ihrer Entwicklung zurechenbaren Ausgaben können verlässlich bewertet werden.

## Kapitel 11  Geschäfts- oder Firmenwert (Goodwill) und andere immaterielle Vermögenswerte

Die in die Herstellungskosten der Software einbezogenen direkt zurechenbaren Kosten umfassen die Personalkosten für die an der Entwicklung beteiligten Beschäftigten.

Entwicklungskosten, die diese Kriterien nicht erfüllen, werden als Aufwand in der Periode ihres Entstehens erfasst. Bereits als Aufwand erfasste Entwicklungskosten werden nicht in einer Folgeperiode aktiviert.

Aktivierte Entwicklungskosten für Software werden über ihre geschätzte Nutzungsdauer (maximal über drei Jahre) linear abgeschrieben.

Die Abschreibung beginnt mit dem Abschluss der Entwicklungsphase und ab dem Zeitpunkt, ab dem der Vermögenswert genutzt werden kann. Sie erfolgt über den Zeitraum, über den künftiger Nutzen zu erwarten ist.

*Quelle: Geschäftsbericht zooplus AG 2018, S. 120–121*

# Besondere Hinweise für die Praxis

Achten Sie auf die folgenden Aspekte, wenn Sie sich mit dem Geschäfts- oder Firmenwert eines Unternehmens beschäftigen.

- Geschäfts- oder Firmenwerte im Allgemeinen, da sie zeigen, dass das Unternehmen andere Unternehmen erworben hat und dabei einen Aufpreis gezahlt hat.
- Eine Steigerung/Minderung des Firmenwerts und die Gründe für Änderungen (Käufe, Verkäufe, Wertminderungen) sollte betrachtet werden.
- Indikatoren einer möglichen Wertminderung des Firmenwerts, z.B. Erträge/Gewinn des erworbenen Unternehmens erfüllen nicht die ursprünglichen Prognosen.
- Bei börsennotierten Unternehmen geht der Aktienkurs während oder nach dem Kauf zurück, was vielleicht darauf schließen lässt, dass „der Markt" von der Logik der Transaktion nicht überzeugt ist.
- Ein negativer Firmenwert in der Bilanz, der auf einen günstigen Kauf schließen lässt. Transaktionen dieser Art sollten besonders beachtet werden, da sie dazu führen, dass der Firmenwert als Gewinn ausgewiesen wird.
- Ob das Unternehmen die IFRS oder die deutschen Rechnungslegungsstandards (Handelsgesetzbuch, HGB) anwendet. Die bilanzielle Behandlung des Firmenwerts nach HGB erfordert im Gegensatz zu den IFRS eine jährliche Abschreibung.

# 12

# Umlaufvermögen – Vorräte

*"Als Kind habe ich immer versucht, einen Dollar zu verdienen. Ich lieh mir einen Dollar von meinem Dad, ging zum Tante-Emma-Laden und kaufte kleine Süßwaren für einen Dollar. Dann machte ich meine eigene Ladenbude auf und verkaufte die Hälfte der Süßigkeiten für fünf Cent das Stück. Die andere Hälfte meines Bestands aß ich auf. So nahm ich 2,50 Dollar ein und gab meinem Dad seinen Dollar zurück.*

*Guy Fieri, Gastwirt, Autor, Fernsehstar*

## Auf einen Blick

*Vorräte* sind normalerweise einer der größten Vermögenswerte in der Bilanz eines Produktions-/Handelsunternehmens. Durch den Verkauf von Vorräten erzielt ein Unternehmen Umsatzerlöse.

Vorräte beinhalten wirtschaftliche Risiken für ein Unternehmen: Zu hohe Vorräte können zu Liquiditätsproblemen führen und zum Risiko, dass diese nicht verkauft werden können. Bei zu geringen Vorräten lässt sich ein Unternehmen möglicherweise Absatzchancen entgehen oder es verliert Kunden.

Die Vorräte müssen mindestens jährlich überprüft werden. In der Bilanz werden sie in das Umlaufvermögen aufgenommen.

# Basiswissen

*Vorräte* können in verschiedenen Formen auftreten, z.B. als Rohmaterialien, unfertige Produkte und Fertigwaren. In welche Kategorien die Vorräte genau eingeteilt werden, hängt von der Geschäftstätigkeit des Unternehmens ab. Supermärkte beispielsweise teilen rohes Fleisch in die Kategorie „Fertigwaren" ein, da es für den Supermarkt „verkaufsbereit" ist, auch wenn es für den Verbraucher nicht „verbrauchsbereit" ist. Ein Wursthersteller würde hingegen seinen Vorrat an rohem Fleisch als Rohmaterial klassifizieren.

Das effiziente Management der Vorräte ist für den Erfolg eines Unternehmens entscheidend.

Unternehmen, die zu viele Vorräte kaufen, erzielen Verluste, wenn sie ihre Vorräte nicht verkaufen können. Eine zu geringe Vorratshaltung führt allerdings dazu, dass potenzielle Verkäufe nicht erfolgen, da das Unternehmen auf die Nachfrage der Kunden nicht reagieren kann.

Die Vorratshaltung bindet die Barmittel des Unternehmens, die an anderer Stelle profitabler investiert werden könnten. Um die Risiken zu minimieren, verwenden die Unternehmen verschiedene Verfahren zur Verwaltung von Vorratsbeständen.

Der Just-in-time-Ansatz (JIT) der Warenbestellung bedeutet, dass Waren nur bei Bedarf bestellt und geliefert werden. Dies hilft, das Risiko eines Fehlbestands zu minimieren und gleichzeitig zu hohe Vorräte zu vermeiden. JIT setzt voraus, dass ein Unternehmen ein System hat, das die Entwicklung der Vorräte genau verfolgen und die Nachfrage gut prognostizieren kann.

Die Überwachung wichtiger Bestandskennzahlen kann einem Unternehmen dabei helfen, Probleme mit zu hohen Vorräten festzustellen und die operative Effizienz zu verbessern.

## Berechnung der Lagerdauer

Der Erfolg eines Unternehmens hängt zum Teil davon ab, wie schnell es die Vorräte verkaufen kann, um Einzahlungen zu erhalten.

Die Lagerdauer ist eine Kennzahl, die zeigt, wie lang es durchschnittlich dauert, die Vorräte zu verkaufen:

$$\text{Vorräte / Materialkosten} = (\text{Kosten der verkauften Waren}) \times 365$$

Es gibt keine „richtige" Zahl für die Lagerdauer bzw. den im Folgenden erläuterten Lagerumschlag. Stattdessen vergleichen Unternehmen gewöhnlich ihre Kennzahlen mit den Branchendurchschnitten, um ihre jeweilige Effizienz beurteilen zu können.

Ein wirtschaftliches Ziel von Unternehmen ist es, den Lagerbestand zu optimieren. Das bedeutet, eine unnötige Erhöhung der Vorräte zu vermeiden und gleichzeitig das Risiko zu beseitigen, dass es zu Fehlbeständen kommt.

Die Optimierung des Lagerbestands ist wegen der Ungewissheit der Nachfragemuster eine ständige (wenn nicht sogar unmögliche) Herausforderung. Als Reaktion darauf haben beispielsweise Supermärkte ein Just-in-time-Lieferantenmanagement, das schnell reagiert und sie in die Lage versetzt, angemessene Vorratsmengen zu halten und auf unerwartete Nachfragespitzen zu reagieren. Als z.B. die Starköchin Delia Smith nach der Sendung einer TV-Werbung 2010 einen „Run" auf Rhabarber auslöste, stellte Waitrose auf den Import der Vorräte um, damit die steigende Nachfrage befriedigt werden konnte. Die Alternative wäre, in Erwartung höherer Umsätze die Vorräte zu erhöhen. Dies ist allerdings kostspieliger, um dasselbe Ziel zu erreichen.

In der Praxis werden Unternehmen oft auf dem falschen Fuß erwischt. Als Lord Wolfson, der Vorstandsvorsitzende von Next plc, beispielsweise die Gründe für die schlechten Finanzergebnisse im Jahr 2015 erläuterte, gab er zu, dass „wir zu große Mengen der Artikel im großen Hauptkatalog, der für die ganze Saison gilt, geordert haben und zu geringe Vorräte der Artikel aus den neueren Broschüren und dass es ganz allein unser Fehler war, dass die Vorräte nicht ausreichten".

## Bilanzierung von Vorräten im Jahresabschluss

Für den Jahresabschluss müssen die Vorräte gezählt und richtig bewertet werden. Gekaufte, aber am Ende jeder Rechnungslegungsperiode noch nicht verkaufte Vorräte werden in der Bilanz als Schlussbestand ausgewiesen.

Mit Ausnahme sehr kleiner Firmen dürften alle Unternehmen ein Vorratssystem haben, das die theoretisch vorhandene Menge jedes im Lagerbestand des Unternehmens vorrätigen Artikels zeigt. Mit Inventuren werden die vorhandenen Vorräte festgestellt und Abweichungen von den in den Büchern verzeichneten Beständen hervorgehoben. Wenn bei der Zählung der Zustand der Vorräte kontrolliert wird, hilft dies, veraltete oder beschädigte Vorräte festzustellen, was sich auf die Bewertung auswirken wird.

Die Bewertung der Vorräte wird aus zwei Gründen erschwert:

1. Die Vorräte können im ganzen Jahr zu verschiedenen Einstandspreisen erworben worden sein. Um am Ende des Jahres die Kosten der nicht verkauften Vorräte richtig errechnen zu können, müssen folglich die Kosten in den Eingangsrechnungen genau nachverfolgt werden. Die First-In-First-Out-(FIFO-) und die Durchschnittskostenmethode sind Kostenrechnungsverfahren, mit denen die Lagerkosten am Jahresende ermittelt werden können.

2. Selbst wenn die Lagerkosten errechnet werden, gibt es keine Garantie, dass die Vorräte (mindestens) zu diesem Betrag verkauft werden können. Unternehmen müssen Vorräte abschreiben, die wahrscheinlich nur mit Verlust verkauft werden können.

# Vertiefungswissen

## Methoden zur Ermittlung von Anschaffungskosten für Vorräte

Ein Unternehmen, das Vorräte zu verschiedenen Einstandspreisen kauft, muss die Anschaffungskosten genau nachverfolgen, um die Anschaffungskosten derjenigen Vorräte zu ermitteln, die bis zum Jahresende nicht verkauft wurden. In den Rechnungslegungsstandards sind Kostenrechnungsverfahren festgelegt, die vom Unternehmen für die Vorratsbewertung angewendet werden.

Bei verderblichen Waren mit einem Verfallsdatum, wie z.B. Käse, gibt FIFO die Reihenfolge an, in der diese Vorräte vom Unternehmen tatsächlich verkauft werden. Bei homogenen oder identischen Produkten, die länger im Regal stehen können, wie z.B. Farbe, ist die Durchschnittskostenmethode ein einfacheres Verfahren zur Ermittlung der Vorräte zum Jahresende.

Wichtig dabei ist, dass zwar beide Methoden grundsätzlich zulässig sind, die gewählte Methode aber wiedergeben sollte, wie die Vorräte tatsächlich im Unternehmen behandelt werden (d.h., in welcher Reihenfolge sie vom Unternehmen gekauft und verkauft werden), denn die gewählte Methode wirkt sich auf den vom Unternehmen ausgewiesenen Gewinn aus.

**Unfertige Erzeugnisse (UE)**

UE werden die Güter genannt, die sich in unterschiedlichen Phasen der Herstellung, der Bereitstellung von Dienstleistungen oder der Ausführung langfristiger (Bau-)Verträge befinden.

**Fertige Erzeugnisse**

Die Bewertung unfertiger und fertiger Erzeugnisse kann für Produktionsunternehmen besonders komplex sein, da die Herstellungskosten die Arbeits-, Material- und Gemeinkosten enthalten. Dies erfordert, dass das Unternehmen detailliert Kosten und (Bearbeitungs-)Zeiten erfasst.

**Dienstleistungen – unfertige Leistungen**

Bei Dienstleistungsunternehmen (die keine materiellen Güter herstellen) beinhalten die Vorräte die sogenannten unfertigen Leistungen, das sind erbrachte Dienstleistungen, die noch nicht in Rechnung gestellt worden sind.

**Langfristige Verträge**

Bei Unternehmen, die im Bereich langfristiger Projekte tätig sind, wie z.B. Wohnungsbauunternehmen, werden in den Vorräten auch langfristige „unfertige Erzeugnisse" verzeichnet, da Bauprojekte normalerweise mehrere Jahre dauern. Die Erfassung dieser langfristigen Verträge erfordert die regelmäßige Berechnung von Fertigstellungsgraden.

# Profiwissen

## Kostenrechnungsmethoden

Unternehmen, die Vorräte kaufen, werden im Laufe der Zeit normalerweise mit Preissteigerungen (Inflation) konfrontiert sein. Dies erschwert zusätzlich die Berechnung der Kosten der nicht verkauften Produkte (die zu unterschiedlichen Einstandspreisen gekauft wurden) zum Bilanzstichtag, denn das Unternehmen muss die Reihenfolge des Verkaufs ermitteln.

### First In First Out (FIFO)

Ziel eines Supermarkts ist es, Lebensmittel mit geringer Haltbarkeit zuerst zu verkaufen (beispielsweise wird die Milch mit dem kürzesten Haltbarkeitsdatum ganz vorn in die Regale gestellt).

Am Ende des Jahres werden die Kosten der noch vorhandenen Vorräte denen der vom Lieferanten zuletzt gelieferten Waren entsprechen, da diese das längste Haltbarkeitsdatum haben sollten.

### Durchschnittskosten

Einzelhandelsunternehmen wie die Baumarktkette B&Q müssen hingegen in der Regel Waren nicht in der Reihenfolge der Einkäufe verkaufen, da die von ihnen verkauften Waren gewöhnlich nicht verderblich sind, sodass das Konzept des Haltbarkeitsdatums weitgehend irrelevant ist. Die Waren können in jeder Reihenfolge verkauft werden, sodass für die Berechnung der am Ende des Jahres nicht verkauften Vorräte die Durchschnittskosten aller gekauften Waren ermittelt werden können.

Die Wahl der Kostenrechnungsmethode ist relevant, weil sie sich auf die angegebene Rentabilität und die Bilanzzahlen auswirkt. Bei der Anwendung der FIFO-Methode werden bei Inflation höhere Vorratsbestände als bei der Durchschnittskostenmethode ausgewiesen, weil die zuletzt angeschafften Vorräte sehr wahrscheinlich zu den höchsten Einstandspreisen gekauft wurden. Mit FIFO wird daher auch ein höheres Jahresergebnis ausgewiesen (da die als Aufwand erfassten *Materialkosten (Kosten der verkauften Waren)* im Vergleich zur Durchschnittskostenmethode die zu niedrigeren Anschaffungskosten gekauften Vorratsstücke enthalten).

Ein Unternehmen kann sowohl die FIFO- als auch die Durchschnittskostenmethode anwenden, wenn diese Methoden für unterschiedliche vom Unternehmen geführte Vorratssortimente relevant sind. Supermärkte z.B. halten typischerweise Vorräte sowohl von Lebensmitteln (Food) als auch von anderen Artikeln (Non-Food).

### Kosten im Vergleich zum Nettoveräußerungswert

Ein Unternehmen mit Vorräten trägt das wirtschaftliche Risiko, dass diese Vorräte nicht verkauft werden können. Dieses Risiko wird am Ende jedes Jahres bewertet, und wenn es wahrscheinlich ist, dass die Vorräte nicht verkauft werden, werden die Kosten der Vorräte auf Basis der Schätzung eines potenziellen Verkaufspreises abgeschrieben. Dieser Wert wird Nettoveräußerungswert genannt.

# Anwendung und Darstellung in der Praxis

Im Anhang werden die vom Unternehmen bei der Vorratsbewertung angewendeten Bilanzierungsrichtlinien erläutert.

Die Vorräte sind in der Bilanz im Umlaufvermögen enthalten und in der Gewinn- und Verlustrechnung in den Materialkosten (Kosten der verkauften Waren).

> **FALLSTUDIE** zooplus AG
>
> **Vorräte**
>
> Die Roh-, Hilfs- und Betriebsstoffe sowie die Handelswaren werden mit dem niedrigeren Wert aus Anschaffungskosten und Nettoveräußerungswert bewertet. Die Anschaffungskosten ermitteln sich aus Anschaffungspreis zuzüglich Anschaffungsnebenkosten und abzüglich Anschaffungspreisminderungen und beinhalten keine Fremdkapitalkosten. Der Nettoveräußerungswert ist der geschätzte, im normalen Geschäftsgang erzielbare Verkaufserlös abzüglich notwendiger variabler Vertriebskosten. Die Anschaffungskosten für Vorräte beinhalten auch aus dem Eigenkapital übertragene Gewinne oder Verluste aus qualifizierten Cashflow Hedges, die sich auf den Kauf von Vorräten beziehen. Die Vorräte unterliegen der Durchschnittsbewertung.
>
> *Quelle: Geschäftsbericht zooplus AG 2018, S. 126*

# Besondere Hinweise für die Praxis

Wenn Sie sich mit dem Thema Vorratsbewertung beschäftigen, sind die folgenden Punkte relevant:

- Hohe Steigerungen der Vorratsbestände im Jahresvergleich zeigen die Veralterung der Vorräte an, wenn nicht gleichzeitig auch eine Steigerung der Umsätze im Jahresvergleich erfolgt ist.
- Eine Zunahme der Lagerdauer oder eine niedrigere Lagerumschlagshäufigkeit
- Vorräte als Prozentsatz des gesamten Umlaufvermögens, um den im nicht liquiden Umlaufvermögen gebundenen Wert zu erkennen
- Vorräte als Prozentsatz des gesamten Vermögens (Anlagevermögen und Umlaufvermögen), um den in den Vorräten gebundenen Wert zu erkennen
- Es ist gängige Praxis, dass Unternehmen durch regelmäßige Stichproben unangekündigte Bestandsaufnahmen der Vorräte durchführen. Diese können auch zur Verhinderung von Diebstahl dienen.
- Wirtschaftsprüfer werden an der Inventur der Vorräte teilnehmen und daran interessiert sein, die Abgrenzungsverfahren zu prüfen, um sicherzustellen, dass die Vorräte am Jahresende korrekt in Materialkosten (Kosten der verkauften Waren) und Bilanzwerte für Vorräte erfasst werden.

# 13

# Debitoren und Kreditoren – kurzfristige Forderungen und kurzfristige Verbindlichkeiten

*„Gläubiger haben ein besseres Gedächtnis als Schuldner.
Die Gläubiger sind wie eine abergläubische Sekte,
großartig beim Einhalten von Terminen und Fristen."*

Benjamin Franklin, Wissenschaftler, Erfinder, Autor und amerikanischer Politiker

## Auf einen Blick

Der Kredit ist einer der Grundpfeiler des modernen Unternehmens. Die meisten Unternehmen bieten Kredit an und erhalten Kredit.

Kunden, die einen Kredit erhalten, heißen Schuldner (oder Debitoren). Lieferanten, die Kredit anbieten, heißen Gläubiger (oder Kreditoren).

*Debitoren* sind kurzfristige Forderungen und werden als Vermögenswerte in der Bilanz eines Unternehmens ausgewiesen. Sie stellen zukünftige Geldzuflüsse dar. *Kreditoren* sind kurzfristige Verbindlichkeiten in der Bilanz eines Unternehmens, da sie zukünftige Geldabflüsse sind.

Kapitel 13    Debitoren und Kreditoren – kurzfristige Forderungen und kurzfristige Verbindlichkeiten

# Basiswissen

Debitoren sind eine wichtige Quelle zukünftiger Geldzuflüsse. Sie ermöglichen einem Unternehmen, mit einer gewissen Sicherheit vorherzusagen, wie viel liquide Mittel in den folgenden Tagen und Wochen zufließen werden. Debitoren sind jedoch noch nicht wirklich Geld und können nicht verwendet werden, um fällige Geldverbindlichkeiten des Unternehmens zu begleichen.

Kreditoren können andererseits eine wichtige Quelle der kurzfristigen Unternehmensfinanzierung sein. Sie unterstützen den Cashflow eines Unternehmens dann, wenn die Frist des Lieferantenkredits genau abgestimmt ist auf die Frist von Krediten, die Kunden gewährt werden.

Debitoren und Kreditoren sind zwei Bestandteile des Nettoumlaufvermögens eines Unternehmens. Der andere wichtige Bestandteil des Nettoumlaufvermögens sind die Vorräte.

Für die meisten Unternehmen ist das Management von Debitoren und Kreditoren eine dauerhafte Aufgabe. Die zeitliche Planung der Geldzuflüsse und Geldabflüsse ist für das Überleben eines Unternehmens unerlässlich. Wichtig ist dabei, die Schuldner regelmäßig zu überwachen und sie bisweilen zu erinnern, dass ihre Zahlung fällig ist.

Die Unternehmen nehmen für das Management von Debitoren und Kreditoren hohen Verwaltungsaufwand in Kauf. Beispiele für typischerweise eingesetzte Instrumente sind:

| | |
|---|---|
| Debitorenmanagement | Das Debitorenmanagement ist dafür zuständig, von den Kunden geschuldete Beträge zu verwalten und einzuziehen. |
| | In einem kleineren Unternehmen kann das der Halbtagsjob eines Buchhalters sein, in einem größeren Unternehmen kann damit ein ganzes Team von Mitarbeitern betraut sein. |
| | Das Debitorenmanagement ist einer der Aufgabenbereiche, der gewöhnlich für das Unternehmen einen Mehrwert schafft, da einige Schuldner wirklich erst dann zahlen, wenn sie ständig daran erinnert werden. |
| Nebenbücher | Die Nebenbücher Debitoren und Kreditoren verzeichnen detailliert alle Transaktionen mit jedem Kunden und jedem Lieferanten. |
| | Debitoren- und Kreditorensalden können auch als Fälligkeitsberichte erstellt werden, die zeigen z.B.: <br>• alle jetzt fälligen Salden <br>• alle Salden, deren Fälligkeit vor einem Monat war <br>• alle Salden, deren Fälligkeit vor zwei Monaten war |
| Debitorenlaufzeit und Kreditorenlaufzeit | Dies sind allgemein verwendete Leistungskennzahlen, mit denen die durchschnittliche Anzahl der Tage der ausstehenden Debitoren und Kreditoren für alle Kunden und Lieferanten berechnet wird. |
| | Die Unternehmensleitung und externe Analysten können schnell die Liquidität eines Unternehmens beurteilen, indem sie diese Kennzahlen berechnen. |
| | Wenn z.B. bekannt ist, dass ein Unternehmen den Kunden ein Zahlungsziel von 30 Tagen bietet, das Debitorenziel aber 60 Tage beträgt, dann würde das auf ein mögliches Liquiditätsproblem hinweisen. Das Einziehen der Schulden dauert für das Unternehmen 30 Tage länger als erwartet. |

**Tabelle 13.1:** Beispiele für Instrumente beim Kreditoren- und Debitorenmanagement

Eine weitergehende Problemanalyse kann dann zeigen, ob eine große Zahl Schuldner davon betroffen ist oder nur einzelne Schuldner, die den Durchschnitt verzerrt haben.

# Vertiefungswissen

Wie die Tabelle zeigt, gibt es für „Schuldner" und „Gläubiger" eine Reihe von austauschbaren Begriffen. In diesem Kapitel werden die Begriffe „Schuldner" und „Gläubiger" genutzt, weil sie am häufigsten verwendet werden und am bekanntesten sind.

| Debitor | Kreditor |
|---|---|
| Schuldner | Gläubiger |
| Kunde | Kreditgeber |
| Forderungen aus Lieferungen und Leistungen | Verbindlichkeiten aus Lieferungen und Leistungen |
| Forderungen | Verbindlichkeiten |

**Tabelle 13.2:** Alternative Begrifflichkeiten

## Debitorenmanagement

Für den Einzug von Geldern der Kunden ist es wichtig, einem bestimmten Verfahren zu folgen und die Kundenverbindlichkeiten in organisierter Form einzutreiben. Sinnvollerweise sollten die folgenden Schritte unternommen werden:

| | |
|---|---|
| 1 | Überprüfen Sie, ob der Kunde zahlen kann, und prüfen Sie die Bonität. Neue Kunden könnten eventuell Anzahlungen leisten müssen. |
| 2 | Erstellen Sie einen Vertrag oder eine Vereinbarung, in der die Zahlungsbedingungen klar angegeben sind. |
| 3 | Beschaffen Sie sich einen Nachweis der Lieferung oder eine Bestätigung, dass der Kunde das Produkt oder die Dienstleistung erhalten hat. |
| 4 | Stellen Sie für jede Lieferung eine Rechnung aus und vermeiden Sie Teillieferungen, um Verwechslungen zu vermeiden. |
| 5 | Versenden Sie die Rechnungen unverzüglich und am besten zusammen mit der Lieferung. Die meisten Kunden erfassen eine Verbindlichkeit ab dem Rechnungsdatum, nicht ab dem Lieferdatum. |
| 6 | Schreiben Sie die Rechnung so, dass sie klar verständlich ist, und formulieren Sie die Zahlungsbedingungen klar, um Missverständnisse zu vermeiden. |
| 7 | Prüfen Sie, ob der Kunde die Rechnung erhalten hat. |
| 8 | Überprüfen Sie regelmäßig die ausstehenden Forderungen. |
| 9 | Installieren Sie ein Verfahren für Kunden in Zahlungsverzug, z.B. eine E-Mail, gefolgt von einem Telefonanruf, gefolgt von einem Brief, gefolgt von einem Brief mit der Ankündigung rechtlicher Schritte. |
| 10 | Das Risiko uneinbringlicher Forderungen kann mit einer Kreditversicherung verringert werden oder über den Einzug durch ein Factoring-Unternehmen. |

**Tabelle 13.3:** Zehn Schritte, um Kundenverbindlichkeiten einzutreiben

## Kapitel 13  Debitoren und Kreditoren – kurzfristige Forderungen und kurzfristige Verbindlichkeiten

**Uneinbringliche Forderungen**

Häufig sehen sich Unternehmen mit uneinbringlichen Forderungen konfrontiert. Daher bilden viele Unternehmen eine bilanzielle Vorsorge für uneinbringliche Forderungen, die aus zwei Bestandteilen besteht:

1. *Eine konkrete Einzelwertberichtigung für eine einzelne uneinbringliche Forderung:* Diese ist für einzeln bekannte Schuldner, z.B. Schuldner, die insolvent sind, oder für einen möglicherweise unlösbaren Streitfall.

2. *Eine allgemeine Pauschalwertberichtigung für uneinbringliche Forderungen:* Die Erfahrung zeigt, dass Unternehmen typischerweise aus verschiedenen Gründen unerwartete uneinbringliche Forderungen in Kauf nehmen müssen. Eine Pauschalwertberichtigung für uneinbringliche Forderungen erfolgt als Prozentsatz des gesamten Forderungsstands aller Debitoren, z.B. zwei Prozent.

Forderungen werden in der Bilanz des Unternehmens netto, d.h. abzüglich dieser Wertberichtigungen, ausgewiesen.

**Andere Möglichkeiten zum Umgang mit Forderungen**

- *Factoring von Forderungsbeständen:* Ein Unternehmen beauftragt einen Dritten mit dem Einzug der Forderung, der besondere Erfahrungen in der Verwaltung und im Einzug von Forderungen hat. Forderungs-Factoring hat eine Reihe von Vorteilen (z.B. Entlastung der Mitarbeiter, die sich auf ihre Arbeit im Unternehmen konzentrieren können, und Barvorschüsse, die einige Factoring-Firmen leisten). Es gibt aber auch eine Reihe von Nachteilen (z.B. Verlust des Kontakts zu den Kunden und Abhängigkeit von der Factoring-Gesellschaft).

- *Factoring von Einzelforderungen:* Dies sind liquide Einzahlungen durch Vorschüsse bei bestimmten Rechnungen mit hohen Beträgen, im Gegensatz zum Forderungs-Factoring aller Forderungen an Kunden.

- *Versicherung:* Bestimmte risikobehaftete Forderungen können gegen die Zahlung einer Versicherungsprämie versichert werden. Dies ist nützlich für Exporteure.

- *Verkauf von Forderungen:* Es gibt Inkassofirmen, die sich auf das Inkasso von Forderungen spezialisiert haben und uneinbringliche Forderungen von Unternehmen kaufen. Sie zahlen allerdings nur einen Teil des Betrags, den die Schuldner aus diesen Forderungen schulden.

## Lieferantenmanagement

Obwohl der Schwerpunkt dieses Kapitels größtenteils auf dem Umgang mit Zahlungen von Schuldnern liegt, ist es auch wichtig, wie mit den Zahlungen an Lieferanten verfahren wird.

Lieferanten sind nicht nur eine wichtige Kreditquelle, sie sind auch sehr wichtig für den Erfolg eines Unternehmens, da sie erforderliche Zulieferungen erbringen. Es ist zwar in Ordnung, Lieferantenkredit in Anspruch zu nehmen, aber es ist wichtig, den guten Willen nicht zu missbrauchen. Gute Beziehungen zu den Lieferanten sind wichtig, um zukünftige weitere Lieferungen sicherzustellen.

Rechnergestützte Rechnungslegungssysteme erstellen Lieferantenlisten nach Fälligkeit, mit denen Zahlungen geplant und festgelegt werden können. Dies sollte in eine Cashflow-Prognose integriert werden, um sicherzustellen, dass zur Einhaltung der Zahlungstermine ausreichende Mittel verfügbar sind. Die meisten Unternehmen werden den von den Lieferanten angebotenen Kredit voll nutzen.

Oft ist es eine Frage der relativen „Macht", die diktiert, wer die Zahlungsbedingungen festlegt. Aus diesem Grund ziehen es viele Unternehmen vor, mit Unternehmen ähnlicher Größe Geschäfte zu tätigen.

# Profiwissen

## Debitorenlaufzeit und Kreditorenlaufzeit

Debitoren- und Kreditorenlaufzeit können anhand der folgenden Formeln errechnet werden:

$$\text{Debitorenlaufzeit} = \frac{\text{Forderungen aus Lieferungen und Leistungen} \times 365}{\text{Umsätze}}$$

$$\text{Kreditorenlaufzeit} = \frac{\text{Verbindlichkeiten aus Lieferungen und Leistungen} \times 365}{\text{Materialkosten (= Kosten der verkauften Waren)}}$$

## Missverständnisse bezüglich Debit (Soll) und Credit (Haben)

Die Begriffe „Debtors" (Schuldner) und „Creditors" (Gläubiger) sind abgeleitet von den Begriffen „Debits" und „Credits". Debit (Soll) und Credit (Haben) sind Begriffe aus der doppelten Buchführung und unterstützen so die Rechnungslegung.

Dies kann zu Missverständnissen führen.

- Debitoren sind Vermögenswerte des Unternehmens, weil Geld in der Zukunft zufließen wird. Das Wort „debtors" ist verwandt mit dem Wort „debt", das negativ besetzt ist. Dies gilt auch deshalb, weil im Bankbereich der Begriff „Debit" für einen Sollkontostand verwendet wird.

- Im Gegensatz dazu sind Kreditoren Verbindlichkeiten eines Unternehmens, weil in der Zukunft Geld gezahlt wird. Banken verwenden den Begriff „Credit" (Guthaben) jedoch, um einen positiven Kontostand zu bezeichnen.

Die Verwirrung entsteht dadurch, dass Banken die Begriffe aus ihrer Perspektive verwenden (im Gegensatz zur Perspektive ihrer Kunden).

# Anwendung und Darstellung in der Praxis

Debitoren und Kreditoren stehen in der Bilanz unter Umlaufvermögen, dort als Forderungen aus Lieferungen und Leistungen, und als kurzfristige Verbindlichkeiten bzw. Verbindlichkeiten aus Lieferungen und Leistungen.

### FALLSTUDIE zooplus AG

**Forderungen aus Lieferungen und Leistungen**

Forderungen aus Lieferungen und Leistungen sind von Kunden geschuldete Beträge aus im gewöhnlichen Geschäftsverkehr verkauften Gütern oder erbrachten Leistungen. Wenn der voraussichtliche Zahlungseingang in einem Jahr oder weniger als einem Jahr erwartet wird, werden die Forderungen als kurzfristig klassifiziert. Anderenfalls werden sie als langfristige Forderungen bilanziert. Forderungen aus Lieferungen und Leistungen werden beim erstmaligen Ansatz zum Betrag der unbedingten Gegenleistung erfasst. Der Konzern hält Forderungen aus Lieferungen und Leistungen, um die vertraglichen Cashflows zu vereinnahmen, und bewertet sie in der Folge unter Anwendung der Effektivzinsmethode zu fortgeführten Anschaffungskosten.

Aufgrund der kurzfristigen Art der Forderungen entspricht deren Buchwert dem beizulegenden Zeitwert.

*Quelle: Geschäftsbericht zooplus AG 2018, S. 126*

**Forderungen aus Lieferungen und Leistungen**

Die Verbindlichkeiten aus Lieferungen und Leistungen sind innerhalb eines Jahres fällig und nicht verzinslich. Die Fälligkeiten liegen in der Regel zwischen sofort fällig und 60 Tagen. Lieferantenverbindlichkeiten in Höhe von 18,2 Mio. EUR wurden als debitorische Kreditoren auf die Aktivseite umgegliedert und mit Forderungen gegen diese Lieferanten saldiert.

*Quelle: Geschäftsbericht zooplus AG 2018, S. 153*

Die Marktwerte der zum 31. Dezember 2018 bzw. 2017 ausgewiesenen Zahlungsmittel, Forderungen aus Lieferungen und Leistungen, kurzfristigen Vermögenswerte, Verbindlichkeiten aus Lieferungen und Leistungen und sonstigen kurzfristigen Verbindlichkeiten entsprechen den Buchwerten. Der Grund dafür ist vor allem die kurze Laufzeit solcher Instrumente.

*Quelle: Geschäftsbericht zooplus AG 2018, S. 126 und S. 153 und S. 162*

# Besondere Hinweise für die Praxis

Im Debitoren- und Kreditorenmanagement sollten Sie auf die folgenden Punkte achten:

- Überprüfen Sie den Wert sowohl der Debitoren als auch der Kreditoren im Zeitverlauf, um beurteilen zu können, ob sie sich in die gleiche Richtung entwickeln wie das Wachstum oder die Rückentwicklung des Unternehmens.
- Nützlich ist, die Debitorenlaufzeit im Zeitverlauf zu analysieren. Dies gibt einen Hinweis auf die Risikolage des Unternehmens bezüglich der Debitoren und ist ein Abbild des Debitorenmanagements und von Änderungen in der Praxis.
- Nützlich ist auch, die Kreditorenlaufzeit im Zeitverlauf zu analysieren. Daraus ergeben sich Anzeichen, wie stark ein Unternehmen von Lieferantenkrediten abhängig ist und ob eine Änderung der Praxis erfolgt ist.
- Im Rahmen der Analyse des Nettoumlaufvermögens ist es hilfreich, als einfaches und schnell zu ermittelndes Maß des Liquiditätsrisikos den Betrag der Debitoren mit dem Betrag der Kreditoren zu vergleichen.
- Transaktionen kurz vor oder nach dem Jahresende, wie z.B. Umsätze, Einnahmen, Käufe oder Zahlungen, können zu einer Verzerrung der Jahresendsalden der Debitoren oder Kreditoren und somit des Gewinns führen.

# 14

# Bewertung des Vermögens 1 – Neubewertungen

*„Ich glaube, er bewertete alles in seinem Haus neu, je nachdem, welche Reaktion er aus ihren geliebten Augen las."*

F. Scott Fitzgerald (Der Große Gatsby)

## Auf einen Blick

In einigen Rechnungslegungsvorschriften (z.B. IFRS) gibt es die Möglichkeit, Teile des Anlagevermögens statt zu Buchwerten zu Marktwerten zu bilanzieren.

*Neubewertungen* werden durchgeführt, um den aktuellen Wert (typischerweise Marktwert) des Sachanlagevermögens in der Bilanz eines Unternehmens wiederzugeben.

Die Wirkung einer Neubewertung von Sachanlagevermögen ist eine Erhöhung (oder Verringerung) des Werts von den Anschaffungskosten auf den Marktwert (fairen Wert).

Die positive (oder negative) Differenz wird meist als Wertzuwachs (oder Wertverlust) in einer Neubewertungsrücklage (innerhalb des Eigenkapitals) wiedergegeben. Der Wertzuwachs ist kein Gewinn des laufenden Jahres, d.h., er wird nicht in der Gewinn- und Verlustrechnung erfasst.

Neubewertungen werden am häufigsten bei Grundstücken und Gebäuden vorkommen, aber auch Finanzanlagen können Wertsteigerungen aufweisen, die zu einer Neubewertung führen können.

Kapitel 14   Bewertung des Vermögens 1 – Neubewertungen

# Basiswissen

In einigen Rechnungslegungssystemen (allerdings nicht im deutschen HGB) gibt es die Möglichkeit, dass ein Unternehmen entscheiden kann, ob es sein Sachanlagevermögen neu bewertet oder nicht, d.h., die Entscheidung ist eine Wahlmöglichkeit innerhalb der Bilanzierungspolitik. Wenn sich das Unternehmen für eine Neubewertung entscheidet, dann muss es das laufend und regelmäßig tun, um sicherzustellen, dass die Bewertung der Vermögenswerte immer aktuell ist. Bei Grundstücken und Gebäuden bedeutet „aktuell", dass mindestens alle drei Jahre eine Neubewertung vorgenommen wird.

Bewertungen sollten anhand von Marktwerten vorgenommen werden. Wenn es keine Marktwerte gibt, sollten sie von Experten, wie z.B. qualifizierten Sachverständigen, durchgeführt werden.

> **BEISPIEL 1**
>
> Die ABC GmbH hat ein Gebäude zu Anschaffungskosten von 100.000 Euro gekauft. Das Unternehmen bewertet seine Vermögenswerte zu Marktwerten. Am Ende des Jahres hatte das Gebäude einen Wert von 250.000 Euro.
>
> Lässt man die regelmäßige Abschreibung außer Acht, wird der Wertzuwachs als Differenzbetrag zwischen der Bewertung und den ursprünglichen Kosten berechnet, d.h., er beträgt 150.000 Euro (250.000 Euro – 100.000 Euro).
>
> Dies wird im Jahresabschluss wie folgt dargestellt:
>
> *Aktivseite: Sachanlagen (Gebäude)*            *250.000 EUR (100.000 EUR + 150.000 EUR)*
>
> *Passivseite: Neubewertungsrücklage (Teil des Eigenkapitals)*   *150.000 EUR*
>
> Der Wertzuwachs von 150.000 Euro wird in der Neubewertungsrücklage wiedergegeben, aber nicht in der G&V erfasst.

Mit der Neubewertung von Vermögenswerten beabsichtigen Unternehmen im Allgemeinen, die „richtigen" Werte des Vermögens zu zeigen und so den Ausweis des Eigenkapitals in der Bilanz zu verbessern. Steigende Vermögenswerte können für das Unternehmen folgende Vorteile haben:

- Eine Neubewertung kann die Anlagevermögensbasis des Unternehmens und so die für Kredite verfügbaren Sicherheiten steigern. Die ansonsten „stillen Reserven" werden explizit in der Bilanz ausgewiesen und stellen so eine zusätzliche Sicherheit für Kredite dar.

- Unternehmen, die bereits (hoch) verschuldet sind, kann die Neubewertung der Vermögenswerte zusätzlichen Spielraum für die Aufnahme weiterer Kredite verschaffen.

- Ein Unternehmen, das bezüglich Fusion oder Übernahme mit einem anderen Unternehmen Gespräche führt, wird in seiner Bilanz ein höheres Eigenkapital ausweisen. Das kann die Verhandlungsposition stärken.

Wenn die Neubewertung allgemein in einer Branche angewendet wird, tendieren die meisten Unternehmen dazu, ebenfalls Neubewertungen durchzuführen. Eine konsistente Bilanzierungspolitik hilft, eine Vergleichbarkeit mit anderen Unternehmen der Branche herzustellen. Eine Neubewertung ist jedoch eine Wahlmöglichkeit für das Unternehmen, und das kann zu Schwierigkeiten beim Vergleich führen, wenn die Unternehmen das Wahlrecht unterschiedlich ausüben. Der Jahresabschluss und die darin enthaltenen Informationen sollen jedoch einen Vergleich der Ergebnisse von Unternehmen ermöglichen. Unternehmen, die sich für eine Politik der Neubewertung entscheiden, müssen daher zusätzlich auch die Anschaffungskosten angeben, um eine Vergleichsmöglichkeit mit den Unternehmen herzustellen, die sich gegen eine Neubewertung entschieden haben.

## Wertzuwachs versus Gewinn

Neubewertungen (Wertsteigerungen) führen zu nicht realisierten Gewinnen. Ein Wertzuwachs ist etwas anderes als ein laufender Gewinn. Gewinn ist die Folge der Geschäftstätigkeit des Unternehmens, nicht einer Änderung der buchhalterischen Bewertung aufgrund einer Neubewertung. Ein gestiegener Wert der Vermögenswerte wird deshalb innerhalb des Eigenkapitals in einer (nicht als Dividende ausschüttbaren) Neubewertungsrücklage erfasst.

Um den Unterschied zwischen Wertzuwachs und Gewinn zu verstehen, betrachten Sie die Immobilie, in der Sie wohnen. Wenn die Immobilie seit dem Kauf im Wert gestiegen ist, dann ist das ein Wertzuwachs des Vermögens. Der *Wertzuwachs* kann jedoch nicht als Gewinn gelten, sondern ist nur ein fiktiver „Papiergewinn", bis die Immobilie tatsächlich verkauft ist.

Aus einem (nicht realisierten) *Wertzuwachs* wird also erst dann ein Gewinn, wenn der Sachanlagevermögenswert verkauft wird. An diesem Punkt wird der Wertzuwachs „realisiert" und somit ausschüttbar, d.h., dann kann er als Dividende ausgeschüttet werden.

## Neubewertung nach unten

Die Werte von Vermögensgegenständen gehen sowohl nach oben als auch nach unten. Durch eine niedrigere Bewertung wird eine vorherige (höhere) Bewertung umgekehrt.

---

**BEISPIEL 2** — **Fortsetzung von Beispiel 1**

**Beispiel 2a**

Drei Jahre später führt die Neubewertung der Immobilie zu einem Rückgang des Werts auf 200.000 Euro.

Wird die laufende Abschreibung außer Acht gelassen, ist der Wert der Sachanlage seit der vorherigen Bewertung um 50.000 Euro, d.h. von 250.000 Euro auf 200.000 Euro, gefallen.

Die letzte Bewertung wird wie folgt wiedergegeben:

*Aktivseite: Sachanlagen (Gebäude)*      200.000 EUR      (50.000 EUR niedriger als die vorherige Bewertung)

*Passivseite: Bewertungsrücklage (Teil des Eigenkapitals)*    100.000 EUR    (150.000 EUR – 50.000 EUR)

Zu beachten ist, dass trotz der niedrigeren Bewertung der Sachanlagewert immer noch über den Anschaffungskosten bewertet ist, d.h., es gibt nach wie vor einen (nicht realisierten) Wertzuwachs von 100.000 Euro in Bezug auf die Anschaffungskosten, der in der Neubewertungsrücklage ausgewiesen wird.

**Beispiel 2b – Verluste**

Wenn die Neubewertung zu einer Bewertung führt, die unter den Anschaffungskosten liegt, muss der Unterschiedsbetrag als Aufwand erfasst werden, d.h., dann werden in der Gewinn- und Verlustrechnung Aufwendungen gebucht.

Fortsetzung des Beispiels: Ein paar Jahre später wird die Sachanlage neu bewertet (nach unten) auf 60.000 Euro.

*Anschaffungskosten des Sachanlagewerts*      100.000 EUR

*Bilanzwert aktuell*      200.000 EUR

Eine neue Bewertung in Höhe von 60.000 Euro liegt unter den Anschaffungskosten von 100.000 Euro.

| *Anschaffungskosten* | *Marktwert* | *Bewertungsdifferenz (Verlust)* |
|---|---|---|
| 100.000 EUR | 60.000 EUR | 40.000 EUR (100.000 EUR – 60.000 EUR) |

Der Wert der Sachanlage ist seit der letzten Bewertung um 140.000 Euro gefallen. Der Wert der Sachanlage wurde um 140.000 Euro auf den neuen Wert von 60.000 Euro verringert. Die Neubewertungsrücklage wurde aufgelöst (100.000 Euro – 100.000 Euro) und die restliche Differenz von 40.000 Euro wird als Aufwand erfasst und mindert so den Gewinn des Unternehmens. Der Verlust wird ausgewiesen, obwohl der Sachanlagewert nicht veräußert wurde, und ist Ausdruck einer „vorsichtigen" Rechnungslegung. Die Neubewertungsrücklage (100.000 Euro) musste aufgelöst werden.

---

Trotz der möglichen Vorteile entscheidet sich nicht jedes Unternehmen dafür, das Sachanlagevermögen neu zu bewerten. Ein Unternehmen kann es vorziehen, das Sachanlagevermögen zu den Anschaffungskosten weiterzuführen, da eine Politik der Neubewertung einen hohen Zeitaufwand und hohe Kosten mit sich bringen kann, z.B. die Gebühren für die Bewertung durch unabhängige Sachverständige.

Eine Neubewertung wirkt sich auch auf wichtige Rentabilitätskennziffern nachteilig aus. Beispielsweise wird sich die *Gesamtkapitalrendite* (ROCE, Return on Capital Employed) verschlechtern, weil die Bewertung nach oben zu einem höheren Eigenkapital und damit zu einem höheren investierten Kapital führt.

---

**BEISPIEL 3** — Fortsetzung von Beispiel 1

Unter Verwendung der Daten aus Beispiel 1 (Beispiel 2 bleibt außer Betracht) wird angenommen, dass der Gewinn des Unternehmens 10.000 Euro war.

Ohne Berücksichtigung von laufender Abschreibung würde der ROCE wie folgt berechnet:

$$ROCE = \frac{Gewinn}{eingesetztes\ Kapital}$$

*Bewertung des Vermögens und des Kapitals zu Anschaffungskosten:*

$$ROCE = \frac{10.000\ EUR}{100.000\ EUR} = 10\ \%$$

*Bewertung des Vermögens und des Kapitals zu Marktwerten:*

$$ROCE = \frac{10.000\ EUR}{250.000\ EUR} = 4\ \%$$

Höhere Sachanlagewerte führen auch zu einem höheren laufenden Aufwand für Abschreibungen und deshalb zu einem Rückgang des Gewinns. Dies wäre eine weitere negative Auswirkung auf den ROCE.

---

# Vertiefungswissen

## Subjektivität und Manipulation

Interessanterweise muss ein Unternehmen, das sich für eine Politik der Neubewertung entscheidet, nicht alle Sachanlagewerte neu bewerten.

Eine Entscheidung für eine Neubewertung kann je nach Anlagekategorie angewendet werden, die Definition der einzelnen Kategorien kann vom Unternehmen individuell getroffen werden. „Grundstücke und Gebäude" gilt gewöhnlich als eine Anlagekategorie, „Maschinen und maschinelle Anlagen" als eine andere. Man könnte jedoch genauso gut argumentieren, dass „Bürogebäude" und „Produktionsgebäude" je eine Sachanlagekategorie sind in der Kategorie „Grundstücke und Gebäude".

Durch diese subjektive Einteilung kann ein Unternehmen in die Lage versetzt werden, (nur) die Sachanlagekategorien zu wählen, von denen es bei steigenden Werten am ehesten profitieren dürfte.

## Bewertungsverfahren

Wann immer möglich, müssen bei der Durchführung einer Neubewertung Marktwerte verwendet werden. Für einige Anlagewerte, wie z.B. Spezialmaschinen, gibt es jedoch möglicherweise keinen Markt für die Wertbestimmung. Wenn es keinen Markt gibt, können alternativ die Wiederbeschaffungskosten abzüglich Abschreibungen verwendet werden. Im Grunde werden mit dieser Methode die aktuellen Kosten für die Ersatzbeschaffung des Sachanlagewerts mit einer Sachanlage geschätzt, die sich in einem ähnlichen Zustand befindet.

## Profiwissen

### Abschreibung

Neu bewertete Sachanlagen müssen auf die gleiche Weise abgeschrieben werden wie die zu Anschaffungskosten bilanzierten Sachanlagen.

Die Abschreibung wird dann aber auf der Grundlage des neuen (höheren oder niedrigeren) Betrags der Neubewertung errechnet.

---

**BEISPIEL 4 — Fortsetzung von Beispiel 1**

Unternehmen A und Unternehmen B haben den gleichen Sachanlagewert. Unternehmen A bewertet die Sachanlage nicht neu. Unternehmen B führt eine Neubewertung durch.

*Die Sachanlagen werden mit 4 % pro Jahr abgeschrieben.*

*Anschaffungskosten der Sachanlage* = 100.000 EUR

*Letzte Bewertung (nur Unternehmen B)* = 200.000 EUR

Die jährliche Abschreibung und der Nettobuchwert in jeder der beiden Bilanzen werden nach fünf Jahren wie folgt sein:

**Abschreibung**

|  | Unternehmen A | Unternehmen B |
|---|---|---|
| Jährlicher Abschreibungsbetrag | (100.000 EUR × 4 %) = 4.000 EUR | (200.000 EUR × 4 %) = 8.000 EUR |
| Nettobuchwert nach 5 Jahren | Anschaffungskosten abzüglich 5 Jahre Abschreibungen: (100.000 EUR − 20.000 EUR) = 80.000 EUR | Marktbewertung abzüglich 5 Jahre Abschreibungen: (200.000 EUR − 40.000 EUR) = 160.000 EUR |

> Die Abschreibung ist in Unternehmen B höher, da es seine Sachanlagewerte neu bewertet hat. Ein höherer jährlicher Abschreibungsaufwand hat für Unternehmen B die Wirkung, dass der laufende Gewinn (und damit auch die Möglichkeit für eine Dividende) verringert sind.
>
> Obwohl der ausgewiesene Gewinn in Unternehmen B niedriger ist, besteht der Vorteil darin, dass das Unternehmen gezwungen wird, ausreichende liquide Mittel im Unternehmen zu behalten, da die Beträge begrenzt sind, die als Dividende ausgeschüttet werden können. Die liquiden Mittel werden für den Ersatz eines Sachanlageguts benötigt und ein höherer Abschreibungsaufwand aufgrund der Neubewertung (die den Wert des Ersatzguts realistischer wiedergibt) wird den ausschüttbaren Gewinn verringern und dem Unternehmen so helfen, ausreichende liquide Mittel einzubehalten. Eine Abschreibung, die auf die Anschaffungskosten zurückgeht, könnte hingegen zur Zahlung einer (zu) hohen Dividende führen und dadurch könnte die Gefahr bestehen, dass die liquiden Mittel des Unternehmens für den Kauf eines Ersatzanlageguts (sehr wahrscheinlich zu einem höheren Preis) in der Zukunft zu niedrig sind.

In der Realität müssen die Geschäftsführer eines Unternehmens, die sich für eine Neubewertung entschieden haben, trotzdem häufig Dividendenausschüttungen beibehalten, da die Anteilseigner häufig eine progressive Dividendenpolitik erwarten. Die Rechnungslegungsvorschriften erlauben daher eine Anpassung der Rücklagen für Unternehmen, die sich für eine Neubewertung ihrer Sachanlagen entscheiden. Eine Übertragung in Höhe der erhöhten Abschreibung aus der Neubewertungsrücklage an den ausschüttbaren Gewinn ist zulässig. Im obigen Beispiel können jährlich 4.000 Euro aus der Neubewertungsrücklage an die ausschüttbaren Rücklagen übertragen werden. Diese Anpassung hat die Wirkung, dass Unternehmen B gegenüber Unternehmen A nicht im Nachteil hinsichtlich der gesetzlich zulässigen Dividende ist.

# Anwendung und Darstellung in der Praxis

Im Anhang werden Grundlagen der Neubewertung erläutert, wenn das Unternehmen sich dafür entscheidet.

Die Informationen im Anhang sollten ausreichen, um die Auswirkungen der Neubewertungen feststellen zu können. Dies ermöglicht den Adressaten der Rechnungslegung, die Ergebnisse mit den Ergebnissen von Unternehmen zu vergleichen, die die Vermögenswerte zu Anschaffungskosten bewerten, indem die Auswirkungen der Neubewertung beseitigt werden.

Die Bilanz (bzw. die Ausführungen im Anhang) sollten Einzelheiten enthalten zu:

- Vermögenswerten, die mit Neubewertung bilanziert werden
- Höhe und Veränderung der Neubewertungsrücklage (in der Position Eigenkapital enthalten)

Änderungen bezüglich Neubewertung sind auch im Eigenkapitalspiegel erläutert.

> **FALLSTUDIE** zooplus AG
>
> zooplus hat keine Vermögensgegenstände, die einer Neubewertung unterliegen.

## Besondere Hinweise für die Praxis

Wenn Sie sich mit dem Thema Neubewertung beschäftigen, sollten Sie auf folgende Punkte achten:

- Die Höhe von Neubewertungen. So können Sie deren Auswirkungen auf wichtige Finanzkennzahlen feststellen.

- Die Definition der Anlagekategorie. Unterscheidet sie sich von der Definition in anderen Unternehmen derselben Branche? Dies kann sich negativ auf den Vergleich von Kennzahlen auswirken. Schauen Sie sich die Kategorien von Vermögenswerten an, für die sich die Unternehmen für eine Neubewertung entschieden haben.

- Die Richtung der Neubewertungen – gehen sie alle nach oben? Gab es auch Neubewertungen nach unten?

- Eine Änderung der Politik von Anschaffungskosten zu Neubewertung während des Jahres. Dies könnte auf eine bevorstehende Aktivität des Unternehmens hinweisen (eine mögliche Übernahme oder Fusion) oder das Erfordernis, eine höhere Eigenkapitalbasis auszuweisen, auf deren Grundlage eine höhere Fremdfinanzierung angestrebt wird.

- Anzeichen, dass Vermögenswerte (nur) selektiv neu bewertet werden. Ein Unternehmen kann Kategorien von Anlagegütern selektiv neu bewerten, d.h., diejenigen, die am wahrscheinlichsten im Wert steigen. Dies kann Möglichkeiten für eine verzerrte Darstellung der Vermögens- und Finanzlage eines Unternehmens schaffen.

- Signifikante Risiken einer wesentlichen Falschdarstellung in den Finanzberichten aufgrund einer Neubewertung. Lesen Sie den Prüfbericht, um kritische Bereiche festzustellen, die von externen Abschlussprüfern für ihr Testat überprüft wurden.

# 15

# Bewertung des Vermögens 2 – Wertminderungen und außerplanmäßige Abschreibungen

*„Chevron hat in den beiden letzten Jahren einen Wertminderungsaufwand in Höhe von fast fünf Milliarden US-Dollar ausgewiesen."*

Gillian Tett, Chefredakteurin USA und Kolumnistin, Financial Times

## Auf einen Blick

*Wertminderungen* beziehen sich auf den dauerhaften Verlust des Potenzials eines Vermögenswerts, Einnahmen zu generieren.

Der Wert eines Vermögensgegenstands muss reduziert werden, wenn sein Wert für das Unternehmen (realisierbarer Wert genannt) unter seinen aktuellen Buchwert (Anschaffungskosten abzüglich aufgelaufener Abschreibungen) fällt.

Vermögensgegenstände müssen jedes Jahr auf ihre Werthaltigkeit geprüft werden, um sicherzustellen, dass sie in der Bilanz nicht überbewertet werden. Gibt es Anzeichen für eine Wertminderung, wird der aktuell realisierbare Betrag (niedrigerer Marktwert) ermittelt und der Verlust aus der Wertminderung wird in der Gewinn- und Verlustrechnung erfasst.

Vermögenswerte mit einer unbegrenzten Nutzungsdauer, wie z.B. Grundstücke, werden anders behandelt. Der realisierbare Wert muss jährlich errechnet werden ohne Rücksicht darauf, ob es Anzeichen einer Wertminderung gibt.

Es ist allerdings nicht einfach bzw. teilweise sogar unmöglich festzustellen, ob ein Vermögensgegenstand einer Wertminderung unterliegt.

Kapitel 15 Bewertung des Vermögens 2 – Wertminderungen und außerplanmäßige Abschreibungen

 ## Basiswissen

Ein Unternehmen kann nicht frei entscheiden, ob es eine Überprüfung hinsichtlich einer Wertminderung durchführt oder nicht. Die Werte der Vermögensgegenstände müssen herabgesetzt werden, wenn der Marktwert oder ein anderer Vergleichswert niedriger ist als der aktuell in der Bilanz erfasste Buchwert.

Die Wertminderung unterscheidet sich konzeptionell von einer Neubewertung nach unten, da die Durchführung von Neubewertungen (nach oben oder nach unten) eine Wahlmöglichkeit für das Unternehmen ist. Eine Wertminderung auf niedrigere Werte ist jedoch für alle Unternehmen verpflichtend.

Eine Wertminderung führt dazu, dass der Wert des Vermögensgegenstands (auf den niedrigeren Wert) abgeschrieben wird. Der Verlust wird in der G&V ausgewiesen.

Eine Wertminderung muss am Ende jedes Berichtszeitraums, z.B. jährlich, in Erwägung gezogen werden. Die Geschäftsführer müssen feststellen, ob es Anzeichen einer Wertminderung gibt, z.B. bei technologischen Entwicklungen, Rechtsänderungen oder Anzeichen physischer Schäden an Vermögenswerten. Diese Anzeichen sind jedoch kein Beleg, dass der Buchwert eines Vermögensgegenstands herabgesetzt werden muss, sondern sie weisen nur auf die Möglichkeit hin, dass der Wert des Vermögensgegenstands gemindert sein kann. Bei einem Sachanlagegut löst diese Möglichkeit eine detailliertere Überprüfung aus, um den Marktwert des Vermögensgegenstands festzustellen.

Häufige Anzeichen einer Wertminderung sind unter anderen:

- *Rechtliche Änderungen*, z.B. die Einführung strengerer Vorschriften für Schadstoffemissionen, die zu Fahrverboten für Lieferwagen führen, könnten den Wert von Kraftfahrzeugen mindern.

- *Physischer Schaden oder Zerstörung eines Vermögensgegenstands*, z.B. die Havarie des Kreuzfahrtschiffes Costa Concordia im Jahr 2012.

- *Technologische Fortschritte*, durch die die Nutzung der vorhandenen Vermögenswerte nicht mehr konkurrenzfähig ist.

> **BEISPIEL**
>
> Ein weiteres Beispiel ist das Überschallflugzeug Concorde. Nach dem Absturz ohne Überlebende Anfang der 2000er Jahre musste das Flugzeug verschrottet werden, weil Sicherheitsbedenken dazu führten, dass das Flugzeug finanziell nicht mehr tragbar war, obwohl British Airways ursprünglich beabsichtigte, das Flugzeug weiter einzusetzen. Dieser Vermögenswert erlitt eine „Wertminderung", nicht wegen des Ablaufs der geplanten Nutzungsdauer, sondern wegen der Rufschädigung, die größtenteils auf die Sicherheitsbedenken zurückzuführen ist.

## Berechnung der Wertminderung

Die Wertminderung ist der Betrag, um den der aktuell bilanzierte Buchwert eines Vermögenswerts den erzielbaren Betrag übersteigt. Der Wert des Vermögensgegenstands muss auf den erzielbaren Betrag abgeschrieben werden, was zu einer entsprechenden Buchung als Aufwand in der G&V führt.

> **BEISPIEL**
>
> **Beispiel 1**
>
> Ein Vermögensgegenstand eines Unternehmens hat in der Bilanz einen Buchwert von 1.000 Euro. Der erzielbare Betrag des Vermögensgegenstands ist 900 Euro.
>
> Der Vermögensgegenstand muss daher auf den (niedrigeren) erzielbaren Betrag abgeschrieben werden.
>
> Der Buchwert (Bilanz) wird auf 900 Euro (1.000 Euro – 100 Euro) herabgesetzt. Der Aufwand aus der Wertminderung (Gewinn- und Verlustrechnung) wird mit 100 Euro (1.000 Euro – 900 Euro) gebucht.
>
> *Erzielbarer Betrag / beizulegender Wert*
>
> Der erzielbare Betrag ist der Wert eines Vermögensgegenstands für das Unternehmen. In diesem Zusammenhang ist der „Wert" der Verkaufswert des Vermögensgegenstands (d.h. der Marktwert) oder dessen Ertragspotenzial für das Unternehmen, wenn er weiter genutzt wird, je nachdem, welcher Wert höher ist (bekannt als „Wert in Gebrauch" oder „WIG").
>
> **Beispiel 2**
>
> Ein Vermieter besitzt eine Immobilie mit einem Buchwert von 400.000 Euro.
>
> Der Marktwert beträgt 300.000 Euro, die Höhe der Mieteinnahmen aus der Nutzung der Immobilie wird mit 350.000 Euro berechnet. Der erzielbare Betrag ist somit 350.000 Euro (der höhere dieser Beträge).
>
> In diesem Beispiel müsste die Immobilie in Höhe der Wertminderung von 50.000 Euro (400.000 Euro – 350.000 Euro) abgeschrieben werden.
>
> **Beispiel 3**
>
> Ein Firmenwert entsteht bilanziell nur dann, wenn ein Unternehmen ein anderes kauft. Der Wertminderungstest des Firmenwerts bezieht sich auf den Vergleich der letzten Cashflows des gekauften Unternehmens mit den Prognosen der Cashflows, die zum Zeitpunkt des Erwerbs erstellt worden waren.
>
> Wenn das gekaufte Unternehmen eine Wertminderung erlitten hat, wird zuerst der Firmenwert aufgelöst. Jeder weitere Abschreibungsbetrag wird anteilig auf die restlichen übernommenen Vermögenswerte aufgeteilt.
>
> Die D GmbH kaufte Anfang des Jahres die ABC GmbH für 250.000 Euro auf. Der Marktwert der Vermögensgegenstände der ABC GmbH beim Kauf betrug 200.000 Euro. Der Firmenwert beim Kauf beträgt somit 50.000 Euro, der in der Bilanz des Käufers D GmbH ausgewiesen wird.
>
> Nach dem letzten Wertminderungstest wird der Wert (= nachhaltig erzielbarer Betrag) der ABC GmbH auf 180.000 Euro geschätzt.
>
> Der in der G&V erfasste Aufwand aus der Wertminderung in Höhe von 70.000 Euro (250.000 Euro – 180.000 Euro) wird somit zuerst gegen den Firmenwert und dann gegen die restlichen Vermögensgegenstände verrechnet:
>
> Firmenwert = 0 EUR (50.000 EUR – 50.000 EUR)
> Andere Vermögenswerte = 180.000 EUR (200.000 EUR – 20.000 EUR)

Kapitel 15 Bewertung des Vermögens 2 – Wertminderungen und außerplanmäßige Abschreibungen

# Vertiefungswissen

Da die Wertminderung zu einem niedrigeren Buchwert des Vermögensgegenstands führt, basiert der zukünftige Abschreibungsaufwand auf dem (niedrigeren) Buchwert in der Bilanz, er wird nach einer Wertminderung sinken.

Wertminderungstests bzw. Niederstwerttests vergleichen den Buchwert eines einzelnen Vermögensgegenstands mit dem erzielbaren Wert dieses Vermögensgegenstands. Die Prognosen sollten auf die von diesem Vermögenswert erzielten Cashflows gründen. In der Praxis ist es sehr schwierig, zukünftige Erträge oder Cashflows einem einzelnen Vermögensgegenstand zuzuordnen. Sogar ein kleines Unternehmen wie eine Autowerkstatt, deren Vermögenswerte vielleicht nur aus einer Garage, Werkstatt und Ausrüstung bestehen, würde es schwierig finden, die von jedem Vermögenswert einzeln generierten Cashflows festzustellen, d.h. unter Ausschluss anderer Vermögenswerte der Firma. Der erzielbare Wert von einzelnen Vermögensgegenständen wird gewöhnlich zusammengefasst zu sogenannten „zahlungsmittelgenerierenden Einheiten (ZGE)" bzw. Cash-generating units (CGU).

Wertminderungstests erfolgen üblicherweise auf der Grundlage dieser ZGE, denn diese stellt die kleinste Zusammenstellung von mehreren Vermögensgegenständen dar, die Einnahmen generieren.

Jede sich ergebende Wertminderung wird den einzelnen ZGE-Vermögenswerten proportional zugeordnet.

### BEISPIEL

ABC ist eine Autowerkstatt mit Vermögenswerten von insgesamt 200.000 Euro (die aus Gebäuden im Wert von 180.000 Euro, Anlagen und Ausrüstung im Wert von 20.000 Euro bestehen). Der Wert in Gebrauch (erzielbare Betrag) wird auf 180.000 Euro geschätzt.

Der Wertminderungsverlust beträgt 20.000 Euro (200.000 Euro – 180.000 Euro).

Die Wertminderung wird Vermögensgegenständen proportional zu ihrem Buchwert wie folgt zugeordnet:

| Vermögenswert | Buchwert | Wertminderungsverlust | Erzielbarer Betrag (nach Verlust aus Wertminderung) |
|---|---|---|---|
| Gebäude (90 %) | 180.000 EUR | 18.000 EUR | 162.000 EUR |
| Anlagen und Ausrüstung (10 %) | 20.000 EUR | 2.000 EUR | 18.000 EUR |
| Insgesamt | 200.000 EUR | 20.000 EUR | 180.000 EUR |

Wenn der Wert eines Vermögensgegenstands später wieder steigt, ist der Verlust aus der Wertminderung (in bestimmten Grenzen) wieder rückgängig zu machen.

Bei einem Geschäfts- oder Firmenwert kann ein einmal ausgewiesener Verlust aus der Wertminderung nicht rückgängig gemacht werden.

# Anwendung und Darstellung in der Praxis

Ein Unternehmen hat im Anhang die Vorgehensweise bei der Berechnung der erzielbaren Marktwerte sowie die Höhe der außerplanmäßigen Abschreibungen anzugeben.

> **FALLSTUDIE** zooplus AG
>
> **Wertminderung nichtfinanzieller Vermögenswerte**
>
> Vermögenswerte, die eine unbestimmte Nutzungsdauer haben (zum Beispiel selbst erstellte Software in der Entwicklungsphase), werden nicht planmäßig abgeschrieben; sie werden jährlich auf Wertminderungen hin geprüft. Vermögenswerte, die einer planmäßigen Abschreibung unterliegen, werden auf Wertminderungen geprüft, wenn entsprechende Ereignisse bzw. Änderungen der Umstände anzeigen, dass der Buchwert gegebenenfalls nicht mehr erzielbar ist. Ein Wertminderungsverlust wird in Höhe des den erzielbaren Betrag übersteigenden Buchwerts erfasst. Der erzielbare Betrag ist der höhere der beiden Beträge aus beizulegendem Zeitwert des Vermögenswerts abzüglich Verkaufskosten und Nutzungswert. Für den Werthaltigkeitstest werden Vermögenswerte auf der niedrigsten Ebene zusammengefasst, für die Cashflows separat identifiziert werden können (CGU). Für nichtmonetäre Vermögenswerte, für die in der Vergangenheit eine Wertminderung gebucht wurde, wird zu jedem Bilanzstichtag überprüft, ob gegebenenfalls eine Wertaufholung bis zu den fortgeführten Anschaffungs- bzw. Herstellungskosten zu erfolgen hat.
>
> *Quelle: Geschäftsbericht zooplus AG 2018, S. 121*

## Besondere Hinweise für die Praxis

Wenn Sie sich mit Wertminderungen und außerplanmäßigen Abschreibungen beschäftigen, achten Sie auf die folgenden Punkte:

- Prognosen und Diskontierungszinssätze sind ihrem Wesen nach mit Unsicherheit behaftet. Prognosen können nicht verifiziert und daher von der Geschäftsführung manipuliert werden. Eine Änderung des verwendeten Diskontierungszinssatzes kann sich stark auf die Berechnung des erzielbaren Werts und folglich auf eine potenzielle Wertminderung auswirken.

- Weitere wichtige Aspekte sind:
  - Die Prognose der Cashflows und die Annahmen, die der Erstellung zugrunde liegen
  - Die Änderungen wichtiger Annahmen im prognostizierten Umsatz im Jahresvergleich
  - Der Betrag der jährlichen und der kumulierten Wertminderung
  - Die im Geschäftsbericht angegebenen Gründe für die Wertminderung
  - Die Wertminderungen auf Geschäfts- oder Firmenwerte (Indikator für den Erfolg von Unternehmenskäufen)

# 16

# Eigenkapital

*„Ich liebe Kreativität. Ich liebe die Fähigkeit, eine passende Kapitalstruktur zu schaffen, ganz egal in welchem Sektor ein Unternehmen tätig ist."*

Henry Kravis, amerikanischer Geschäftsmann und Mitgründer von KKR & Co.

## Auf einen Blick

Das *Eigenkapital* eines Unternehmens entspricht dem Reinvermögen in der Bilanz.

Es besteht aus dem von den Eigentümern eingebrachten Kapital sowie zusätzlich den Rücklagen.

Das gezeichnete Kapital (Grund-/Stammkapital) gibt die Kapitaleinlagen der Anleger wieder.

Es gibt zwei Arten von Rücklagen:

1. *Gewinnrücklage* – gebildet aus einbehaltenen Gewinnen der Vergangenheit.
2. *Kapitalrücklage* – zusätzliche Einzahlungen der Eigentümer, die nicht als stimmberechtigtes Kapital zu erfassen sind.

Die Unterscheidung zwischen Kapitalrücklage und Gewinnrücklage ist wichtig, da die Rücklagen aus verschiedenen Anlässen gebildet werden und ihre Verwendung bzw. Auflösung ebenfalls unterschiedlich gehandhabt wird.

## Kapitel 16 Eigenkapital

# Basiswissen

### Gezeichnetes Kapital

Für die Kapitalbeschaffung kann ein Unternehmen verschiedene Arten von Aktien ausgeben. Stammaktien beinhalten das Eigentumsrecht am Unternehmen. Nur Stammaktionäre haben Stimmrechte.

Wenn ein Unternehmen Stammaktien ausgibt und dafür für eine Gegenleistung erhält (im Allgemeinen Bareinlagen, d.h. Geld), werden die Beträge als gezeichnetes Kapital erfasst. Eine Rückzahlung dieser eingezahlten Gelder ist nur im Ausnahmefall möglich, z.B. bei der Liquidation des Unternehmens.

Wenn Aktionäre ihre Aktien weiter verkaufen, hat dies keine Wirkung auf das in das Unternehmen investierte Kapital, da die Aktionäre die vorher vom Unternehmen ausgegebenen Aktien wiederverkaufen (sog. Zweitmarkt).

### Rücklagen

Rücklagen sind Teil des Eigenkapitals und gehören den Aktionären. Man unterscheidet Kapitalrücklagen und Gewinnrücklagen. Davon hängt ab, ob die Rücklage ausgeschüttet werden kann, d.h., ob sie an die Aktionäre als Dividende ausgezahlt werden kann.

Nicht ausgeschüttete Gewinne werden im Eigenkapital erfasst und entweder als Bilanzgewinn oder als Gewinnrücklage ausgewiesen. Der Bilanzgewinn oder die Gewinnrücklage sind die Grundlage dafür, dass Gewinne als Dividende an die Aktionäre ausgeschüttet werden.

Eine Kapitalrücklage wird entweder bei der Ausgabe von Aktien oder als Folge bilanzieller Bewertungsvorschriften gebildet. Eine Verwendung der Kapitalrücklage für Ausschüttungen ist im Allgemeinen nicht möglich.

| Kapitalrücklage | Beispiel |
|---|---|
| Agio (Aufgeld) | An die Aktionäre zu einem Aufgeld auf den Nennwert ausgegebene Aktien. |
| Neubewertungsrücklage (Anmerkung: Im Rahmen der deutschen Bilanzierung üblicherweise nicht vorgesehen, bei Anwendung internationaler Rechnungslegungsstandards häufig vorhanden) | Zum Beispiel höhere Bewertung von Vermögenswerten des Unternehmens in der Bilanz. |

**Tabelle 16.4:** Arten der Kapitalrücklage

Die Höhe des Eigenkapitals und die Höhe der Eigenkapitalquote eines Unternehmens zeigen die finanzielle Stärke des Unternehmens an. Gläubiger treffen ihre Kreditentscheidung zum Teil auf Basis dieser Information.

Ein Unternehmen, das Dividenden ausschütten möchte, benötigt dafür erzielte Gewinne, d.h., es muss eine Gewinnrücklage bestehen. Eine Dividende kann nicht ausgeschüttet werden, wenn durch die Zahlung das Eigenkapital niedriger würde als die Summe aus gezeichnetem Kapital und Kapitalrücklage. Diese als Kapitalerhaltungsregel bezeichnete Vorschrift verhindert, dass die Gesellschafter zu viel Geld aus dem Unternehmen abziehen.

Die Gläubiger des Unternehmens haben Vorrang und die Kapitalerhaltungsregel hilft, diese Priorisierung einzuhalten. Es wäre nicht sinnvoll, wenn die Gläubiger eines Unternehmens zwar bevorrechtigt wären, das Unternehmen seinen Aktionären aber ohne Einschränkung Dividenden zahlen könnte.

Diese Einschränkung bei der Kapitalrücklage gilt jedoch nur für die Verwendung als Grundlage für Dividenden. Wenn das Unternehmen Verluste erzielt (die das Eigenkapital des Unternehmens reduzieren), kann auch die Kapitalrücklage aufgebraucht werden, falls das Unternehmen über keine anderen Rücklagen verfügt.

### BEISPIEL

**Unternehmen A Jahr 1**

| Aktivseite | | Passivseite | |
|---|---|---|---|
| Vermögen | 900 | Gezeichnetes Kapital | 300 |
| | | Kapitalrücklage | 600 |
| | | Gesamtes Eigenkapital | 900 |

Unternehmen A hat ein Eigenkapital von 900 Euro. Das Unternehmen ist nicht in der Lage, hieraus eine Dividende zu bedienen, da keine Gewinnrücklagen bestehen.

**Jahr 2**

Unternehmen A hat Verluste in Höhe von 100 Euro erzielt. Das Reinvermögen fällt in der Folge auf 800 Euro (900 Euro − 100 Euro).

| Aktivseite | | Passivseite | |
|---|---|---|---|
| Vermögen | 800 | Gezeichnetes Kapital | 300 |
| | | Kapitalrücklage | 600 |
| | | Jahresverlust | −100 |
| | | Gesamtes Eigenkapital | 800 |

Das Eigenkapital des Unternehmens ist auf 800.000 Euro zurückgegangen. Aufgrund dieser Verluste ist folglich auch der zum Schutz der Gläubiger zur Verfügung stehende Betrag auf 800.000 Euro gefallen.

Wenn das Unternehmen weiter Verluste macht, könnte es insolvent werden.

Gewöhnlich schütten profitable Unternehmen nicht den ganzen Gewinn als Dividende an die Aktionäre aus. Sie behalten einen Teil der Gewinne ein und bilden so Rücklagen. Das hat die folgenden Vorteile:

1. Die Sicherheit der Gläubiger wird erhöht. Wenn im Unternehmen Rücklagen gebildet werden, wird verhindert, dass bei Verlusten die Kapitalrücklage reduziert wird (siehe das Beispiel oben).
2. Es wird eine interne Finanzquelle bereitgestellt. Nicht als Dividende ausgezahlte Gewinne sind für das Unternehmen eine Finanzierungsform.
3. Die Gewissheit wird erhöht, dass das Unternehmen die Höhe der Dividendenzahlungen beibehalten kann. Einige börsennotierte Unternehmen haben eine Politik der konstanten oder steigenden Dividendenzahlungen. Wenn der Gewinn in einem Jahr zurückgeht, kann bei vorhandenen Gewinnrücklagen weiterhin eine (steigende) Dividende gezahlt werden.

## Vertiefungswissen

### Gezeichnetes Kapital

Ein Unternehmen kann zwar verschiedene Aktientypen ausgeben, doch nur Stammaktien verleihen Eigentumsrechte:

- *Stammaktien* gewähren Stimmrechte im Unternehmen. Wenn das Unternehmen aufgelöst wird, stehen die Stammaktionäre in der Rangfolge der Auszahlungen an letzter Stelle.
- *Vorzugsaktien* geben den Inhabern Vorzugsrechte. Die Aktionäre haben kein Stimmrecht, erhalten normalerweise aber eine höhere Dividende, die aber ebenfalls nicht garantiert ist. Wenn das Unternehmen aufgelöst wird, stehen sie bei der Auszahlung im Rang vor den Stammaktionären. Vorzugsaktien enthalten außerdem das Recht, dass eine in einem Jahr nicht gezahlte Dividende in einem nächsten Jahr ausgezahlt wird. In diesem Fall gewähren auch Vorzugsaktien Stimmrechte, bis die nicht gezahlten Dividenden gezahlt worden sind.

### Kapitalrücklage

Kapitalrücklagen werden auf verschiedene Weise gebildet:

1. *Beiträge der Aktionäre:* Diese Rücklage wird gebildet, wenn von einem Unternehmen Aktien zu einem Preis ausgegeben werden, der über dem Nennwert der Aktien liegt.
2. *Gesetz:* Unternehmen können gesetzlich verpflichtet sein, bestimmte Rücklagen zu bilden. Beispielsweise besteht die Pflicht, eine Rücklage für eigene Aktien zu bilden, wenn das Unternehmen eigene Aktien zurückgekauft. Diese Rücklage bindet Kapital im Unternehmen und schützt so die Gläubiger.

3. *Rechnungslegungsvorschriften:* Andere Rücklagen sind die Folge von Rechnungslegungsvorschriften und werden nicht aufgrund laufender Gewinne oder Verluste gebildet, sondern aufgrund von Bewertungsänderungen. Einige häufige Beispiele werden nachfolgend angegeben.

   a. *Neubewertungsrücklage:* In einigen Rechnungslegungsvorschriften können oder müssen Vermögensgegenstände auf den Zeitwert neu bewertet werden. Die so entstehenden Überschüsse werden in eine Rücklage eingestellt, sie können allerdings nicht ausgeschüttet werden. Erst wenn ein neu bewerteter Vermögensgegenstand tatsächlich zum höheren Marktwert verkauft wird, kann der Rücklagensaldo (in Bezug auf den verkauften Vermögensgegenstand) an die einbehaltenen Gewinne übertragen und als Dividende ausgeschüttet werden.

   b. *Währungsumrechnungsrücklage:* Fremdwährungsdifferenzbeträge entstehen aus der Umrechnung von Vermögenswerten, Verbindlichkeiten, Erträgen und Aufwendungen von der funktionalen Währung in die Berichtswährung eines Unternehmens. Auch hier kann es in besonderen Fällen zu Änderungen des Eigenkapitals kommen, die nicht als Gewinn oder Verlust, sondern in einer speziellen Rücklage erfasst werden.

# Profiwissen

## Stille Reserven

Ein Unternehmen kann aufgrund „versteckter" Vermögenswerte, d.h. Vermögenswerte, die nicht oder zu niedrig in der Bilanz wiedergegeben sind, ein zu niedriges Eigenkapital angeben. Versteckte Vermögenswerte sind unter anderen:

- Der Wert des originären Firmenwerts (Marke, Kundenstamm, Standort), der in der Bilanz nicht enthalten ist.

- Der Marktwert des Sachanlagevermögens, wenn das Unternehmen die Sachanlagen zu Anschaffungskosten abzüglich laufender Abschreibungen bewertet. Bei einer Insolvenz könnten diese Vermögenswerte den Gläubigern zusätzlichen Schutz geben.

## Rücklagen versus Rückstellungen

*Rücklagen* sind Bestandteil des Eigenkapitals.

*Rückstellungen* sind dagegen Fremdkapital. Ihre Bildung verursacht Aufwand, sodass der laufende Gewinn sinkt.

Unternehmen können ihre Gewinne „verstecken", indem sie die Rückstellungen erhöhen. Die Erhöhung einer Rückstellung führt zu einer Verringerung des Gewinns.

Kapitel 16    Eigenkapital

# Anwendung und Darstellung in der Praxis

Das Eigenkapital und seine Bestandteile sind in der Bilanz klar erkennbar.

Die Eigenkapitalveränderungsrechnung enthält Einzelheiten der Veränderungen des gezeichneten Kapitals und der Rücklagen von einem Jahr zum nächsten.

**FALLSTUDIE** zooplus AG

| in EUR | Anhang Nr. | 31.12.2018 | 31.12.2017 |
|---|---|---|---|
| **A. EIGENKAPITAL** | | | |
| I. Gezeichnetes Kapital | 15 | 7.143.278,00 | 7.137.578,00 |
| II. Kapitalrücklage | 15, 16 | 100.794.343,16 | 98.831.984,63 |
| III. Sonstige Rücklagen | 15, 13 | −1.765.361,28 | −1.379.456,36 |
| IV. Ergebnis der Periode und Gewinnvortrag | 15 | 4.911.555,33 | 6.789.493,63 |
| **Eigenkapital, gesamt** | | **111.083.815,21** | **111.379.599,90** |

Quelle: Geschäftsbericht zooplus AG 2018, S. 103

| in EUR | Gezeichnetes Kapital | Kapitalrücklage | Sonstige Rücklagen | Ergebnis der Periode und Verlustvortrag | Gesamt |
|---|---|---|---|---|---|
| Stand am 1. Januar 2018 | 7.137.578,00 | 98.831.984,63 | −1.379.456,36 | 6.789.493,63 | 111.379.599,90 |
| IFRS 9 Anpassung | 0,00 | 0,00 | 0,00 | 226.652,38 | 226.652,38 |
| Stand am 1. Januar 2018 (angepasst) | 7.137.578,00 | 98.831.984,63 | −1.379.456,36 | 7.016.146,01 | 111.606.252,28 |
| Erhöhung aus Aktienoptionen | 5.700,00 | 1.962.358,53 | 0,00 | 0,00 | 1.968.058,53 |
| Währungsausgleichsposten | 0,00 | 0,00 | −692.103,52 | 0,00 | −692.103,52 |
| Ergebnis 2018 | 0,00 | 0,00 | 0,00 | −2.104.590,68 | −2.104.590,68 |
| Hedge Reserve | 0,00 | 0,00 | 306.198,60 | 0,00 | 306.198,60 |
| Stand am 31. Dezember 2018 | 7.143.278,00 | 100.794.343,16 | −1.765.361,28 | 4.911.555,33 | 111.083.815,21 |
| Stand am 1. Januar 2017 | 7.060.902,00 | 94.810.944,46 | 1.147.161,06 | 4.851.179,83 | 107.870.187,35 |
| Erhöhung aus Aktienoptionen | 76.676,00 | 4.021.040,17 | 0,00 | 0,00 | 4.097.716,17 |
| Währungsausgleichsposten | 0,00 | 0,00 | −539.923,10 | 0,00 | −539.923,10 |
| Ergebnis 2017 | 0,00 | 0,00 | 0,00 | 1.938.313,80 | 1.938.313,80 |
| Hedge Reserve | 0,00 | 0,00 | −1.986.694,32 | 0,00 | −1.986.694,32 |
| Stand am 31. Dezember 2017 | 7.137.578,00 | 98.831.984,63 | −1.379.456,36 | 6.789.493,63 | 111.379.599,90 |

Quelle: Geschäftsbericht zooplus AG 2018, S. 107

# Besondere Hinweise für die Praxis

Wenn Sie sich mit dem Eigenkapital eines Unternehmens befassen, sind die folgenden Aspekte von Relevanz:

- Anzahl und Typ der Rücklagearten und ihre Verwendung
- Relative Größe der ausschüttbaren und nicht ausschüttbaren Rücklagen
- Vorliegen einer Kapitalrücklage wegen Agio (dies würde anzeigen, dass das Unternehmen weiteres Kapital zu mehr als dem Nominalwert aufgenommen hat)
- Vorhandensein von Vorzugsaktien
- Veränderung der Rücklagen im Jahresvergleich

# 17
# Rückstellungen und Eventualverbindlichkeiten

*„Nichts ist weniger vernünftig als übermäßige Vernunft."*

Charles Caleb Colton, britischer Pfarrer und Autor

## Auf einen Blick

*Rückstellungen* und *Eventualverbindlichkeiten* sind Verbindlichkeiten infolge der betrieblichen Tätigkeit in der Vergangenheit, für die ein Unternehmen in der Zukunft möglicherweise aufkommen muss.

Darüber hinaus können Rückstellungen unter bestimmten Voraussetzungen erforderlich werden, wenn das Unternehmen in der Zukunft Verluste erwartet.

Um eine realistische und vorsichtige Darstellung der Finanzlage zu geben, kann die Bilanz eines Unternehmens Rückstellungen für Verpflichtungen enthalten, auch wenn Existenz, Höhe oder Zeitpunkt der Fälligkeit dieser Verpflichtungen nicht genau bestimmt werden können.

Kapitel 17   Rückstellungen und Eventualverbindlichkeiten

## Basiswissen

### Rückstellungen

Eine Rückstellung erfolgt für eine bekannte, aber nicht genau bestimmte Verpflichtung, d.h., man weiß, dass es sie gibt, aber man weiß möglicherweise nicht genau, ob, wann und wie viel gezahlt werden muss.

Eine Rückstellung muss gebildet werden, wenn die folgenden Kriterien erfüllt sind:

- Es besteht eine gegenwärtige Verpflichtung (d.h. eine Pflicht, in Zukunft eine Zahlung zu leisten) als Folge eines Ereignisses in der Vergangenheit oder einer Ungewissheit in der Zukunft.
- Ein zukünftiger Aufwand (d.h. ein Abfluss von Mitteln) ist wahrscheinlich.
- Die Höhe der Verpflichtung kann verlässlich geschätzt werden.

### Eventualverbindlichkeiten

Eine Eventualverbindlichkeit entsteht hingegen, wenn einer oder mehrere dieser Umstände ungewiss sind (deswegen der Ausdruck „Eventual"). Typischerweise besteht Ungewissheit,

- über die Eintrittswahrscheinlichkeit der Verpflichtung (wenn sie möglich, aber nicht wahrscheinlich ist) oder
- über die Zuverlässigkeit (von Schätzungen).

Eine Eventualverbindlichkeit wird nur dann zu einer richtigen Verpflichtung, wenn ein oder mehrere ungewisse Ereignisse tatsächlich eintreten. Es entspricht einer umsichtigen Unternehmenspolitik, die Adressaten der Rechnungslegung auf möglicherweise zu erfüllende Verbindlichkeiten aufmerksam zu machen, anstatt diese zu ignorieren.

In diesen Fällen sollte das Unternehmen veröffentlichen, dass „eventuell" eine Verpflichtung besteht. Im Gegensatz zu einer Rückstellung wird die finanzielle Wirkung dieser Verpflichtungen jedoch nicht in der Bilanz oder der G&V erfasst, sondern als „Angabe unter dem Strich" ausgewiesen.

### Auswirkung der Bildung von Rückstellungen

Die Bildung einer Rückstellung führt beim Unternehmen zu Aufwand. Sie verringert den Gewinn und das Reinvermögen und wirkt sich negativ auf wichtige Leistungskennzahlen aus, unter anderem auf die:

- Betriebsergebnisspanne
- Gesamtkapitalrendite
- Kapitalstruktur

Eine der besonderen Herausforderungen bei Rückstellungen im Vergleich zu im regulären Buchhaltungsablauf enthaltenen Verbindlichkeiten wie Kreditoren und Abgrenzungsposten ist, sie tatsächlich zu identifizieren.

Wenn die Notwendigkeit für eine Rückstellung festgestellt wurde, ist ihre Bildung zum Teil eine Frage des Ermessens und der individuellen Einschätzung. Im Gegensatz zu den Kreditorenverbindlichkeiten und Abgrenzungsposten (die trotz eines gewissen Grads an Schätzung ebenfalls auf eine Transaktion zurückverfolgt werden können), besteht bei Rückstellungen eine größere Ungewissheit.

Am Ende jedes Berichtszeitraums sollte ein Unternehmen prüfen, ob Rückstellungen gebildet werden müssen. Die vorhandenen Rückstellungen müssen überprüft werden, ob sie erhöht, verringert oder aufgelöst werden sollen.

Zu den folgenden Zeitpunkten und in folgender Weise wirken sich Rückstellungen direkt auf den Gewinn aus:

- Bei Bildung → erhöht den Aufwand → reduziert den Gewinn
- Bei Erhöhung → erhöht den Aufwand → reduziert den Gewinn
- Bei Verringerung → verringert den Aufwand → erhöht den Gewinn
- Bei Auflösung (nicht: Nutzung) → verringert den Aufwand → erhöht den Gewinn

## Beispiele

### Beispiele für Rückstellungen

Einige bekannte Beispiele von Rückstellungen:

- Die „Deepwater Horizon"-Katastrophe von BP (2015). BP bildete im Jahr 2015 eine Rückstellung in Höhe von 10,8 Milliarden US-Dollar für die Folgekosten der Katastrophe. Dadurch stiegen die gesamten Schadensersatzkosten für BP seit 2010 auf 54,6 Milliarden US-Dollar.

- Der Volkswagen-Skandal um die Dieselemissionen (2016). 2015 hatte Volkswagen eine Rückstellung in Höhe von 6,7 Milliarden Euro für möglichen Schadensersatz oder Rückrufe gebildet. Volkswagen hat im Jahr 2016 die Rückstellung für den Skandal auf 16,2 Milliarden Euro fast verdreifacht. Der Anstieg der Rückstellung im Jahr 2016 enthielt auch Rechtskosten sowie die Kosten der Reparatur und des Rückkaufs der betroffenen Fahrzeuge. Die Rückstellung führte zum größten Jahresverlust in der 79-jährigen Unternehmensgeschichte.

Weitere Beispiele für typische Rückstellungen, die von Unternehmen gebildet werden:

- Belastende Verträge: Wenn ein Unternehmen, das eine Immobilie mietet, vor dem Ende der Laufzeit des Mietvertrags auszieht, ist es trotzdem verpflichtet, den Mietvertrag zu erfüllen. Wenn es selbst die Immobilie nicht untervermieten kann, wird der Mietvertrag zu einer finanziellen Belastung für das Unternehmen. In diesem Fall müsste das Unternehmen eine Rückstellung bilden für zukünftige Mietzahlungen sowie für Ausstiegskosten für nicht mehr genutzte Immobilien mit noch laufenden Mietverträgen.

- Restrukturierung: Wenn ein Unternehmen vor dem Ende des Jahres beschlossen hat, einen Teil seiner Geschäftstätigkeit einzustellen, an einen anderen Standort umzuziehen oder seine Geschäftstätigkeit von Grund auf umzustrukturieren, kann eine Rückstellung erforderlich sein. Die bilanzielle Behandlung hängt davon ab, ob zum Berichtsdatum eine faktische Verpflichtung besteht. Ein Unternehmen sollte eine Restrukturierungsrückstellung nur dann bilden, wenn die Maßnahme öffentlich angekündigt wurde.

**Beispiele für Eventualverbindlichkeiten**

Typische Beispiele einer Eventualverbindlichkeit sind Rückstellungen, deren Inanspruchnahme entweder unwahrscheinlich ist oder die nicht verlässlich geschätzt werden kann. Diese werden unter anderem oft für Rechtsansprüche und Produktgarantien gebildet, die wahrscheinlich nicht in Anspruch genommen werden.

> **BEISPIEL**
>
> Der Geschäftsbericht des Jahres 2015 von BP enthielt zusätzlich zu den oben erwähnten Rückstellungen Einzelheiten der Eventualverbindlichkeiten in Bezug auf die Ölkatastrophe im Golf von Mexiko. Nachfolgend ein Auszug aus dem Geschäftsbericht:
>
> „BP hat Vorsorge getroffen für die bestmögliche Schätzung der Beträge, die voraussichtlich gezahlt werden müssen und verlässlich ermittelt werden können. Zu diesem Zeitpunkt ist es nicht möglich, andere Verpflichtungen aufgrund dieses Unfalls verlässlich zu bemessen und es ist auch nicht praktikabel, deren Höhe oder möglichen Zahlungstermin zu schätzen. Deshalb wurden zum 31. Dezember 2015 für diese Verpflichtungen keine Rückstellungen gebildet."

## Vertiefungswissen

IAS 37 (Rückstellungen, Eventualschulden und Eventualforderungen) erfordert, dass eine Rückstellung nur dann ausgewiesen wird, wenn die drei folgenden Bedingungen erfüllt sind:

1. Es besteht ein faktische Verpflichtung infolge eines Ereignisses in der Vergangenheit.

    - Die rechtliche oder faktische Verpflichtung muss bis zum Ende des Berichtszeitraums bereits eingetreten sein. Rückstellungen können nicht für zukünftige Verpflichtungen gebildet werden. Hinweis: In anderen Rechnungslegungssystemen (wie z.B. in der deutschen Rechnungslegung nach HGB) können oder müssen teilweise auch Rückstellungen für zukünftige Verpflichtungen gebildet werden.

    - Die Verpflichtung muss unabhängig von zukünftigen Handlungen sein. Wenn sie durch zukünftige Entscheidungen vermieden werden kann, z.B. durch die Aufgabe eines bestimmten Geschäftszweigs oder die Einstellung einer bestimmten Dienstleistung, dann sollte keine Rückstellung gebildet werden.

    - Wenn eine Entscheidung des Managements nicht mitgeteilt wurde und sich das Unternehmen daher nicht festgelegt hat (z.B. die Entscheidung, das Unternehmen zu restrukturieren), dann sollte keine Rückstellung gebildet werden, da die Entscheidung noch rückgängig gemacht werden könnte.

| Rechtliche Verpflichtung | Faktische Verpflichtung |
|---|---|
| Eine beim Verkauf eines Produkts gegebene Servicegarantie ist ein Beispiel einer rechtlichen Verpflichtung, die zur Bildung einer Rückstellung führen sollte. | Ein bekanntes und bewährtes Rückerstattungsverfahren (z.B. das von Einzelhändlern wie Marks and Spencer und John Lewis angebotene Verfahren) ist ein Beispiel einer faktischen Verpflichtung. Wird diese Vorgehensweise nicht beachtet, kann dies dem Ruf des Unternehmens schaden, auch wenn keine rechtliche oder vertragliche Verpflichtung besteht. Sie hat daher dieselbe wirtschaftliche Wirkung wie eine rechtliche Verpflichtung und sollte zur Bildung einer Rückstellung führen. |

**Tabelle 17.1:** Beispiel für eine rechtliche und eine faktische Verpflichtung

2. Eine Zahlung ist wahrscheinlich.

   In der Praxis sollte bei einer Eintrittswahrscheinlichkeit von mehr als 50 Prozent eine Rückstellung gebildet werden.

3. Der Betrag kann verlässlich geschätzt werden.

   Eine Rückstellung sollte nur dann ausgewiesen werden, wenn die Verpflichtung verlässlich geschätzt werden kann. Dieser Betrag ist aber dennoch immer eine Schätzung, die auf den zum jeweiligen Zeitpunkt verfügbaren Informationen basiert, und kann eine Einschätzung aufgrund von Erfahrung bedeuten.

## Bilanzpolitik mit Rückstellungen

Durch die Erhöhung der Rückstellungen in Jahren mit hohen Gewinnen (d.h. besser als erwartet) hält ein Unternehmen tatsächlich Gewinne zurück, die in schlechten Jahren wieder zu buchhalterischen Gewinnen übertragen werden können, indem die gebildete Rückstellung aufgelöst wird. Dadurch kann ein Unternehmen das Profil der ausgewiesenen Gewinne glätten. Die Rechnungslegungsstandards haben zwar weitgehend dazu beigetragen, die Möglichkeiten der Manipulierung der Gewinne zu beseitigen oder zu minimieren, aber noch immer gibt es begrenzte Möglichkeiten, dies zu tun.

Beispiele für Möglichkeiten, die Gewinne zu manipulieren sind unter anderem:

- Zu hohe Abschreibungen auf Vorräte
- Zu hohe Wertberichtigungen auf Forderungen
- Erfassung von Eventualverbindlichkeiten (nicht in der Bilanz) als tatsächliche Verbindlichkeiten (in der Bilanz)
- Neueinteilung des aktivierungspflichtigen Aufwands als erfolgswirksamen Aufwand (Opex statt Capex)

# Profiwissen

## Verpflichtungen

Bei einer einzelnen Verpflichtung wird für die vollständige zukünftige Verpflichtung eine Rückstellung gebildet.

Die ABC GmbH hat z.B. errechnet, dass sie mit einer Wahrscheinlichkeit von 60 Prozent aus einem Rechtsverfahren eine Geldstrafe in Höhe von 25.000 Euro zu leisten hat. Das Unternehmen sollte eine Rückstellung in voller Höhe der 25.000 Euro bilanzieren.

Wenn ein Unternehmen mehrere wahrscheinliche Verpflichtungen hat, kann die Bildung der Rückstellung auf der Wahrscheinlichkeit des Eintretens des Ereignisses basieren.

Die XYZ GmbH bietet beispielsweise eine Geld-zurück-Garantie im Wert von 10 Millionen Euro des Umsatzes. Die Firma weiß aus Erfahrung, dass 5 Prozent der Kunden die Garantie in Anspruch nehmen werden. Sie sollte eine Rückstellung in Höhe von 500.000 Euro (5 Prozent von 10 Millionen Euro) bilden.

## Eventualforderungen

Eine Eventualforderung ist das Gegenstück zu einer Eventualverbindlichkeit.

Zu einer *Eventualforderung* kommt es, wenn aus einem Ereignis in der Vergangenheit eine ungewisse Forderung entsteht, die nur dann besteht, wenn ein oder mehrere ungewisse zukünftige Ereignisse eintreten oder nicht eintreten, die nicht vollständig unter der Kontrolle des Unternehmens sind.

Wie bei der Eventualverbindlichkeit sollte eine Eventualforderung nicht in der Bilanz ausgewiesen werden. Stattdessen sollte im Anhang erläutert werden, wenn der Zufluss eines wirtschaftlichen Ertrags wahrscheinlich ist. Ist die Forderung dagegen praktisch sicher, dann sollte sie auch bilanziell erfasst werden.

Eventualforderungen sind ständig zu bewerten, um zu erkennen, ob sie wahrscheinlich oder nur möglich sein werden und ob der finanzielle Ertrag verlässlich geschätzt werden kann.

Typische Beispiele sind Versicherungs- und Rechtsansprüche.

Zu beachten ist, dass es in der Rechnungslegung den Grundsatz der „Nicht-Saldierung" gibt. Bei einem bestehenden Versicherungsanspruch z.B. muss ein Unternehmen die gesamten entstandenen Kosten nachweisen und kann nur den möglichen Schadenersatz als Eventualforderung ausweisen.

## „Rückstellung" für notleidende Kredite

Unternehmen bilden üblicherweise Wertberichtigungen für notleidende Kredite.

Die bilanzielle Behandlung dieser Wertberichtigungen ist jedoch anders als die Behandlung normaler Rückstellungen. Die Wertberichtigung wird vom Gesamtsaldo der Forderungen abgezogen und daher als Verringerung der Vermögenswerte behandelt, während normale Rückstellungen separat in der Bilanz ausgewiesen werden.

# Anwendung und Darstellung in der Praxis

Die Rechnungslegungsgrundsätze im Anhang erläutern, wie ein Unternehmen die Rückstellungen behandelt.

Falls Rückstellungen gebildet wurden, müssen laut IAS 37 im Anhang die folgenden Informationen mitgeteilt werden:

- Bilanzwert am Anfang und Ende der Periode
- Veränderungen während der Periode, unter anderem:
  - bereitgestellte Beträge
  - verwendete Beträge (d.h., Aufwendungen sind entstanden und gegen die Rückstellung verrechnet)
  - aufgelöste Beträge (d.h. nicht verwendete Beträge)

Für jede Rückstellungskategorie sollte ein Unternehmen die folgenden Angaben machen:

- Eine kurze Beschreibung einschließlich des erwarteten Zeitpunkts eines Zahlungsabflusses
- Angabe der mit der Rückstellung verbundenen Unwägbarkeiten

Die während des Jahres aufgelösten oder verwendeten Rückstellungen enthalten keine Posten, die als außergewöhnliche Kosten im Vorjahr enthalten waren.

Eventualverbindlichkeiten sollten in den Finanzberichten nicht ausgewiesen werden, müssen aber möglicherweise im Anhang mitgeteilt werden. Mit Ausnahme des Falles, dass eine Eventualverbindlichkeit äußerst unwahrscheinlich ist (d.h., die Wahrscheinlichkeit ist so gering, dass sie ignoriert werden kann), sollte das Unternehmen für jede Eventualverbindlichkeit folgende Informationen bereitstellen:

- Eine kurze Beschreibung und
- falls praktikabel
  - eine Schätzung der finanziellen Auswirkung
  - einen Hinweis auf die Unwägbarkeiten
  - die Möglichkeit einer Rückzahlung

## Kapitel 17  Rückstellungen und Eventualverbindlichkeiten

**FALLSTUDIE** zooplus AG

### Rückstellungen

Rückstellungen werden gebildet, wenn der Konzern (a) eine gegenwärtige rechtliche oder faktische Verpflichtung hat, die aus einem vergangenen Ereignis resultiert, (b) es wahrscheinlich (more likely than not) ist, dass die Begleichung der Verpflichtung zu einer Vermögensbelastung führen wird, und (c) die Höhe der Rückstellung verlässlich ermittelt werden konnte. Für künftige operative Verluste werden keine Rückstellungen gebildet.

Wenn eine Vielzahl gleichartiger Verpflichtungen besteht – wie im Fall der gesetzlichen Gewährleistung –, wird die Wahrscheinlichkeit einer Vermögensbelastung auf Basis der Gruppe dieser Verpflichtungen ermittelt. Eine Rückstellung wird auch dann passiviert, wenn die Wahrscheinlichkeit einer Vermögensbelastung in Bezug auf eine einzelne in dieser Gruppe enthaltene Verpflichtung gering ist.

Rückstellungen werden zum Barwert auf Basis der bestmöglichen Schätzung des Managements hinsichtlich der Aufwendungen, die zur Erfüllung der gegenwärtigen Verpflichtung am Ende der Berichtsperiode erforderlich ist, gebildet. Dabei wird ein Vorsteuerzinssatz, der die aktuellen Markterwartungen hinsichtlich des Zinseffekts sowie die für die Verpflichtung spezifischen Risiken berücksichtigt, zugrunde gelegt. Aus der reinen Aufzinsung resultierende Erhöhungen der Rückstellungen werden erfolgswirksam in der Gesamtergebnisrechnung als Finanzaufwendungen erfasst.

*Quelle: Geschäftsbericht zooplus AG 2018, S. 129*

|  | Kurzfristig | | | | Langfristig | |
|---|---|---|---|---|---|---|
| in TEUR | Treue-prämien | Retouren | Noch abzu-führende Beiträge | Sonstige | Anteils-basierte Barvergütung | Summe |
| Stand 1. Januar 2017 | 4.166 | 519 | 2.065 | 1.301 | 1.504 | 9.555 |
| Zuführung | 3.959 | 757 | 1.039 | 64 | 612 | 6.431 |
| Umgliederung | 0 | 0 | 0 | 926 | –926 | 0 |
| Auflösung | 484 | 0 | 1.082 | 469 | 0 | 2.035 |
| Verbrauch | 3.682 | 519 | 878 | 234 | 0 | 5.313 |
| **Stand 31. Dezember 2017** | **3.959** | **757** | **1.144** | **1.588** | **1.190** | **8.638** |
| IFRS 15 Umgliederung | –3.959 | –757 | 0 | –399 | 0 | –5.115 |
| Stand 1. Januar 2018 | 0 | 0 | 1.144 | 1.189 | 1.190 | 3.523 |
| Zuführung | 0 | 0 | 1.212 | 173 | 0 | 1.385 |
| Umgliederung | 0 | 0 | 238 | 549 | –787 | 0 |
| Auflösung | 0 | 0 | 103 | 225 | 82 | 410 |
| Verbrauch | 0 | 0 | 708 | 902 | 0 | 1.610 |
| **Stand 31. Dezember 2018** | **0** | **0** | **1.783** | **784** | **321** | **2.888** |

Die Rückstellungen für Treueprämien (nicht eingelöste Bonuspunkte) aus dem Kundenbonusprogramm, Rückstellungen für Kundenretouren sowie Verkaufsgutscheine werden seit Beginn des Geschäftsjahres 2018 innerhalb des Postens Vertragsverbindlichkeiten ausgewiesen. Diese Ausweisänderungen erklären im Wesentlichen den Rückgang der sonstigen kurzfristigen Rückstellungen.

Bei den kurzfristigen Rückstellungen wird mit einem Mittelabfluss innerhalb des laufenden Geschäftsjahres 2019 gerechnet.

*Quelle: Geschäftsbericht zooplus AG 2018, S. 155*

# Besondere Hinweise für die Praxis

Bei der Behandlung von Rückstellungen und Eventualverbindlichkeiten sollten Sie auf die folgenden Punkte achtgeben:

- Die vom Unternehmen neu ausgewiesenen Rückstellungen und worauf sie sich beziehen. Beziehen sie sich auf die normale Geschäftstätigkeit, z.B. auf belastende Verträge, oder sind sie ein Hinweis auf ein größeres, länger anhaltendes Problem?
- Änderungen bereits bestehender Rückstellungen, einschließlich Rückstellungen, die aufgelöst wurden und die Gründe dafür
- Den Gesamtbetrag der Rückstellungen
- Die Veränderungen der Rückstellungen im Jahresvergleich, da diese eine wesentliche Auswirkung auf den Gewinn haben können
- Die Rückstellungen in Prozent der Verbindlichkeiten insgesamt und Veränderungen dieses Prozentsatzes im Jahresvergleich
- Bestehende Eventualverbindlichkeiten und worauf sie sich beziehen, z.B. einen Rechtsanspruch mit einer hohen Summe zu verlieren, könnte das Unternehmen zur Geschäftsaufgabe zwingen

# 18 Rechnungsabgrenzungsposten

> *„Accounting is accrual profession"*
> *(dt.: Buchhaltung ist eine grausame Tätigkeit)*
> *(Wortspiel in Anspielung an engl. cruel – grausam und engl. accrual – Abgrenzung)*
>
> Anonym

## Auf einen Blick

*Rechnungsabgrenzungsposten* umfassen aktive und passive Rechnungsabgrenzung sowie sonstige Forderungen und sonstige Verbindlichkeiten. Sie sind Folgen des Prinzips der Periodenabgrenzung (engl. Matching Prinzip). Ziel ist es, die Aufwendungen der Periode zuzuordnen, in der sie angefallen sind, das ist unabhängig von den damit zusammenhängenden Zahlungen.

Einer der wichtigsten Punkte, die in diesem Zusammenhang zu beachten sind, ist die zweifache Wirkung der Abgrenzungsposten auf die Vermögens-, Finanz- und Ertragslage des Unternehmens.

**Hinweis:** Hier wird zunächst ein Teil möglicher Abgrenzungspositionen (aktive Rechnungsabgrenzung und sonstige Verbindlichkeiten) dargestellt, die zweite Hälfte (passive Rechnungsabgrenzung und sonstige Forderungen) folgt im Teil „Profiwissen" weiter unten.

| Aktive Rechnungsabgrenzung | Sonstige Verbindlichkeiten |
|---|---|
| Waren oder Dienstleistungen, die in Rechnung gestellt wurden und bezahlt worden sind, aber noch nicht erhalten wurden | Waren oder Dienstleistungen, die erhalten, aber noch nicht in Rechnung gestellt oder bezahlt wurden |

Es ist nützlich, die aktiven Abgrenzungsposten und die sonstigen Verbindlichkeiten gleichzeitig zu betrachten, da sie ähnliche Konzepte sind, die ganz verschiedene Auswirkungen auf die Bilanz eines Unternehmens haben.

Kapitel 18   Rechnungsabgrenzungsposten

# Basiswissen

*Abgrenzungsposten* können im Wesentlichen bei zeitlichen Unterschieden entstehen, wenn der Zugang einer Ware oder Dienstleistung und die damit zusammenhängenden Rechnungen oder Zahlungen in unterschiedlichen Perioden erfolgen. Nachfolgend eine Liste typischer Abgrenzungsposten:

**Aktive Rechnungsabgrenzung**

- Miete
- Versicherungen
- Abonnements
- Prepaid-Charge-Karten

**Sonstige Verbindlichkeiten**

- Erhaltene, aber noch nicht in Rechnung gestellte Vorräte
- Rechnungen von Lieferanten und Beratern
- Gebühren von Wirtschaftsprüfern und Rechtsanwälten
- Energiekosten

> **BEISPIEL 1**
>
> Das Geschäftsjahr der ABC GmbH ist das Kalenderjahr, während der Zeitraum ihrer Versicherungsrechnung (die jährlich im Voraus gezahlt wird) der 1. Juli bis 30. Juni ist. Am 31. Dezember gibt es also eine vorausgezahlte Versicherung für sechs Monate, die noch nicht „genutzt" wurde. Daher besteht eine Vorauszahlung, die der Hälfte des gezahlten Betrags entspricht.
>
>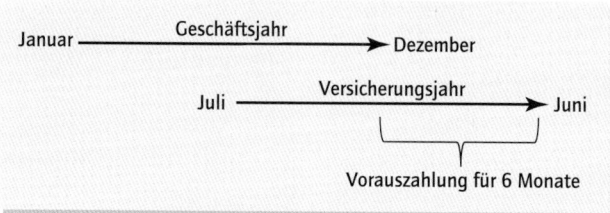
>
> **Abbildung 18.1:** Verdeutlichung der aktiven Rechnungsabgrenzung

## Auswirkungen auf den Jahresabschluss

| | Aktive Rechnungsabgrenzung | Sonstige Verbindlichkeiten |
|---|---|---|
| G&V | Keine Wirkung (nach Berichtigungen der Buchungen am Periodenende) | Aufwand (daher eine Verringerung des Gewinns) |
| Bilanz | Eine Verringerung des Umlaufvermögens (liquide Mittel) und Zunahme eines anderen Vermögenswerts (Vorauszahlungen) (Dies ist der Nettoeffekt der buchhalterischen Behandlung.) | Eine Erhöhung einer kurzfristigen Verbindlichkeit (sonstige Verbindlichkeit), daher eine Abnahme des Reinvermögens |
| Cashflow | Abfluss der liquiden Mittel in Höhe des Betrages der Vorauszahlung | Keine Wirkung, da die Leistung zwar bezogen, aber noch nicht bezahlt wurde |

**Tabelle 18.1:** Wirkung aktiver Rechnungsabgrenzungsposten und sonstiger Verbindlichkeiten

Die Abgrenzungsposten sind wichtig, weil sie sich sowohl auf die G&V als auch auf die Bilanz auswirken (siehe Tabelle oben).

Die konkrete Wirkung der Abgrenzungsposten auf den Gewinn ist nicht immer klar, da sie oft geschätzt werden. Die Schätzung sollte jedoch eine sinnvolle Grundlage haben. Ein Unternehmen, das beispielsweise seine Stromrechnung schätzen muss, kann anhand des Messgeräts feststellen, wie viel Strom im Vergleich zum vorhergehenden Quartal verbraucht wurde, oder einfach die Schätzung für das letzte Jahr als Grundlage für den Abgrenzungsposten nehmen (wenn sich die Geschäftstätigkeit nicht wesentlich geändert hat).

Wichtig ist aber, dass Abgrenzungsposten auf tatsächlich entstandenem Aufwand beruhen müssen, d.h. auf gekauften Waren und/oder bezogenen Dienstleistungen.

Unternehmen, die regelmäßig Rechnungslegungsberichte erstellen, können Abgrenzungsposten monatlich und jährlich berechnen. Der wichtigste Zeitpunkt ist allerdings das Ende des Geschäftsjahres, da sich diese Abgrenzung auf die Ermittlung des Jahresgewinns und der Jahressteuerlast auswirkt.

## Aktive Rechnungsabgrenzung

Einige Dienstleistungen, wie z.B. Versicherungen, Lizenzen und Miete, erfordern im Allgemeinen Vorauszahlungen. Es kann jedoch andererseits auch vorteilhaft sein, für Waren oder Dienstleistungen im Voraus zu zahlen, z.B.:

- Nutzung eines Mengenrabatts
- Absicherung gegen Inflation durch einen eher früheren als späteren Kauf
- Aufbau einer Beziehung mit einem neuen Lieferanten

Andererseits sind Vorauszahlungen ein Abfluss von liquiden Mitteln, der Kapitalkosten verursacht. Außerdem besteht das Risiko, zu einem ungesicherten Gläubiger zu werden, wenn das Unternehmen, das die Vorauszahlung erhält, insolvent wird.

## Sonstige Verbindlichkeiten

*Sonstige Verbindlichkeiten* sind eigentlich ein kostenloser Kredit für ein Unternehmen. Auftragnehmer X beispielsweise braucht einen Monat, um eine Rechnung zu stellen, und Firma Y zahlt ihre Lieferanten einen Monat nach Erhalt der Rechnungen. In diesem Beispiel hat Firma Y einen Kredit über zwei Monate erhalten statt, wie sonst üblich, über einen Monat. Die Verbindlichkeit wird für einen Monat als passiver Abgrenzungsposten ausgewiesen, und nachdem die Rechnung gestellt wurde, wird sie als Lieferantenverbindlichkeit ausgewiesen.

In der Praxis führen sonstige Verbindlichkeiten jedoch zu mehr Bearbeitungsaufwand. Die Finanzabteilung kennt den Wert ihrer Kreditoren, da die von Lieferanten erhaltenen Rechnungen im Buchführungssystem erfasst sind. Die Finanzabteilung weiß jedoch möglicherweise nichts von erhaltenen, aber noch nicht in Rechnung gestellten Waren oder Dienstleistungen. Sie muss sich am Periodenende auf Informationen anderer Abteilungen verlassen, um die volle Höhe der Verbindlichkeiten zu erfahren.

In der Praxis verfügen die meisten gut geführten und etablierten Unternehmen über Systeme, die feststellen, ob und in welcher Höhe sonstige Verbindlichkeiten erforderlich sind.

## Vertiefungswissen

### Buchung von aktiver Rechnungsabgrenzung und sonstigen Verbindlichkeiten

Aktive Abgrenzungsposten und sonstige Verbindlichkeiten sind zwei Beispiele einer Vielzahl von Anpassungen, die zum Ende einer Periode vorgenommen werden müssen. Andere typische Anpassungen sind Abschreibungen auf Sachanlagevermögen und immaterielles Anlagevermögen oder Wertberichtigungen auf Forderungen. Im Rechnungswesen wird typischerweise ein manueller Journaleintrag erstellt, um die Salden in den Buchungsunterlagen zu berichten.

**Aktive Rechnungsabgrenzung**

Nur der Teil der Vorauszahlung, der über das Periodenende hinausgeht, wird berichtet.

Die ABC GmbH (siehe oben) erstellt einen Journaleintrag am Ende des Jahres, in dem am Jahresende wirksam die Hälfte des Versicherungsbetrags als Vorauszahlung (Aktivseite der Bilanz) verzeichnet wird. In selber Höhe wird der Aufwand reduziert, da dieser erst in der nächsten Periode anfällt.

**Sonstige Verbindlichkeiten**

Der Betrag der sonstigen Verbindlichkeiten wird sowohl als Aufwand (in der G&V) als auch als Verbindlichkeit (in der Bilanz) ausgewiesen.

# Profiwissen

## Abgrenzungposten für Erträge

*Hinweis:* In diesem Kapitel wurde bisher nur die Aufwandsseite betrachtet, die entweder zu aktiven Abgrenzungsposten oder zu sonstigen Verbindlichkeiten führt. Identische Überlegungen lassen sich für die Ertragsseite anstellen, aus der dann passive Rechnungsabgrenzungsposten und sonstige Forderungen folgen.

**Passiver Abgrenzungsposten**

Wenn ein Unternehmen Vorauszahlungen (oder Anzahlungen) von einem Dritten erhält, werden diese Erträge als *passiver Abgrenzungsposten* behandelt.

Mit anderen Worten, Einzahlungen wurden erhalten, aber es wurden noch keine Erträge verdient (da die Waren noch nicht geliefert oder die Dienstleistung noch nicht erbracht wurde).

Da die Erträge noch nicht verdient wurden, wird dies als Art kurzfristige Verbindlichkeit in der Bilanz des Unternehmens ausgewiesen. Gegenüber einem Dritten besteht eine Verbindlichkeit, allerdings nicht im klassischen bilanziellen Sinn, sondern im Sinne einer Verpflichtung auf Lieferung oder Leistung im Gegenzug zur bereits erhaltenen Anzahlung.

Passive Abgrenzungsposten sind jedoch gut für den Cashflow, da das Unternehmen bereits eine Einzahlung erhalten hat.

**Sonstige Forderungen**

Wenn ein Unternehmen Waren an einen Dritten geliefert oder Dienstleistungen erbracht hat, aber noch keine Rechnung gestellt hat, wird dies als *sonstige Forderung* behandelt.

Wenn Erträge verdient, aber noch nicht in Rechnung gestellt wurden, werden diese in der Bilanz des Unternehmens als kurzfristiger Vermögenswert ausgewiesen.

Dienstleister wie Rechtsanwälte haben häufig wegen der hohen Anzahl noch nicht vollständig erbrachter Dienstleistungen und damit verbundener hoher sonstiger Forderungen bisweilen Probleme, ihr Nettoumlaufvermögen zu managen.

In der Praxis sollte es Ziel der Unternehmen sein, die sonstigen Forderungen zu minimieren und stattdessen in reguläre Forderungen aus Lieferungen und Leistungen (Debitoren) umzuwandeln, indem Rechnungen sofort ausgestellt und so den Schuldnern eine bestimmte Frist für die Zahlung gegeben wird.

|  | **Aktiv** | **Passiv** |
|---|---|---|
| Zahlung erfolgt, aber noch keine Leistung erhalten/erbracht | Aktive Rechnungsabgrenzung: Zahlung geleistet, aber noch kein Aufwand | Passive Rechnungsabgrenzung: Zahlung erhalten, aber noch kein Ertrag |
| Leistung erhalten/erbracht, aber noch keine Rechnung gestellt / Zahlung erfolgt | Sonstige Forderung: Leistung erbracht, aber noch keine Rechnung erstellt | Sonstige Verbindlichkeit: Leistung erhalten, aber noch keine Rechnung erhalten |

**Tabelle 18.2:** Zusammenfassung der Rechnungsabgrenzungsposten

# Anwendung und Darstellung in der Praxis

Erläuterungen zu den Abgrenzungsposten befinden sich im Anhang des Jahresabschlusses.

- Aktive und passive Rechnungsabgrenzungsposten sind jeweils separat auszuweisen.
- Sonstige Forderungen und sonstige Verbindlichkeiten sind jeweils separat auszuweisen.

| FALLSTUDIE zooplus AG |
|---|
| **Rechnungsabgrenzungsposten** |
| Passive Abgrenzungen in Höhe von 2,9 Mio. EUR werden zukünftig als separate Vertragsverbindlichkeiten ausgewiesen. |
| *Quelle: Geschäftsbericht zooplus AG 2018, S. 112* |

# Besondere Hinweise für die Praxis

Achten Sie bei der Berechnung von Rechnungsabgrenzungsposten auf die folgenden Punkte:

- Verbindlichkeiten/Aufwendungen für Waren oder Dienstleistungen, die gegen Ende des Jahres erhalten wurden, müssen ausgewiesen werden und müssen wegen der Zeitvorgabe oft als passive Abgrenzungsposten behandelt werden. Die Lieferanten zu bitten, schnell Rechnungen oder Schätzungen zuzusenden, ist hilfreich für die Behandlung der sonstigen Verbindlichkeiten.

- Eine Analyse der Lieferantenrechnungen, die Anfang des Geschäftsjahres erhalten wurden, kann im vorhergehenden Geschäftsjahr erhaltene Waren oder Dienstleistungen betreffen, die als sonstige Verbindlichkeiten hätten behandelt werden sollen.

- Es kann zu unerwarteten Differenzen in der Entwicklung der Abgrenzungsposten von einem Jahr zum nächsten kommen.

# Teil IV

**Ergänzende Details zur Finanzberichterstattung**

# 19 Rechnungslegungssysteme

*„Es gibt keine Probleme mit der Rechnungslegung, keine Probleme mit dem Geschäft, keine Probleme mit dem Eigenkapital und es gibt auch keine sonstigen bekannten Probleme."*

Kenneth Lay, ehemaliger Vorstandsvorsitzender, Enron LLC

## Auf einen Blick

*Rechnungslegungsstandards*, auch Rechnungslegungsvorschriften genannt, sind Regeln und Richtlinien, in denen festgelegt ist, wie Transaktionen in der Buchhaltung bzw. im Rechnungswesen erfasst und in Finanzberichten dargestellt werden sollten. „Standard" bedeutet dabei die grundsätzlich erwartete oder die üblicherweise verwendete Rechnungslegungsmethode.

Für den Vergleich oder die Interpretation von Unternehmensergebnissen muss man wissen, welche Rechnungslegungsvorschriften bei der Erstellung des Jahresabschlusses angewendet werden. Die Angabe, welche Rechnungslegungsstandards angewendet werden, findet sich üblicherweise im Anhang.

Der Vergleich von Ergebnissen unterschiedlicher Unternehmen ohne Kenntnis oder Verständnis der angewendeten Rechnungslegungsverfahren kann zu fehlerhaften Schlussfolgerungen führen. Ein Unternehmen beispielsweise, das sein Sachanlagevermögen über einen längeren Zeitraum abschreibt, hat aufgrund eines höheren Eigenkapitals einen niedrigeren Verschuldungsgrad als ein Unternehmen, das sein Sachanlagevermögen schneller abschreibt, selbst wenn beide Unternehmen ein ähnliches Sachanlagevermögen haben.

Es gibt momentan kein auf der ganzen Welt eingesetztes einheitliches Rechnungslegungssystem, was den internationalen Vergleich von Unternehmen schwieriger macht. In der Vergangenheit wurde versucht, die Standards weltweit anzugleichen, doch dieses Ziel ist noch nicht erreicht und unverändert schwer zu erreichen.

## Basiswissen

Warum Unternehmen Rechnungslegungsstandards anwenden müssen, lässt sich am besten anhand der Verantwortlichkeiten der Geschäftsleitung verstehen. In Deutschland haben die Geschäftsführer die Gesamtverantwortung dafür, sicherzustellen, dass der Jahresabschluss nach den Grundsätzen ordnungsmäßiger Buchführung (GoB) erstellt ist und ein den tatsächlichen Verhältnissen entsprechendes Bild der Vermögens-, Finanz- und Ertragslage des Unternehmens gibt. Das ist nur teilweise gesetzlich festgelegt, dennoch würde eine nicht nachvollziehbar erläuterte Nichteinhaltung von Rechnungslegungsstandards daran zweifeln lassen, ob die Bilanz ein den tatsächlichen Verhältnissen des Unternehmens entsprechendes Bild gibt. Wenn die Geschäftsführer die Rechnungslegungsstandards nicht einhalten, müssen sie zumindest die Gründe dafür erklären. Die Nichteinhaltung von Standards könnte zu einem eingeschränkten Bestätigungsvermerk durch den Abschlussprüfer führen.

Investoren und andere Kapitalgeber müssen die finanzielle Lage eines Unternehmens fundiert beurteilen. Finanzinformationen (aktuelle Gewinne und solche der Vergangenheit, Dividenden, Cashflows usw.) helfen Investoren und Kreditgebern bei der Entscheidung, ob und wie viel sie in das Unternehmen investieren sollen. Die Rechnungslegungsstandards geben dabei die Grundregeln vor, wie Transaktionen erfasst werden sollen.

Die Standards helfen sicherzustellen, dass Unternehmen vergleichbare Informationen so zur Verfügung stellen, dass ihre Ergebnisse und Finanzkraft richtig dargestellt werden. Die Standards beschränken die Freiheit und Flexibilität der Unternehmen, „clevere" Rechnungslegungsverfahren zu verwenden, die sie ansonsten in die Lage versetzen könnten, Transaktionen nicht zu erfassen oder bei der Erfassung von Transaktionen „kreativ" zu sein.

Unternehmen führen regelmäßig komplexe Transaktionen durch, sodass es trotz Standards unwahrscheinlich ist, das Risiko einer „cleveren" Rechnungslegung oder von Betrug ganz auszuschalten. Im Fall Enron (ein amerikanisches Energieunternehmen) z.B. ermöglichten Anfang der 2000er Jahre Schlupflöcher im amerikanischen Rechnungslegungssystem dem Unternehmen, über ein komplexes Netz von Transaktionen die Höhe der Schulden und Kredite zu verbergen. Die Nichtoffenlegung der Schulden führte zu einer der größten Unternehmensinsolvenzen aller Zeiten.

Rechnungslegungsstandards wurden im Laufe vieler Jahrzehnte entwickelt, in denen Gesetzgeber und Aufsichtsbehörden versucht haben, die Qualität der veröffentlichten Jahresabschlüsse zu verbessern.

In Deutschland müssen nicht börsennotierte Unternehmen lokale (d.h. nationale) deutsche Rechnungslegungsstandards (im Handelsgesetzbuch (HGB) festgelegt) anwenden.

Börsennotierte Unternehmen müssen bei der Erstellung der Konzernbilanz die Regeln der International Financial Reporting Standards (IFRS) berücksichtigen. Diese Vorschriften erleichtern internationale Vergleiche, da viele Länder in der Welt die Verwendung der IFRS zur Pflicht machen.

Die deutschen Rechnungslegungsvorschriften wurden in den vergangenen Jahren immer mehr in Richtung der IFRS weiterentwickelt.

## „Standards" versus Wahlmöglichkeit

Es überrascht vielleicht, aber viele Rechnungslegungssysteme bieten immer noch zahlreiche Wahlmöglichkeiten, wie Transaktionen in der Rechnungslegung zu erfassen sind, auch wenn das dem Begriff „Standard" eigentlich zu widersprechen scheint. Begründet wird dies damit, dass die Unternehmen die Wahl haben sollten, sich für eine andere bilanzielle Behandlung zu entscheiden, wenn diese für den Adressaten des Jahresabschlusses genauso aussagekräftig ist. Voraussetzung ist aber oft, dass die Auswirkungen der angewendeten Methode transparent gemacht werden.

Die Regel IAS 16 ermöglicht beispielsweise, Grundstücke und Gebäude zu Anschaffungskosten oder zu Marktpreisen auszuweisen. Zwei Unternehmen könnten ähnliche Sachanlagewerte haben, diese aber zu unterschiedlichen Werten in der Bilanz angeben, d.h., das eine Unternehmen weist zu *Anschaffungskosten* aus und das andere zu *Marktwerten*. Wenn eine Wahlmöglichkeit besteht, muss deren Anwendung mitgeteilt werden, um einen direkten Vergleich zu ermöglichen. In diesem Fall müsste das zweite Unternehmen die finanzielle Auswirkung der Bilanzierung mit Marktwerten mitteilen.

Die Unternehmen müssen angeben, dass sie die Rechnungslegungsstandards einhalten oder auf andere Weise verfahren. Wenn ein Unternehmen einen oder mehrere Standards nicht einhält, muss es die Gründe dafür erklären. Wenn der Abschlussprüfer bezüglich der Gründe für die Abweichung mit der Geschäftsführung übereinstimmt, wird dies zu einem uneingeschränkten Bestätigungsvermerk führen.

# Vertiefungswissen

Im Laufe der letzten Jahre haben über 110 Länder, unter anderen Deutschland, sich dazu verpflichtet, die Rechnungslegungsstandards IFRS anzuwenden. Aktuell umfassen diese ungefähr 40 Standards. Die IFRS werden vom IASB (International Accounting Standards Board) entwickelt und erlassen. Die IAS wurden von einem Vorläufergremium erlassen und eine Reihe dieser Standards ist weiter relevant.

Die Übernahme der IFRS-Regeln hat in vielen Ländern der Welt die Vergleichbarkeit und Verständlichkeit der Ergebnisse von Unternehmen erhöht.

Allerdings verwenden die meisten US-Unternehmen die nationalen US-GAAP (United States Generally Accepted Accounting Principles). Die Interpretation der Finanzergebnisse und der internationale Vergleich mit US-Unternehmen bleiben dabei eine Herausforderung. Exxon Mobil (ein US-Unternehmen) z.B. wendet die US-GAAP an, während Shell plc. (ein britisch-holländisches Unternehmen) die IFRS anwendet. Beide Unternehmen sind zwar in der Ölbranche tätig, doch ein Vergleich dieser Unternehmen erfordert umfangreiche Anpassungen, um einen aussagekräftigen Vergleich der Ergebnisse zu ermöglichen.

Es gibt Bestrebungen zu einer Konvergenz der Systeme zu einem einzigen System von Rechnungslegungsstandards. Dies soll die Vergleichbarkeit der Ergebnisse von Unternehmen erhöhen und so helfen, Ströme internationaler Investitionen besser verfolgen zu können.

## Profiwissen

### IFRS versus US-GAAP

IFRS und US-GAAP unterscheiden sich hinsichtlich des zugrunde liegenden konzeptionellen Systems: Die IFRS beziehen sich auf *generelle Grundsätze,* während die US-GAAP auf *einzelnen Regeln* basieren.

In einem grundsatzbezogenen System kann die unterschiedliche Behandlung ähnlicher Transaktionen zulässig sein, wenn sie als angemessen erachtet wird. Ein grundsatzbezogener Ansatz erfordert daher eine Dokumentation, damit der Adressat die Auswirkung versteht, wenn nicht die standardmäßige Behandlung, sondern eine andere Behandlung angewendet wird.

Ein regelbasierter Ansatz ist auf einem umfassenden Regelwerk gegründet. Als Antwort auf neue oder sich abzeichnende Bilanzierungsfragen werden weitere Regeln hinzugefügt oder um Ausnahmen von der standardmäßigen bilanziellen Behandlung zu ermöglichen.

## Anwendung und Darstellung in der Praxis

Das verwendete Rechnungslegungssystem, die konkrete Ausübung von Wahlrechten sowie Grundlagen der Bilanzpolitik sind im Anhang zum Jahresabschluss angegeben.

---

**FALLSTUDIE** zooplus AG

**Rechnungslegung und Abschlussprüfung**

Die Rechnungslegung erfolgt seit dem Geschäftsjahr 2005 auf Konzernebene nach den International Financial Reporting Standards (IFRS) und in den Einzelabschlüssen nach nationalen Vorschriften (HGB). Das Reporting folgt den gesetzlichen und börsenrechtlichen Verpflichtungen mit dem Jahresabschluss und quartalsweise durch Zwischenberichte. Der jährliche Geschäftsbericht und der Internetauftritt werden – den internationalen Standards entsprechend – auch in englischer Sprache angeboten; der Geschäftsbericht und die Zwischenberichte sind auf unserer Unternehmenswebsite http://investors.zooplus.com abrufbar.

*Quelle: Geschäftsbericht zooplus AG 2018, S. 24*

Die Erstanwendung von IFRS 9 hat grundsätzlich retrospektiv zu erfolgen, wobei Vereinfachungen gewährt werden. zooplus wendet hierbei unter anderem das Wahlrecht an, die Vorjahresvergleichszahlen nicht anzupassen. Der kumulierte Effekt aus der Erstanwendung wird erfolgsneutral im Eigenkapital erfasst.

*Quelle: Geschäftsbericht zooplus AG 2018, S. 113*

# Besondere Hinweise für die Praxis

Wenn Sie sich mit der Rechnungslegung im Unternehmen befassen, sollten Sie die folgenden Aspekte berücksichtigen:

- Die verwendeten Rechnungslegungsstandards, z.B. HGB, IFRS, US-GAAP, andere nationale GAAP (Rechnungslegungsvorschriften, Generally Accepted Accounting Principles). Der ausgewiesene Gewinn wird von dem angewendeten Rechnungslegungssystem unmittelbar beeinflusst.

- Unterschiede der von Unternehmen derselben Branche angewendeten Methoden, z.B. Rechnungslegung mit Anschaffungskosten im Vergleich zur Neubewertung für Sachanlagewerte. Der Jahresabschluss sollte Informationen enthalten, um die Ergebnisse von Unternehmen mit unterschiedlichen Bilanzierungsverfahren vergleichen zu können.

- Änderungen der Bilanzierungspolitik und die Auswirkung auf die leistungsbezogenen Vergütungsziele für Manager, z.B. die Kosten einer Kreditaufnahme für den Kauf eines Sachanlagegegenstands werden aktiviert statt als Aufwand behandelt. Diese Behandlung würde die Rentabilität verbessern.

- Die Auswirkung neuer oder geänderter Rechnungslegungsstandards auf wichtige Finanzkennzahlen oder leistungsbezogene Vergütungsziele für Manager, z.B. der neue Standard für die Erfassung von Leasing (IFRS 16, erlassen im Januar 2016) hat eine wesentliche (nachteilige) Wirkung auf den Verschuldungsgrad und ROCE eines Unternehmens. IFRS 16 setzt voraus, dass alle Leasinggeschäfte aktiviert werden, sodass die Unternehmen die Verbindlichkeiten (und Vermögenswerte) hinsichtlich aller Leasinggeschäfte ausweisen müssen.

# 20
# Externe Abschlussprüfung

*„Sie haben uns geprüft und ich dachte, wenn etwas nicht gestimmt hätte, dann würde jemand mir etwas sagen."*

Kelvin Sampson, Cheftrainer, Houston Cougars

## Auf einen Blick

Eine *Abschlussprüfung* ist die externe Überprüfung des Jahresabschlusses eines Unternehmens, die von unabhängigen Abschlussprüfern durchgeführt wird. Wirtschaftsprüfer sind qualifizierte Experten, die jedes Jahr von den Anteilseignern bestellt werden, um ein unabhängiges Gutachten darüber zu erhalten, ob der Jahresabschluss ein den tatsächlichen Verhältnissen entsprechendes Bild des Unternehmens vermittelt.

Eine Abschlussprüfung lässt die Eigentümer und andere Adressaten des Jahresabschlusses darauf vertrauen, dass die in der Bilanz und G&V angegebenen Zahlen ein tatsächliches Bild der Verhältnisse abgeben. Wirtschaftsprüfer müssen nicht nur von der Geschäftsführung (die für die Erstellung des Jahresabschlusses verantwortlich ist) unabhängig sein, sondern sie dürfen auch kein eigenes Interesse an den Ergebnissen des Unternehmens haben, z.B. durch den Besitz von Aktien.

Ein uneingeschränkter Bestätigungsvermerk bestätigt, dass der Jahresabschluss nach Prüfung durch einen Prüfer die Lage des Unternehmens zutreffend darstellt. Bestätigungsvermerke mit Anmerkungen (Einschränkungen oder Versagen) zeigen Prüfprobleme auf oder Bedenken hinsichtlich der Zahlen und/oder der im Jahresabschluss veröffentlichten Informationen.

# Basiswissen

Alle Unternehmen – mit Ausnahme stiller Gesellschaften – müssen jedes Jahr einen Jahresabschluss erstellen. Allerdings müssen nicht alle Unternehmen ihren Jahresabschluss prüfen lassen. Um den Verwaltungsaufwand für Unternehmen gering zu halten, sind Personengesellschaften und kleine Kapitalgesellschaften von der Prüfungspflicht befreit.

Auch wenn es keine Pflicht gibt, lassen sich zahlreiche kleine Unternehmen und Personengesellschaften dennoch prüfen. Grund hierfür sind z.B. Anforderungen von Geschäftspartnern, wenn beispielsweise Banken im Rahmen ihrer Kriterien für die Kreditvergabe vorschreiben, dass das Unternehmen sich einer Abschlussprüfung durch einen Wirtschaftsprüfer unterziehen muss.

Eine ohne Beanstandung durchgeführte Abschlussprüfung gibt zwar keine Garantie, dass die Zahlen stimmen, aber sie macht die Jahresabschlüsse glaubwürdig, indem von unabhängiger Seite zugesichert wird, dass die Zahlen und veröffentlichten Informationen in sich korrekt sind.

Der Prüfbericht wird nur für die Anteilseigner des Unternehmens als Ganzes erstellt und nicht für den einzelnen Aktionär. Andere interessierte Parteien, die Stakeholder (Kreditgeber, Gläubiger usw.) genannt werden, müssen sich der Grenzen einer Wirtschaftsprüfung bewusst sein.

Missverständnisse bezüglich der gesetzlich vorgeschriebenen Abschlussprüfung sind weit verbreitet und werden zusammen als Erwartungslücke bezeichnet. Das ist die Lücke zwischen dem, was die Adressaten für den Zweck einer Prüfung halten, und der tatsächlichen Prüfungsrealität. Im Folgenden werden Beispiele für diese Erwartungslücke aufgeführt.

**Betrug**

*Betrug* ist die absichtliche Täuschung, um einen persönlichen Vorteil zu erlangen.

Wenn die Geschäftsführer eines Unternehmens (oder andere Angestellte) einen Betrug begehen wollen, indem sie beispielsweise Transaktionen verstecken oder manipulieren, dann dürften sie gute Erfolgschancen haben, da es unwahrscheinlich ist, dass die Prüfer sorgfältig versteckten Betrug entdecken können. Die Geschäftsführer haben die Hauptverantwortung für ehrliche Berichte über die Unternehmensergebnisse und sind dafür verantwortlich, Betrug und Fehler im Unternehmen zu verhindern oder aufzudecken.

Wirtschaftsprüfer können rechtlich haftbar gemacht werden, wenn sie zusammen mit den Geschäftsführern einen Betrug begehen. Sie können auch wegen Vertragsverletzung verklagt werden, wenn sie die Prüfung nicht ordnungsgemäß durchgeführt haben, d.h. gemäß den jeweiligen Prüfstandards und -richtlinien.

Wirtschaftsprüfer können zudem wegen Fahrlässigkeit zivilrechtlich haftbar gemacht werden, wenn sie bei der Durchführung der Prüfung nicht die nötige Sorgfalt ausgeübt haben. Als Angehörige eines reglementierten Berufs können gegen sie auch von ihrer Standesorganisation (Institut der Wirtschaftsprüfer in Deutschland, IDW e. V.) disziplinarische Maßnahmen ergriffen werden, wenn sie ihre Sorgfaltspflicht verletzt haben.

**Fehler**

*Fehler* sind die Folge nicht beabsichtigter Unrichtigkeiten, wenn z.B. eine Bank dem falschen Kundenkonto den Eingang eines Betrags gutschreibt. Eine gesetzliche Abschlussprüfung gibt nur eine hinreichende Sicherheit, dass der Abschluss keine Fehler enthält, d.h., eine Prüfung gibt keine Garantie, dass keinerlei operativer Fehler aufgetreten ist.

Dies ist darauf zurückzuführen, dass Wirtschaftsprüfer üblicherweise bei der Erstellung ihres Gutachtens Transaktionen nur anhand von Stichproben überprüfen. Das bedeutet, dass immer die Gefahr besteht, dass Fehler nicht entdeckt werden. Denken Sie an das Transaktionsvolumen (Kredite, Einlagen, Barentnahmen, die internationale Aktivität und die Aktivität zwischen den Geschäftsstellen) der Deutschen Bank im Laufe eines einzigen Tages (ganz zu schweigen von einem Jahr), und es sollte ganz klar werden, warum es unmöglich ist, die Richtigkeit jeder Transaktion in jeder Geschäftsstelle der Deutschen Bank während des Jahres zu überprüfen.

**Going Concern – Unternehmensfortführung**

Jahresabschlüsse werden in der (standardmäßigen) Annahme erstellt, dass ein Unternehmen in Zukunft weiterbesteht – für einen Zeitraum von mindestens zwölf Monaten ab dem Tag der Unterzeichnung der Bilanz. Dies wird Going Concern genannt. Eine Prüfung garantiert jedoch nicht, dass das Unternehmen in Zukunft finanziell gesund ist.

Im Mittelpunkt einer Prüfung steht vor allem die Überprüfung von Transaktionen, die sich auf die Aktivität in der Vergangenheit beziehen, während nur eingeschränkt die Zukunft betrachtet wird. Die Geschäftsführer des Unternehmens sind dafür verantwortlich, sich davon zu überzeugen, dass ihre Strategie angemessen ist und dass die Finanzen des Unternehmens ausreichen, um die Strategie auch in Zukunft auszuführen.

Der Wirtschaftsprüfer überprüft die von den Geschäftsführern getroffenen Annahmen bei der Schlussfolgerung, dass die Erstellung des Abschlusses auf der Basis des Going-Concern-Konzepts zutreffend ist. Wenn der Abschlussprüfer zu dem Schluss kommt, dass diese Annahmen vertretbar sind, dann werden keine weiteren Schritte unternommen.

Banken, Kreditgeber, Gläubiger und Aktionäre legen offensichtlich trotz der Grenzen einer Prüfung großen Wert auf Jahresabschlüsse, die von unabhängiger Seite geprüft werden. Banken z.B. setzen als Bedingung für einen Kreditvertrag eine geprüfte Unternehmensbilanz voraus. Wenn ein Unternehmen danach strebt, eine neue Kreditfinanzierung zu erhalten, geben die geprüften Jahresabschlüsse in der Vergangenheit ein höheres Maß an Sicherheit als nicht geprüfte Abschlüsse.

Wenn sich ein Investor überlegt, in welches Unternehmen von mehreren möglichen Unternehmen er investiert, dann kann ein Unternehmen, dessen Abschlüsse bereits in der Vergangenheit geprüft wurden, eine glaubhaftere Investitionsalternative sein. Eine unabhängige Prüfung des Jahresabschlusses kann auch für die Geschäftsführer von Vorteil sein, die nicht an der detaillierten Erstellung der Zahlen beteiligt sind. Eine Bilanz, die vom Rechnungswesen des Unternehmens erstellt wurde und von einem unabhängigen Wirtschaftsprüfer durchgesehen wurde, könnte Fehler oder Systemschwächen aufweisen, die sonst unentdeckt bleiben könnten. Unternehmen, die für den Staat Dienstleistungen anbieten, müssen einem strengen Ausschreibungsverfahren des Staates folgen, wobei üblicherweise eine geprüfte Bilanz höher gewichtet wird oder eine höhere Bewertung erhält.

## Vertiefungswissen

Es gibt keine formale Definition von „tatsächliche Verhältnisse" (true and fair view), obwohl dies ein häufig verwendeter Rechtsbegriff ist. Er wird so interpretiert, dass die Bilanz keine Falschdarstellungen enthalten darf und die finanziellen Ergebnisse sowie die Lage des Unternehmens nach bestem Wissen und Gewissen bzw. mit der Sorgfalt eines ordentlichen Kaufmanns dargestellt werden. Die Feststellung, ob der Jahresabschluss in dieser Hinsicht korrekt ist, ist letztlich der Entscheidung der Experten, eben dem Abschlussprüfer, überlassen.

Größere Unternehmen haben gewöhnlich auch interne Prüfinstanzen. Interne Prüfungen unterscheiden sich nach Art, Zweck und Umfang von einer externen Prüfung. Der Umfang und Zweck einer internen Prüfung wird vom Unternehmen selbst festgelegt und die Tätigkeiten werden von Mitarbeitern des Unternehmens ausgeführt. Im Mittelpunkt interner Prüfungen stehen Tests und Empfehlungen für Verbesserungen der Systeme und Kontrollen in einem Unternehmen sowie die Vermeidung bzw. das Aufdecken von Betrug. Externe Wirtschaftsprüfer werden sich teilweise auf die Ergebnisse interner Prüfungen beziehen, dies allerdings im Wesentlichen in den Bereichen, die von den externen Prüfern als wenig risikoreich angesehen werden.

## Profiwissen

### Going Concern

Der Jahresabschluss des Unternehmens muss eine Erklärung der Geschäftsführer enthalten, dass das Unternehmen fähig ist, in der vorhersehbaren Zukunft (ein Zeitraum von wenigstens zwölf Monaten nach dem Datum, an dem der Jahresabschluss von der Geschäftsführung unterzeichnet wurde) weiter tätig zu sein. Die Geschäftsführung gibt an, ob es für richtig erachtet wird, den Jahresabschluss auf der Grundlage dieses Going Concern zu erstellen.

Diese Erklärung wird vom Wirtschaftsprüfer geprüft und im Prüfbericht wird das Ergebnis dieser Prüfung angegeben. Wenn der Wirtschaftsprüfer mit der Ansicht der Geschäftsführung übereinstimmt, dann wird der Bestätigungsvermerk bezüglich dieses Punktes uneingeschränkt erteilt.

Wenn die Geschäftsführer jedoch die Möglichkeit der Fortführung des Unternehmens kritisch sehen, müssen sie dies im Jahresabschluss erläutern. Beispielsweise kann ein Unternehmen einem Gerichtsverfahren mit einer erheblichen Schadensersatzforderung ausgesetzt sein, die die Zukunft des Unternehmens gefährden könnte. In dieser Situation müssten die Geschäftsführer weitere Informationen bereitstellen, unter anderem die Einzelheiten des Verfahrens und die mögliche negative Auswirkung auf die Fortführung des Unternehmens. Wenn der Wirtschaftsprüfer der Meinung ist, dass diese Informationen zweckdienlich und richtig sind, wird der Prüfbericht mit einem uneingeschränkten Bestätigungsvermerk versehen. Er würde jedoch einen Absatz mit „einer besonderen Betonung bestimmter Sachverhalte" enthalten, in dem ausgeführt wird, dass es eine gewisse Unsicherheit gibt. Mit der Aufnahme dieses Absatzes in den Prüfbericht soll der Leser auf diese wesentliche Unsicherheit aufmerksam gemacht werden.

Sollte der Wirtschaftsprüfer hinsichtlich der Einschätzung der Geschäftsführung zum Going Concern anderer Meinung sein, wird er einen negativen Bestätigungsvermerk erteilen.

## Prüfungsfeststellungen

### Eingeschränkter Bestätigungsvermerk

Mit einem eingeschränkten Bestätigungsvermerk erklärt der Prüfer, dass es wesentliche Falschdarstellungen gibt oder geben könnte, die sich aber auf einen bestimmten Teil (z.B. eine Zahl oder veröffentlichte Informationen) des Jahresabschlusses beschränken.

Ein Wirtschaftsprüfer erteilt in den folgenden Fällen in seinem Prüfbericht einen eingeschränkten Prüfvermerk:

1. *Unstimmigkeit:* Wenn der Jahresabschluss etwas enthält, das nicht den Grundsätzen ordnungsgemäßer Buchführung entspricht, die restlichen Angaben des Jahresabschlusses jedoch richtig angegeben sind. Zum Beispiel wird in der Gewinn- und Verlustrechnung der Gewinn zu hoch ausgewiesen, wenn der Abschluss nicht den Abschreibungsaufwand für die Fahrzeuge enthält.

2. *Unsicherheit:* Wenn der Wirtschaftsprüfer nicht in der Lage war, hinreichende geeignete Belege für einen im Abschluss aufgeführten Sachverhalt zu erhalten, diese Einschränkung den Rest der Sachverhalte des Prüfberichts jedoch nicht betrifft. Wenn der Prüfer beispielsweise nicht hinreichende Nachweise als Bestätigung der physisch vorhandenen Mengen an Vorräten im Unternehmen am Jahresende erhalten konnte, dann besteht Unsicherheit bezüglich des im Abschluss angegebenen Lagerbestands.

Der Wirtschaftsprüfer schränkt seinen Bestätigungsvermerk ein, indem er in seinen Prüfbericht den Abschnitt „Grundlage für die Einschränkung" einfügt, um den Gegenstand zu erläutern, der Anlass für die Einschränkung gegeben hat.

Der Abschnitt mit dem Bestätigungsvermerk enthält die Worte „Mit Ausnahme von" oder „Mit Ausnahme von ... könnte ...", um die Unstimmigkeit oder Unsicherheit in jedem besonderen Bereich des Jahresabschlusses aufzuzeigen. Mit diesen Worten wird angezeigt, dass der Jahresabschluss bis auf die angegebenen Punkte ein den tatsächlichen Verhältnissen entsprechendes Bild vermittelt.

**Negativer Bestätigungsvermerk**

Ein negativer Bestätigungsvermerk bedeutet, dass es eine sehr schwerwiegende (durchgängige) Unstimmigkeit gibt, oder die Unstimmigkeit ist so bedeutend, dass der Jahresabschluss insgesamt nicht den tatsächlichen Verhältnissen entspricht. Wenn z.B. ein Unternehmen die Bilanz als Going Concern erstellt hat, der Wirtschaftsprüfer jedoch zu dem Schluss gekommen ist, dass die Grundlage der Erstellung nicht richtig ist, wird er im Bestätigungsvermerk mitteilen, dass der Jahresabschluss kein den tatsächlichen Verhältnissen entsprechendes Bild gibt.

**Verweigerter Bestätigungsvermerk**

Ein verweigerter Bestätigungsvermerk ist eine sehr schwerwiegende (durchgängige) Form der Unsicherheit. Er führt dazu, dass der Wirtschaftsprüfer nicht in der Lage ist, einen Bestätigungsvermerk zu geben. Beispielsweise, wenn die Geschäftsführung sich weigert, dem Wirtschaftsprüfer die für die Durchführung der Prüfung erforderlichen Informationen und Erklärungen bereitzustellen. In diesem Fall kann der Wirtschaftsprüfer die Prüfung nicht durchführen und erteilt in Bezug auf den Jahresabschluss überhaupt keine Aussage.

# Anwendung und Darstellung in der Praxis

Angaben zum Abschlussprüfer und der Bestätigungsvermerk sind im Geschäftsbericht enthalten.

---

**FALLSTUDIE** zooplus AG

**Rechnungslegung und Abschlussprüfung**

Der Konzernabschluss wird vom Vorstand aufgestellt und vom Abschlussprüfer sowie vom Aufsichtsrat geprüft. Abschlussprüfer war die von der Hauptversammlung 2018 gewählte PricewaterhouseCoopers GmbH Wirtschaftsprüfungsgesellschaft, Frankfurt am Main, Zweigniederlassung München. Als Nachweis seiner Unabhängigkeit hat der Abschlussprüfer gegenüber dem Aufsichtsrat eine Unabhängigkeitserklärung abgegeben. An der Beratung des Prüfungsausschusses am 11. März 2019 sowie des Aufsichtsrats am 14. März 2019 über den Jahres- und Konzernabschluss 2018 hat der Abschlussprüfer teilgenommen und dem Prüfungsausschuss bzw. dem Aufsichtsrat über die Ergebnisse der Prüfung des Jahresabschlusses der zooplus AG zum 31. Dezember 2018 (HGB), des Konzernabschlusses der zooplus-Gruppe zum 31. Dezember 2018 (IFRS) sowie des zusammengefassten Lageberichts Bericht erstattet.

*Quelle: Geschäftsbericht zooplus AG 2018, S. 24*

## Bestätigungsvermerk des unabhängigen Abschlussprüfers

An die zooplus AG, München

VERMERK ÜBER DIE PRÜFUNG DES KONZERNABSCHLUSSES UND DES KONZERNLAGEBERICHTS

Prüfungsurteile

Wir haben den Konzernabschluss der zooplus AG, München, und ihrer Tochtergesellschaften (der Konzern) – bestehend aus der Konzern-Bilanz zum 31. Dezember 2018, der Konzern-Gesamtergebnisrechnung, der Konzern-Eigenkapitalveränderungsrechnung und der Konzern-Kapitalflussrechnung für das Geschäftsjahr vom 1. Januar bis zum 31. Dezember 2018 sowie dem Konzernanhang, einschließlich einer Zusammenfassung bedeutsamer Rechnungslegungsmethoden – geprüft. Darüber hinaus haben wir den Konzernlagebericht der zooplus AG, der mit dem Lagebericht der Gesellschaft zusammengefasst ist, für das Geschäftsjahr vom 1. Januar bis zum 31. Dezember 2018 geprüft. Die im Abschnitt „Sonstige Informationen" unseres Bestätigungsvermerks genannten Bestandteile des Konzernlageberichts haben wir in Einklang mit den deutschen gesetzlichen Vorschriften nicht inhaltlich geprüft.

Nach unserer Beurteilung aufgrund der bei der Prüfung gewonnenen Erkenntnisse

- entspricht der beigefügte Konzernabschluss in allen wesentlichen Belangen den IFRS, wie sie in der EU anzuwenden sind, und den ergänzend nach § 315e Abs. 1 HGB anzuwendenden deutschen gesetzlichen Vorschriften und vermittelt unter Beachtung dieser Vorschriften ein den tatsächlichen Verhältnissen entsprechendes Bild der Vermögens- und Finanzlage des Konzerns zum 31. Dezember 2018 sowie seiner Ertragslage für das Geschäftsjahr vom 1. Januar bis zum 31. Dezember 2018 und

- vermittelt der beigefügte Konzernlagebericht insgesamt ein zutreffendes Bild von der Lage des Konzerns. In allen wesentlichen Belangen steht dieser Konzernlagebericht in Einklang mit dem Konzernabschluss, entspricht den deutschen gesetzlichen Vorschriften und stellt die Chancen und Risiken der zukünftigen Entwicklung zutreffend dar. Unser Prüfungsurteil zum Konzernlagebericht erstreckt sich nicht auf den Inhalt der im Abschnitt „Sonstige Informationen" genannten Bestandteile des Konzernlageberichts.

Gemäß § 322 Abs. 3 Satz 1 HGB erklären wir, dass unsere Prüfung zu keinen Einwendungen gegen die Ordnungsmäßigkeit des Konzernabschlusses und des Konzernlageberichts geführt hat.

*Quelle: Geschäftsbericht zooplus AG 2018, S. 167*

### VERANTWORTLICHER WIRTSCHAFTSPRÜFER

Der für die Prüfung verantwortliche Wirtschaftsprüfer ist Katharina Deni.
München, den 14. März 2019

PricewaterhouseCoopers GmbH Wirtschaftsprüfungsgesellschaft

Katharina Deni     Sebastian Stroner
Wirtschaftsprüfer   Wirtschaftsprüfer

*Quelle: Geschäftsbericht zooplus AG 2018, S. 173*

# Besondere Hinweise für die Praxis

Wenn Sie sich mit dem Thema der externen Abschlussprüfung auseinandersetzen, sind die folgenden Punkte hilfreich:

- Eingeschränkte Prüfvermerke und die Gründe für die Einschränkung. Zu beachten ist, dass eingeschränkte Prüfvermerke in der Praxis ziemlich selten sind, da die während der Prüfung festgestellten Fehler im Regelfall von der Geschäftsführung durch entsprechende Anpassungen des Jahresabschlusses berichtigt werden.

- Wenn ein Prüfbericht für ein Unternehmen einen eingeschränkten Bestätigungsvermerk enthält, ist es wichtig, den Prüfbericht durchzulesen, um die Gründe für die Einschränkung zu verstehen. Ist es zu der Einschränkung gekommen, weil der Prüfer anderer Meinung als die Geschäftsführung ist, oder bestand Unsicherheit, wie z.B. die Nichtverfügbarkeit unabhängiger Nachweise, mit denen eine Transaktion oder ein Saldo bestätigt werden kann?

- Eine Einschränkung stellt die Bedenken des Prüfers bezüglich der Informationen heraus, die im Jahresabschluss enthalten sind, und die Geschäftsführung müsste wahrscheinlich ihre Position angesichts von Fragen seitens der Aktionäre und anderer Stakeholder verteidigen.

- Ob ein eingeschränkter Bestätigungsvermerk sich negativ auf den Aktienkurs ausgewirkt hat. (Eine Reihe von Studien aus der ganzen Welt lässt darauf schließen, dass es wenig Belege für die Auswirkung auf den Aktienkurs gibt, wenn eine Bilanz mit einem eingeschränkten Bestätigungsvermerk veröffentlicht wird.)

# 21
# Publizitätspflichten

*„Es ist viel angenehmer, ein nicht börsennotiertes Unternehmen zu sein. Ein privates Unternehmen muss der Öffentlichkeit keine Informationen preisgeben ..."*

Marc Rich, Glencore plc

## Auf einen Blick

Im Gegensatz zum Einzelkaufmann oder zu einer Personengesellschaft sind Kapitalgesellschaften Unternehmen mit beschränkter Haftung. Das bedeutet, dass die Eigentümer nur das Geld verlieren können, das sie in das Unternehmen investiert haben. Sie tragen keine persönliche Haftung.

Als Ausgleich dafür, dass die Gesellschaft nur beschränkte Haftung hat, muss das Unternehmen Informationen über seine Geschäftstätigkeit, seine Geschäftsführung und teilweise seine Eigentümerstruktur veröffentlichen. Ebenfalls muss auch der Jahresabschluss veröffentlicht werden, wobei es hier je nach Größe des Unternehmens unterschiedliche Transparenzpflichten gibt.

Diese Informationen sind öffentlich zugänglich, weil sie im Bundesanzeiger (*www.bundesanzeiger.de*) einsehbar sind. Die *Veröffentlichungspflicht* liegt in der Verantwortung der Geschäftsführer der Kapitalgesellschaft, wobei gesetzliche Fristen einzuhalten sind.

## Basiswissen

### Jahresabschluss und Unternehmensgrößenklassen

Alle Unternehmen – mit Ausnahme stiller Gesellschaften – müssen jedes Jahr einen Jahresabschluss erstellen, dieser stellt den gesetzlichen Abschluss des Unternehmens dar.

Der Umfang der mitgeteilten finanziellen Informationen hängt von der Rechtsform und der Größe des Unternehmens ab. Nur Kapitalgesellschaften haben ihre Abschlüsse zu veröffentlichen. Bei diesen gilt: Je kleiner das Unternehmen, desto weniger Informationen müssen veröffentlicht werden.

*Große Kapitalgesellschaften* müssen den vollständigen Jahresabschluss veröffentlichen. Dieser Abschluss enthält eine detaillierte Gewinn- und Verlustrechnung, die Bilanz, den Anhang sowie den Lagebericht.

*Kleinere Unternehmen* können einen verkürzten Jahresabschluss einreichen, der weniger Informationen enthält, beispielsweise müssen sehr kleine Unternehmen nicht ihre Gewinn- und Verlustrechnung veröffentlichen.

Der veröffentlichte Jahresabschluss hat selbstverständlich alle relevanten Rechnungslegungsstandards zu erfüllen.

Für die Erstellung des Abschlusses sind die Geschäftsführer verantwortlich. Der Abschluss muss innerhalb von zwölf Monaten nach dem Bilanzstichtag eingereicht werden.

Eine Nichteinreichung ist eine Ordnungswidrigkeit, die mit – teilweise hohen – Geldstrafen geahndet werden kann.

## Vertiefungswissen

Die eingereichten Informationen bleiben im Bundesanzeiger veröffentlicht, d.h., sie sind für die Öffentlichkeit zeitlich unbegrenzt zugänglich, solange das Unternehmen aktiv tätig ist.

Die Größenklassen werden über Bilanzsumme, Umsatzerlöse und Anzahl der Arbeitnehmer definiert. Wenn zwei von drei Kriterien überschritten sind, fällt das Unternehmen in die nächst höhere Kategorie. Die Schwellenwerte sind für deutsche Unternehmen im § 267 HGB festgelegt.

| | Bilanzsumme | Umsatzerlöse | Arbeitnehmer |
|---|---|---|---|
| Kleinste Kapitalgesellschaft | < 350.000 EUR | < 700.000 EUR | < 10 |
| Kleine Kapitalgesellschaft | < 6.000.000 EUR | < 12.000.000 EUR | < 50 |
| Mittelgroße Kapitalgesellschaft | < 20.000.000 EUR | < 40.000.000 EUR | < 250 |
| Große Kapitalgesellschaft | > 20.000.000 EUR | > 40.000.000 EUR | > 250 |

**Tabelle 21.1:** Größenklassen von Kapitalgesellschaften

Börsennotierte Gesellschaften gelten dabei stets als große Kapitalgesellschaften.

Vereinfachungen hinsichtlich der Offenlegung des Jahresabschlusses sind:

- Kleine Kapitalgesellschaften müssen nur die Bilanz und den Anhang veröffentlichen.
- Mittelgroße Kapitalgesellschaften können eine verkürzte Bilanz sowie GuV und den Anhang veröffentlichen.

Weitergehende Anforderungen gelten für börsennotierte Gesellschaften, bei denen z.B. Details zur Vergütung des Vorstands ebenfalls zu veröffentlichen sind.

# Anwendung und Darstellung in der Praxis

- Die Bilanz zeigt das Datum, wann der Abschluss erstellt und unterzeichnet wurde.
- Das Datum, an dem der Abschluss beim Bundesanzeiger eingereicht wurde, ist im Allgemeinen auf der Internetseite veröffentlicht.
- Bei börsennotierten Unternehmen sind weitere Daten, wie z.B. Veröffentlichung und Hauptversammlung, in einem sogenannten Finanzkalender zu finden.

### FALLSTUDIE zooplus AG

**Grundlegende Informationen**

Die zooplus AG (nachfolgend „Gesellschaft") ist eine nach deutschem Recht errichtete, in ihrer Haftung beschränkte Aktiengesellschaft, deren Aktien seit 2008 öffentlich gehandelt werden. Sitz der Gesellschaft ist die Sonnenstraße 15, 80331 München, Deutschland. Sie ist beim Amtsgericht München unter HRB 125080 eingetragen.

Die zooplus AG als oberstes Mutterunternehmen und ihre Tochterunternehmen, zusammen „der Konzern", sind in Deutschland und anderen europäischen Ländern im Online-Handel mit Heimtierbedarf tätig. Unter Heimtierbedarf sind im Wesentlichen Fertignahrung sowie Zubehör zu verstehen. Der Geschäftsbetrieb wird über das Internet abgewickelt.

Der Konzernabschluss und der Konzernlagebericht für das Geschäftsjahr, endend zum 31. Dezember 2018, wurden gemäß § 315e (1) HGB aufgestellt und werden beim elektronischen Bundesanzeiger eingereicht und offengelegt.

Der Vorstand hat den Konzernabschluss am 14. März 2019 aufgestellt, dem Aufsichtsrat zur Prüfung vorgelegt und damit zur Veröffentlichung im Sinne von IAS 10 freigegeben.

*Quelle: Geschäftsbericht zooplus AG 2018, S. 110*

Kapitel 21  Publizitätspflichten

# Besondere Hinweise für die Praxis

Folgende Aspekte müssen im Rahmen der Publizitätspflichten eines Unternehmens mitgeteilt werden:

- Änderungen der Geschäftsführer
- Änderungen der Anteilsverhältnisse
- Änderung der Unternehmensanschrift
- Änderungen der Kapitalstruktur
- Änderungen der Unternehmenssatzung
- Alter des Unternehmens

# 22

# Unternehmenssteuern

*„... Nichts auf dieser Welt kann als sicher gelten – bis auf den Tod und Steuern."*

*Benjamin Franklin, Universalgelehrter und einer der Gründerväter der USA*

## Auf einen Blick

Die *Haupttätigkeiten*, die zu einer *Steuerbelastung* für Unternehmen führen, sind:

- Gewinn aus dem Verkauf von Waren oder Dienstleistungen und Erträge aus Kapitalanlagen und Unternehmensbeteiligungen
- Kapitalerträge aus dem Verkauf von Vermögenswerten und Kapitalanlagen und Unternehmensbeteiligungen

Ein Unternehmen ist auch für die Verwaltung und den Einzug bestimmter Steuern verantwortlich, die sich auf Verkäufe und Mitarbeiter beziehen. Die Letzteren tragen auch eine zusätzliche Steuerlast. Beispiele werden im weiteren Verlauf dieses Kapitels angegeben.

Kapitel 22　Unternehmenssteuern

# Basiswissen

Dieses Kapitel gibt einen kurzen Überblick über wichtige Unternehmenssteuern. In steuerlichen Angelegenheiten ist professioneller Rat immer unerlässlich. Die Besteuerung ist ein weites und komplexes Gebiet. Sie ist für jedes Unternehmen spezifisch und hängt von der Struktur des Unternehmens ab. Auch zwischen und innerhalb von Ländern gibt es Unterschiede.

Steuern sind ein großer Kostenblock für das Unternehmen sowohl hinsichtlich der eigentlichen Aufwendungen bzw. Kosten für Steuern als auch hinsichtlich der Kosten die Organisation und Verwaltung innerhalb des Unternehmens.

Unternehmen sind auch gesetzlich verpflichtet, Steuern zu zahlen, detaillierte Steuerunterlagen zu führen, und müssen für Fehler oder absichtliche Falschdarstellung hohe Strafen zahlen.

## Gewinnsteuern / Steuern vom Einkommen und vom Ertrag

Die G&V ist zwar das offizielle Instrument zur Ermittlung der Gewinne eines Unternehmens, doch der ausgewiesene Gewinn weicht oft von dem Gewinn ab, der als Grundlage für die Berechnung der Steuer verwendet wird, da bestimmte Aufwendungen für Steuerzwecke nicht oder in anderer Höhe abgezogen können werden. Beispiele sind unter anderen:

- Abschreibungen
- Gründungs- und Anschaffungskosten
- Zuwendungen an politische Parteien
- Bewirtung von Kunden

Der buchhalterische Gewinn wird auch angepasst um

- nicht zu versteuernde Erträge, z.B. staatliche Zuschüsse, sowie
- Steuerfreibeträge bei Käufen von bestimmten Vermögenswerten.

Erträge aus Kapitalanlagen und Unternehmensbeteiligungen, wie z.B. Bankzinsen und Dividenden von anderen Unternehmen, an denen das Unternehmen Anteile hält, sind ebenfalls im zu versteuernden Gewinn enthalten.

Auf Jahresbasis wird die berichtigte Gewinnzahl mit dem Steuersatz des Unternehmens (bestehend aus Einkommen- bzw. Körperschaftsteuer und Gewerbesteuer) multipliziert, um die Steuerlast zu ermitteln.

Bei Personengesellschaften sind die Gewinne auf Ebene der Gesellschafter der *Einkommensteuer* unterworfen. Bei Kapitalgesellschaften wird die Steuer auf die Gewinne des Unternehmens *Körperschaftsteuer* genannt. Zusätzlich fällt in Deutschland auch Steuer auf das Einkommen aus dem Gewerbe an, das ist die Gewerbesteuer.

## Lohn- und Einkommensteuer sowie Sozialversicherungsbeträge

Der Arbeitgeber wird als Steuereinnehmer tätig und zieht die Einkommensteuer der Mitarbeiter und andere Beiträge direkt von deren Gehalt ab. Diese Steuer wird dann weitergeleitet an das zuständige Finanzamt.

Abgeführt werden:

- Einkommensteuer auf Geldleistungen wie Grundgehalt, Überstunden, Boni und Provisionen
- Einkommensteuer auf Sachleistungen wie Firmenwagen und private Krankenversicherung
- Sozialversicherungsbeiträge für staatliche Leistungen wie Renten-, Arbeitslosen-, Kranken-, Pflege- und Unfallversicherung. Diese Beiträge werden vom Arbeitgeber und Arbeitnehmer getragen.

Die Kosten der Verwaltung dieser Zahlungen werden vom Arbeitgeber getragen.

## Mehrwertsteuer

Die Mehrwert- oder Umsatzsteuer ist eine indirekte Steuer, die vom Endabnehmer bestimmter Waren oder Dienstleistungen zu entrichten ist.

In Deutschland und den meisten anderen OECD-Ländern (Organisation for Economic Co-operation and Development) wird die Umsatzsteuer an vielen Stellen in der Wertschöpfungskette angewendet. In diesem System wird jedes Mal, wenn ein Verkauf erfolgt ist, Mehrwertsteuer (MwSt.) berechnet (Ausgangsmehrwertsteuer). Ein Unternehmen kann die auf seine Einkäufe gezahlte Mehrwertsteuer jedoch zurückfordern (Vorsteuer). Das Unternehmen führt dann den Unterschiedsbetrag an das Finanzamt ab.

### BEISPIEL

Die ABC GmbH verkauft Möbel und kauft die Rohmaterialien (z.B. Holz, Leim und Nägel) von der XYZ GmbH. In einem typischen Monat kauft ABC Rohmaterialien im Wert von 50.000 Euro und verkauft Möbel im Wert von 100.000 Euro. Für dieses Beispiel wird ein Mehrwertsteuersatz von 20 Prozent verwendet.

|  | Netto (ohne MwSt.) | 20 % MwSt. | Brutto (mit MwSt.) |
| --- | --- | --- | --- |
| **XYZ GmbH** | | | |
| Verkauf von Rohmaterialien | 50.000 EUR | 10.000 EUR | 60.000 EUR |
| **ABC GmbH** | | | |
| Verkauf von Möbeln | 100.000 EUR | 20.000 EUR | 120.000 EUR |
| Kauf von Rohmaterialien | (50.000) EUR | (10.000) EUR | (60.000) EUR |
|  | 50.000 EUR | 10.000 EUR | 60.000 EUR |

In diesem Beispiel haben sowohl XYZ als auch ABC Mehrwertsteuer in Höhe von 10.000 Euro eingezogen und gezahlt. Beide Unternehmen haben Wert in Höhe von 50.000 Euro hinzugefügt. Der Unterschied ist, dass ABC eine Vorsteuer in Höhe von 10.000 Euro von seinen Einkäufen abgezogen hat, um den Nettobetrag mit 10.000 Euro zu errechnen.

Der Endverbraucher der Möbel hat die volle Mehrwertsteuerlast in Höhe von 20.000 Euro gezahlt. Die 20.000 Euro wurden an zwei Stellen in der Wertschöpfungskette eingezogen, jeweils als der Mehrwert geschaffen wurde.

Deshalb stellt die Mehrwertsteuer im technischen Sinn keine Kosten für ein Unternehmen dar, da es die Vorsteuer auf seine Käufe zurückfordern kann. Das Unternehmen ist lediglich die Stelle, die die Steuer für die Steuerbehörde einzieht.

## Fristen

Es gibt viele Fristen für die Meldung und Zahlung von Steuern. Strafgebühren und Zinsen können berechnet werden, wenn man zu spät oder falsche Beträge meldet.

Vereinfacht gelten die folgenden Fristen:

- *Gewinnsteuern:* Alle Unternehmen müssen innerhalb von zwölf Monaten nach Jahresende eine Steuererklärung einreichen.
- *Lohn- und Einkommensteuer sowie Sozialversicherungsbeiträge:* Steuern und Sozialversicherungsbeiträge müssen an bestimmten Terminen jeden Monat gezahlt werden.
- *Mehrwertsteuer:* Die meisten umsatzsteuerpflichtigen Unternehmen müssen eine monatliche Umsatzsteuervoranmeldung und eine jährliche Umsatzsteuermeldung erstellen.
- *Sonstiges:* Es gibt eine Reihe von Erleichterungen für kleine Unternehmen, für die andere Fristen und Anforderungen gelten.

Außerdem müssen Unternehmen die Steuerunterlagen für die meisten Steuerarten mindestens sechs Jahre lang aufbewahren.

## Vertiefungswissen

### Steuerliche Abschreibung

Zur Ermittlung des zu versteuernden Gewinns ziehen die Unternehmen steuerliche Abschreibungen statt buchhalterischer Abschreibungen ab. *Steuerliche Abschreibungen* sind im Prinzip insofern ähnlich wie Abschreibungsaufwand, da sie die Kosten eines Vermögensgegenstands über die Nutzungsdauer aufteilen, dabei aber bestimmte Vorgaben über die Nutzungsdauer von Vermögenswerten machen.

Die Laufzeit der steuerlichen Abschreibungen ist üblicherweise in Abschreibungstabellen ersichtlich, die von den Finanzbehörden veröffentlicht werden. Sie werden angewendet auf Vermögensgegenstände wie Maschinen, Computeranlagen und bestimmte Gegenstände in Gebäuden, aber normalerweise nicht auf Grundstücke oder die Gebäude selbst.

Um Investitionen zu fördern, sind beschleunigte steuerliche Abschreibungen auf bestimmte Vermögensgegenstände, wie z.B. umweltfreundliche Fahrzeuge, zulässig (z.B. eine Abschreibung zu 100 Prozent im ersten Jahr).

## Steuerliche Verrechnung von Verlusten

Wenn ein Unternehmen Verluste erzielt, muss für das betreffende Jahr keine Steuer gezahlt werden und es entsteht eine Art „Gutschrift", die als Verlustvortrag bezeichnet wird. Unterschieden wird dabei Folgendes:

- Aufrechnung des Verlusts mit sonstigen Einkünften derselben Periode
- Verlustvortrag gegen zukünftige Gewinne aus derselben Einkunftsart
- Verlustrücktrag gegen Gewinne aus früheren Perioden
- Bei Vorliegen einer steuerlichen Organschaft ist auch die Aufrechnung des Verlusts mit Gewinnen einer anderen Konzerngesellschaft möglich

## Unternehmenssitz

Die Globalisierung und die zunehmende Zahl multinationaler Unternehmen, die in vielen Ländern tätig sind, haben die Bedeutung der internationalen Besteuerung erhöht.

Unternehmen zahlen Steuer auf ihre internationalen Erträge an das Land, in dem sie für Steuerzwecke ansässig sind. Der Unternehmenssitz wird bestimmt durch:

- Ort der Gründung (Unternehmenssitz)
- Ort der tatsächlichen Geschäftsführung
- Ort des dauerhaften Betriebs des Unternehmens

Bezogen auf den Unternehmenssitz muss das Unternehmen nachweisen, dass es in einem bestimmten Land wirtschaftlich tätig ist oder dass dort Entscheidungen getroffen werden. Ein einfaches Warenlager ist aus steuerlicher Sicht tatsächlich nur ein Lager. Und auch eine Büroanschrift bedeutet nicht, dass dort tatsächlich gearbeitet wird.

## Doppelbesteuerung

Wenn ein Unternehmen seinen Sitz in zwei (oder mehr) Ländern hat, kann es in beiden Ländern steuerpflichtig sein und könnte theoretisch von einer Doppelbesteuerung betroffen sein.

Die OECD ist der Ansicht, dass ein Unternehmen nur einen einzigen Ort der effektiven Unternehmensführung haben kann. Dort sollte es als ansässig gelten und Steuern zahlen. Der Ort der tatsächlichen Verwaltung ist der Sitz der Geschäftsleitung, das ist

- der Ort, an dem wichtige Verwaltungsentscheidungen und geschäftliche Beschlüsse getroffen werden, und
- der Ort, an dem der Vorstand oder die Geschäftsleiter zusammenkommen.

Die meisten Länder haben mit ihren internationalen Handelspartnern *Doppelbesteuerungsabkommen* geschlossen. In diesen Abkommen ist festlegt, welches Land die Gewinne besteuert. Außerdem enthalten sie die Verfahren der Befreiung von der Doppelbesteuerung für Unternehmen, die in beiden Ländern wirtschaftlich tätig sind.

Die Entscheidung, eine Tochtergesellschaft im Ausland (eine eigene juristische Person) zu gründen oder nur eine Zweigstelle zu eröffnen, kann vom Steuersatz vor Ort und von dem jeweiligen Doppelbesteuerungsabkommen beeinflusst werden.

# Profiwissen

### Ausnahmen von der Mehrwertsteuer

1. Einige Waren (z.B. Lebensmittel) werden zu verschiedenen Mehrwertsteuersätzen besteuert.
2. Einige unternehmerische Aktivitäten (z.B. Vermietung von Wohnimmobilien) sind von der Mehrwertsteuer befreit. Auf Verkäufe wird keine Mehrwertsteuer berechnet und für diese Tätigkeiten kann keine damit verbundene Vorsteuer geltend gemacht werden.

### Steuerhinterziehung und -vermeidung

„Steuerhinterziehung" bedeutet, die Steuerbehörden dadurch zu betrügen, dass Steuern nicht gezahlt werden, die rechtmäßig zu zahlen sind – beispielsweise durch die absichtliche falsche Darstellung der Gewinne. Für Steuerhinterziehung werden schwere Strafen verhängt.

„Steuervermeidung" ist die Anwendung legaler Methoden, um den Betrag der Steuerlast zu verringern. Dies wird gewöhnlich dadurch erreicht, dass zulässige Steuerabzüge und Steuergutschriften geltend gemacht werden. Die Steuerbehörden können neue Gesetze gegen Steuervermeidung einführen, wenn ihnen bekannt wird, dass viele Unternehmen legale Schlupflöcher wahrgenommen haben.

# Anwendung und Darstellung in der Praxis

Steuern sind in der G&V (als Steueraufwand des jeweiligen Jahres) und in der Bilanz (als die den Steuerbehörden geschuldete Steuerverbindlichkeit) zu finden. Sie werden gewöhnlich im Anhang durch detaillierte Anmerkungen erläutert.

Die Beiträge des Arbeitgebers zur Sozialversicherung werden gewöhnlich im Anhang bei den Erläuterungen zu den Personalkosten aufgeführt.

## FALLSTUDIE zooplus AG

### Laufende und latente Steuern

Der Steueraufwand der Periode entspricht der Steuerschuld auf das zu versteuernde Einkommen der aktuellen Periode, basierend auf dem geltenden Ertragsteuersatz einer Steuerjurisdiktion, bereinigt um Änderungen der latenten Steuern, die auf temporäre Differenzen und steuerliche Verlustvorträge entfallen. Steuern werden in der Gesamtergebnisrechnung erfasst, es sei denn, sie beziehen sich auf Posten, die unmittelbar im Eigenkapital bzw. in „sonstige Gewinne und Verluste" erfasst wurden. In diesem Fall werden die Steuern ebenfalls im Eigenkapital bzw. in „sonstige Gewinne und Verluste" erfasst.

Der laufende Steueraufwand wird unter Anwendung der am Bilanzstichtag geltenden (oder in Kürze geltenden) Steuervorschriften der Länder, in denen die zooplus AG und die Tochtergesellschaften tätig sind und zu versteuerndes Einkommen erwirtschaften, berechnet. Das Management überprüft regelmäßig Steuerdeklarationen, vor allem in Bezug auf auslegungsfähige Sachverhalte, und bildet, wenn angemessen, Rückstellungen, basierend auf den Beträgen, die erwartungsgemäß an die Finanzverwaltung abzuführen sind.

*Quelle: Geschäftsbericht zooplus AG 2018, S. 127*

### Ertragsteuern

Die wesentlichen Bestandteile des Ertragsteueraufwands für die Geschäftsjahre 2018 und 2017 setzen sich wie folgt zusammen:

| in TEUR | 2018 | 2017 |
|---|---|---|
| Tatsächliche Ertragsteuern | | |
| laufende Ertragsteuern | −162 | −814 |
| Latente Ertragsteuern | | |
| aus temporären Differenzen | −647 | −1.299 |
| aus Verlustvorträgen | 986 | 0 |
| **Gesamt** | **177** | **−2.113** |

Für die Ermittlung der laufenden Steuern in Deutschland wird auf ausgeschüttete und einbehaltene Gewinne ein einheitlicher Körperschaftsteuersatz von 15 % (Vorjahr: 15 %) und darauf ein Solidaritätszuschlag von 5,5 % (Vorjahr: 5,5 %) zugrunde gelegt. Neben der Körperschaftsteuer wird für in Deutschland erzielte Gewinne Gewerbesteuer erhoben. Unter Berücksichtigung der Nichtabzugsfähigkeit der Gewerbesteuer als Betriebsausgabe ergibt sich für die Gewerbesteuer ein durchschnittlicher Steuersatz von 17,15 %, sodass hieraus ein inländischer Gesamtsteuersatz von circa 33 % resultiert. Für die Berechnung der latenten Steueransprüche und -verbindlichkeiten werden diejenigen Steuersätze zugrunde gelegt, die zum Zeitpunkt der Realisierung des Vermögenswerts bzw. der Erfüllung der Schuld gültig sind. Latente Steueransprüche und -verbindlichkeiten wurden mit dem Gesamtsteuersatz von 33 % bewertet.

*Quelle: Geschäftsbericht zooplus AG 2018, S. 141*

Kapitel 22   Unternehmenssteuern

# Besondere Hinweise für die Praxis

Wenn Sie sich mit mit Unternehmenssteuern befassen, sollten Sie auf die folgenden Punkte achten:

- Den gezahlten effektiven Steuersatz und dessen Höhe im Vergleich zum offiziellen Steuersatz
- Die Art der Anpassungen des versteuernden Gewinns
- Die Art der nicht abziehbaren Aufwendungen
- Den Grund für latente Steuerforderungen oder -verbindlichkeiten
- Steuerliche Verlustvorträge, da diese einen Hinweis geben auf die wirtschaftlichen Erfolge der Vergangenheit

# 23
# Konzernrechnungslegung

*„Nach des Buchhalters Wunsch oder Gottes Willen, bilanziert man von den Reserven auch gerne mal die Stillen."*

*unbekannt*

## Auf einen Blick

Ein *Konzern* besteht aus einer Muttergesellschaft und mindestens einer Tochtergesellschaft.

Rechnungslegungsstandards erfordern, dass die Muttergesellschaft ihren Jahresabschluss und die Jahresabschlüsse der Tochtergesellschaften kombiniert, um einen Jahresabschluss der gesamten Gruppe vorzulegen, als wäre dies eine einzige Gesellschaft. Die zusammengeführten Bilanzen heißen *Konzernbilanz* oder „konsolidierte Bilanz", die weiteren Bestandteile (G&V, Kapitalflussrechnung) werden ebenfalls als Konzern-G&V und Konzern-Kapitalflussrechnung bezeichnet.

In ihrer einfachsten Form bedeutet Konzernbilanzierung, dass die Vermögenswerte und Verbindlichkeiten aus jeder einzelnen Bilanz sowie Erträge und Aufwendungen aus jeder einzelnen Gewinn- und Verlustrechnung addiert werden, um die Konzernbilanz bzw. die Konzern-G&V zu erhalten. Der Konzernabschluss ist ebenfalls zu veröffentlichen.

Beteiligungen an anderen Gesellschaften werden nur dann in die Konzernbilanz konsolidiert, wenn sie von einer Muttergesellschaft beherrscht (sog. Control-Konzept) werden. Ein beherrschender Einfluss ist gewöhnlich dann gegeben, wenn eine Muttergesellschaft die Mehrheit der Anteile an einer Tochtergesellschaft hält. Eine Beherrschung kann aber auch bei einer Minderheitsbeteiligung vorliegen, da mit Beherrschung letztlich die Fähigkeit gemeint ist, Entscheidungen der Tochtergesellschaft maßgeblich zu beeinflussen.

# Basiswissen

## Behandlung von Mutter- und Tochtergesellschaften

Unternehmen erstellen Jahresabschlüsse normalerweise jährlich, um über ihre Ergebnisse (Gewinn oder Verlust) sowie über ihre Vermögenswerte und Verbindlichkeiten zu berichten. In den Geschäftsberichten sollten Sachverhalte angegeben sein, die *unabhängig* erfolgten, d.h. bei denen das Unternehmen unabhängig im eigenen Interesse und ohne Beeinflussung durch Dritte handelte.

Häufig wird es jedoch so sein, dass eine Muttergesellschaft und ihre Tochtergesellschaften nicht unabhängig voneinander tätig sind, denn die Muttergesellschaft besitzt und beherrscht jede Tochtergesellschaft. Die mögliche Auswirkung von Transaktionen zwischen den Konzerngesellschaften wird jedoch in der Konzernbilanz beseitigt, damit nur die Performance des Konzerns mit konzernfremden Dritten gezeigt wird und so vermieden wird, einen irreführenden Eindruck der Ergebnisse der einzelnen Unternehmen zu geben.

> **BEISPIEL**
>
> Die Muttergesellschaft A hat 100 Prozent der Tochtergesellschaft B erworben.
>
> Unternehmen A ist ein gut eingeführtes und profitables Unternehmen, während Unternehmen B ein kleineres Unternehmen ist, das in der Vergangenheit Verluste gemacht hat. Aufgrund seiner Beteiligung kann Unternehmen A die Geschäftstätigkeit von Unternehmen B beherrschen und daher auch die Ergebnisse von Unternehmen B beeinflussen. Dies bedeutet auch, die Preise für Waren und Dienstleistungen festzulegen, die zwischen den Gesellschaften gehandelt werden.
>
> Während des Jahres verkauft Unternehmen B an Unternehmen A Waren zu einem wirtschaftlich nicht sinnvollen (zu hohen) Preis. Infolgedessen weist Unternehmen B nach dem Kauf durch Unternehmen A einen Gewinn und einen Anstieg des Eigenkapitals aus.
>
> Betrachtet man die G&V von Unternehmen B isoliert, dann würde man eine verbesserte (profitable) Performance sehen. Wenn die Transaktionen zwischen den Konzerngesellschaften nicht veröffentlicht werden, könnte ein Kreditgeber (Bank) oder Gläubiger aufgrund der ausgewiesenen Ergebnisse einen zu positiven (aber falschen) Eindruck von Unternehmen B erhalten.
>
> Unternehmen B muss die finanziellen Auswirkungen der Konzerntransaktionen auf seine Ergebnisse mitteilen sowie die Muttergesellschaft angeben, die die Konzernbilanz erstellt, in der die Ergebnisse der Tochtergesellschaft aufgenommen sind.

Gewöhnlich überprüfen Lieferanten und Kreditgeber die Geschäftsabschlüsse im Rahmen der Due-Diligence-Prüfung, bevor sie dem Unternehmen Kredit gewähren. Die isolierte Betrachtung eines Unternehmens, d.h. ohne den Einfluss der Muttergesellschaft zu berücksichtigen, kann zu einer irreführenden Ansicht über die zugrunde liegenden Ergebnisse führen.

Gläubiger/Banken können daher zusätzliche Garantien der Muttergesellschaft verlangen, bevor sie einer Tochtergesellschaft Kredit/Gelder geben, die für ihren Erfolg von konzerninternen Handelsgeschäften abhängig ist.

Unternehmen sind rechtlich selbstständige Einheiten. Daher ist ein Unternehmen nicht rechtlich verpflichtet, für die Schulden eines anderen Unternehmens im Konzern einzustehen. Kreditgeber, die in Bezug auf Schulden zusätzliche Sicherheiten verlangen, müssen sich für einen Kredit an ein Unternehmen im Konzern deshalb Sicherheiten von anderen Konzerngesellschaften, aber eben nicht vom „Konzern" selbst geben lassen, z. B. durch Einräumung von Pfandrechten auf Vermögenswerte. Von der Muttergesellschaft können auch zusätzliche Garantien verlangt werden.

# Vertiefungswissen

### Nahestehende Personen („Related Parties")

Mutter- und Tochtergesellschaften sind „related parties", weil die Muttergesellschaft die Tochtergesellschaften beherrscht. Transaktionen zwischen diesen Gesellschaften können nicht auf der Grundlage eigenständiger Entscheidungen erfolgen, weil die Muttergesellschaft die Möglichkeit hat, die Konditionen der Transaktionen zwischen den Unternehmen festzulegen. Transaktionen auf der Basis nicht marktgängiger Konditionen sind zwar gesetzlich zulässig, aber die Gefahr besteht, dass die Ergebnisse des einzelnen Unternehmens manipuliert oder missverstanden werden kann. Dies könnte zu dem irreführenden Eindruck des Erfolgs (oder Misserfolgs) eines Unternehmens führen.

### Beherrschung versus Beeinflussung

Ein Anteilsbesitz von 51 Prozent (oder mehr, d.h. die Mehrheit der Anteile) führt nicht notwendigerweise zur Beherrschung. Ebenso bedeutet ein Anteil von 49 Prozent (oder weniger) nicht automatisch, dass kein Beherrschungsverhältnis besteht. Bei der Entscheidung, ob ein *Beherrschungsverhältnis* gegeben ist oder nicht, ist der Grad an Einfluss entscheidend, mit dem die Geschäftstätigkeit eines Unternehmens bestimmt werden kann.

> **BEISPIEL**
>
> Unternehmen A hält 60 Prozent an Unternehmen B. Unternehmen C hält die restlichen 40 Prozent. Aufgrund einer rechtlichen Vereinbarung zwischen den Parteien hat Unternehmen A das Recht, (nur) zwei der fünf Vorstände zu berufen, während Unternehmen C drei Vorstände bestellen kann. Unternehmen C beherrscht die Gesellschaft, obwohl Unternehmen A die Mehrheit der Anteile hält.

### Wesentlicher Einfluss (Beziehungen zwischen verbundenen Unternehmen)

Ein Unternehmen, das zwischen 20 und 50 Prozent hält, dürfte auf ein anderes Unternehmen eher *wesentlichen Einfluss* haben als dieses zu beherrschen. Das Unternehmen, das diese Beteiligung hält, hat Stimmrechte und kann Entscheidungen beeinflussen, aber diese nicht vollständig bestimmen.

Beziehungen zwischen assoziierten Unternehmen werden nicht konsolidiert, d.h., die Ergebnisse werden nicht einzeln aufaddiert. Stattdessen werden der prozentuale Anteil am Gewinn (oder Verlust) und der diesbezügliche Anteil am gehaltenen Eigenkapital in der konsolidierten Bilanz des investierenden Unternehmens gezeigt. Dies wird Equity-Methode genannt. Zu beachten ist, dass die Equity-Methode nicht für den Einzelabschluss, sondern nur für die konsolidierte Bilanz und nur dann verwendet wird, wenn das investierende Unternehmen mindestens eine zu beherrschende Tochtergesellschaft hat und deshalb eine Konzernbilanz erstellen muss.

## Profiwissen

### Firmenwert und Minderheitsbeteiligung

Die konsolidierte Bilanz wird erstellt, indem die Vermögenswerte und Verbindlichkeiten der Mutter- und jeder Tochtergesellschaft Zeile für Zeile aufaddiert werden und für stille Reserven, Firmenwerte und eventuell Minderheitenanteile berichtigt werden.

Die konsolidierte Gewinn- und Verlustrechnung wird erstellt, indem die Erträge und Aufwendungen der Mutter- und jeder Tochtergesellschaft Zeile für Zeile summiert werden. Der Konzerngewinn wird um Ergebnisse zugunsten von Minderheiten gekürzt.

Das Konsolidierungsverfahren kann ziemlich komplex sein. Die grundlegenden Schritte in jeder Konsolidierung betreffen jedoch eine Reihe von permanenten Anpassungen, um die folgenden Gegenstände ausweisen zu können:

**Bestimmung des Firmenwerts**

Verglichen werden die Anschaffungskosten für die Tochtergesellschaft (in der Bilanz der Muttergesellschaft unter Finanzanlagevermögen ausgewiesen) mit dem Eigenkapital der Tochtergesellschaft zum Zeitpunkt des Erwerbs (einschließlich gegebenenfalls einer *Anpassung* von dessen Wert, z.B. durch eine Neubewertung von Vermögenswerten):

1. Wenn die Investitionskosten so hoch sind wie das Eigenkapital, wiegen sich die beiden Positionen auf, d.h., es gibt keinen Firmenwert.
2. Wenn eine Gesellschaft mehr (oder weniger) als das Eigenkapital der Tochtergesellschaft (zum Zeitpunkt des Erwerbs) zahlt, wird dieser Differenzbetrag als positiver (oder negativer) Firmenwert ausgewiesen.

Der Firmenwert ist ein immaterieller Vermögenswert unter Sachanlagen in der konsolidierten Bilanz. Hier allerdings wird der Firmenwert auf Konzernebene ausgewiesen.

**Minderheitenanteile**

Wenn sich eine Tochtergesellschaft zu weniger als 100 Prozent im Besitz der Muttergesellschaft befindet, liegt eine *Minderheitsbeteiligung* vor, d. h., dies bezieht sich auf die Beteiligung von Dritten an der Tochtergesellschaft.

Bei einem nicht vollständigen Beteiligungsbesitz beherrscht die Muttergesellschaft zwar die Vermögenswerte und Verbindlichkeiten, aber sie hat nicht zu 100 Prozent das Eigentum an diesen Vermögenswerten und Verbindlichkeiten. Ein Minderheitenanteil gibt den Anteil des Eigenkapitals wieder, den Dritte besitzen, dies wird separat im Eigenkapital der konsolidierten Bilanz ausgewiesen.

Konsequenterweise ist auch der Gewinnanteil der Minderheiten vom Konzerngewinn abzuziehen, um den Nettogewinn zu zeigen, der den Aktionären der Muttergesellschaft gehört.

**Weitere Überlegungen**

Unterschiedliche Rechnungslegungsgrundsätze oder Geschäftsjahre müssen berücksichtigt werden. Eine Tochtergesellschaft beispielsweise, die ein anderes Geschäftsjahr als die Muttergesellschaft hat, erstellt einen Zwischenbericht auf den Zeitpunkt der Erstellung des Jahresabschlusses der Muttergesellschaft.

**Konzernbilanzierung – Ausnahmen**

Unter den folgenden Umständen braucht ein Unternehmen mit Tochtergesellschaften keine Konzernbilanz erstellen:

1. Größenabhängige Befreiungen. Ein Konzern ist klein, wenn die Summe der Umsatzerlöse, die Bilanzsumme und die Zahl der Mitarbeiter unter bestimmten Schwellenwerten liegen.
2. Wenn die Muttergesellschaft selbst Teil eines größeren Konzerns ist. In diesem Fall würden ihre Ergebnisse in die Ergebnisse des (größeren) Konzerns konsolidiert.

# Anwendung und Darstellung in der Praxis

In der Bilanz der Tochtergesellschaft muss mitgeteilt werden, dass es eine Muttergesellschaft gibt.

Wenn im Jahresverlauf Transaktionen zwischen verbundenen Parteien stattgefunden haben, müssen die Auswirkungen dieser Transaktionen mitgeteilt werden, wenn sie nicht wie zwischen unabhängigen Unternehmen durchgeführt wurden.

In den Grundsätzen der Konzernrechnungslegung ist dargelegt, wie konzerninterne Transaktionen erfasst wurden.

## FALLSTUDIE zooplus AG

**Grundlagen der Abschlusserstellung**

Die zooplus AG ist ein Mutterunternehmen im Sinne des § 290 HGB. Bedingt durch die Emittierung von Eigenkapitaltiteln auf dem Kapitalmarkt, ist die zooplus AG nach § 315e Abs. 1 HGB in Verbindung mit Artikel 4 der Verordnung des Europäischen Parlaments vom 19. Juli 2002 verpflichtet, den Konzernabschluss der Gesellschaft nach den von der EU übernommenen International Financial Reporting Standards (EU-IFRS) zu erstellen. Der vorliegende Konzernabschluss für das Geschäftsjahr 2018 wurde in Übereinstimmung mit den IFRS und den Interpretationen des IFRS IC aufgestellt. Durch Einhaltung der Standards und Interpretationen wird ein den tatsächlichen Verhältnissen entsprechendes Bild der Vermögens-, Finanz- und Ertragslage des zooplus-Konzerns vermittelt. Der Konzernabschluss wird im Bundesanzeiger zur Einsichtnahme offengelegt.

*Quelle: Geschäftsbericht zooplus AG 2018, S. 110*

**Konsolidierungskreis**

Der Vollkonsolidierungskreis des Konzerns umfasst die zooplus AG und die folgenden Tochtergesellschaften:

| Tochtergesellschaft | Kapitalanteil | Anteiliges Eigenkapital (IFRS) in TEUR | Geschäftstätigkeit |
|---|---|---|---|
| MATINA GmbH, München | 100 % | 1.294 | Eigenmarkengeschäft |
| BITIBA GmbH, München | 100 % | 209 | Zweitmarkengeschäft |
| zooplus services Ltd., Oxford, Großbritannien | 100 % | 1.401 | Servicegesellschaft Großbritannien |
| zooplus italia s.r.l., Genua, Italien | 100 % | 291 | Servicegesellschaft Italien |
| zooplus polska sp. z.o.o., Krakau, Polen | 100 % | 577 | Servicegesellschaft Polen |
| zooplus services ESP S.L., Madrid, Spanien | 100 % | 417 | Servicegesellschaft Spanien |
| zooplus Pet Supplies Import and Trade ltd., Istanbul, Türkei | 100 % | 2.008 | Vertriebsgesellschaft Türkei |
| zooplus france s.a.r.l., Straßburg, Frankreich | 100 % | 399 | Servicegesellschaft Frankreich |
| zooplus Nederland B.V. Tilburg, Niederlande | 100 % | 106 | Servicegesellschaft Niederlande |
| zooplus Austria GmbH, Wien, Österreich | 100 % | 104 | Servicegesellschaft Österreich |
| Tifuve GmbH, München | 100 % | 11 | ruhende Gesellschaft |
| zooplus EE TOV, Kiew, Ukraine | 100 % | −6 | ruhende Gesellschaft |
| zooplus d.o.o., Zagreb, Kroatien | 100 % | −13 | ruhende Gesellschaft |

*Quelle: Geschäftsbericht zooplus AG 2018, S. 117*

**Konsolidierung**

Tochterunternehmen sind alle Unternehmen, die vom Konzern beherrscht werden. Der Konzern beherrscht ein Tochterunternehmen, wenn eine Risikobelastung durch oder Anrechte auf variable wirtschaftliche Erfolge aus einem Engagement in dem Tochterunternehmen vorliegt und der Konzern die Fähigkeit besitzt, seine Verfügungsgewalt über das Tochterunternehmen dergestalt zu nutzen, dass dadurch die Höhe der Rendite des Tochterunternehmens beeinflusst wird. Tochterunternehmen werden von dem Zeitpunkt an in den Konzernabschluss einbezogen (Vollkonsolidierung), zu dem die Kontrolle auf den Konzern übergegangen ist. Sie werden zu dem Zeitpunkt entkonsolidiert, zu dem die Kontrolle endet. Der Entkonsolidierungserfolg wird dementsprechend in der konsolidierten Gesamtergebnisrechnung ausgewiesen.

Im Geschäftsjahr 2018 wurden keine Tochtergesellschaften erworben bzw. veräußert.

Konzerninterne Transaktionen, Salden sowie unrealisierte Gewinne und Verluste aus Transaktionen zwischen Konzernunternehmen werden eliminiert. Die Bilanzierungs- und Bewertungsmethoden von Tochtergesellschaften wurden, sofern notwendig, geändert, um eine konzerneinheitliche Bilanzierung zu gewährleisten.

*Quelle: Geschäftsbericht zooplus AG 2018, S. 118*

## Besondere Hinweise für die Praxis

Achten Sie bei der Erstellung einer Konzernbilanz auf die folgenden Punkte:

- Geschäfts- oder Firmenwert in der Konzernbilanz
- Überprüfung hinsichtlich Wertminderung und Abschreibungen auf den Geschäfts- oder Firmenwert
- Zinslose Kredite an Tochtergesellschafen für die Finanzierung des Nettoumlaufvermögens und/oder Wachstums
- Signifikante konzerninterne Geschäftsbeziehungen, durch die die Ergebnisse beeinflusst werden, z.B. Kauf oder Verkauf von Vorräten zu nicht marktgerechten Preisen. Dies kann die Vermögens-, Finanz- und Ertragslage eines Unternehmens stark verzerren.
- Dramatische Verbesserung oder Verschlechterung der Ergebnisse eines Unternehmens nach dem Kauf. Der Konzern kann Zugang zu Märkten oder bessere wirtschaftliche Konditionen von Drittanbietern erhalten.

# Unternehmensfinanzierung

# 24

# Eigenkapitalfinanzierung

*„Wenn Unternehmen Eigenkapital vom Markt aufnehmen können, gibt es keine Probleme bei der Finanzierung unvollständiger Projekte. Der Investitionszyklus am Kapitalmarkt kann mit Geldern von Sparern und Anlegern angekurbelt werden."*

Uday Kotak, Vizepräsident und Geschäftsführer Kotak Mahindra Bank

## Auf einen Blick

*Eigenkapitalfinanzierung* ist Geld („Kapital"), das durch die Ausgabe von Anteilen (Aktien) an Kapitalanleger (Aktionäre) aufgenommen wird, die gegen ihre Einlage Eigentümer des Unternehmens mit Stimmrechten werden.

Die Eigenkapitalfinanzierung verleiht das Recht, das Unternehmen zu beeinflussen, da die Anleger Anteile am Unternehmen halten. In der Praxis üben allerdings viele Anleger ihre Rechte nicht aus.

Aktionäre haben das größte Risiko, weil es keine Renditegarantie und keine Sicherheit als Gegenleistung für das investierte Kapital gibt. Die Eigenkapitalfinanzierung ist deshalb häufig die teurere Möglichkeit der Unternehmensfinanzierung, weil die Aktionäre als Gegenleistung für ihr Risiko eine höhere Rendite verlangen.

Die Erwartung, dass der Wert der Aktien steigt, und die Aussicht auf regelmäßige Einnahmen (Dividenden) unterstützen die Attraktivität des Marktes für Eigenkapital.

Kapitel 24  Eigenkapitalfinanzierung

# Basiswissen

Eigenkapitalfinanzierung verpflichtet nicht dazu, eine feste Verzinsung zu zahlen oder das Kapital zurückzahlen zu müssen. Eigenkapital führt deshalb für das Unternehmen zu keinem finanziellen Risiko. Ein wichtiger Aspekt dabei ist jedoch, dass der (bisherige) Eigentümer/Unternehmer einen Teil seiner Eigentumsrechte aufgeben muss. Die (neuen) Eigenkapitalanleger erhalten Anteile am Unternehmen und haben deshalb einen Anspruch auf einen Teil des Eigenkapitals des Unternehmens.

Für einige Unternehmen ist Eigenkapitalfinanzierung die einzige Möglichkeit, Kapital aufzunehmen, da sie keinen Zugang zu Fremdkapital haben, wenn Banken nicht bereit sind, Kredite zu vergeben.

Für die meisten Unternehmen hat die Art der Finanzierung eine entscheidende Bedeutung, da hierdurch ein bedeutender Einfluss auf die Chancen für Wachstum und Überleben besteht.

Die Wahl zwischen Fremdkapital und Eigenkapital ist jedoch nicht einfach. Die Finanzierung mit Fremdkapital bietet Steuervorteile, da die Zinsen Aufwand des Unternehmens darstellen und daher steuerlich abzugsfähig sind. Fremdkapital muss allerdings bedient und zurückgezahlt werden, was das finanzielle Risiko des Unternehmens erhöht.

Die meisten Unternehmen benötigen Finanzmittel in den verschiedenen Phasen ihres Lebenszyklus, d.h. von der „Geburt" bis zum „Tod". Die eingesetzten Finanzierungsarten sind in jeder Phase des Zyklus unterschiedlich.

## Gründung und Wachstum

In der ersten Phase muss ein Unternehmen in Produkte, Mitarbeiter, Prozesse und Marketing investieren. Es dürfte jedoch noch keine Erlöse und Cashflows, z.B. für die Rückzahlung von Schulden, erzielen. Das Unternehmen kann möglicherweise nicht ausreichend Sicherheiten bieten, die von Kreditgebern üblicherweise für Fremdkapital verlangt werden, z.B. in Form einer Belastung von Vermögenswerten des Unternehmens. In der anfänglichen Wachstumsphase ist die Finanzierung mittels Eigenkapital oft die einzige realistische Finanzierungsart, die einem Unternehmen zur Verfügung steht. Für Unternehmen und Unternehmer ist die Überlegung, ob sie die Kontrolle oder das Eigentum aufgeben, am wichtigsten, weil es unwahrscheinlich ist, dass sie die Kontrolle über „ihr" Unternehmen aufgeben wollen. Das ist zwar nicht angenehm für den Unternehmer, kann aber für ein Unternehmen, das noch keine Ergebnisse nachweisen und wenig Sicherheit anhand von Vermögenswerten bieten kann, die einzige Möglichkeit sein, Kapital zu erhalten.

Neu gegründete Unternehmen stellen ein hohes Risiko dar. Die Investoren der ersten Phase, oft „Business Angels" genannt, dürften für das investierte Kapital eine wesentliche Beteiligung am Unternehmen verlangen, und auch besondere Kontroll- und Mitspracherechte fordern.

Bei der Eigenkapitalfinanzierung wägt der Investor das Recht auf zukünftige ungewisse Gewinne ab gegen die Zuflüsse von Barmitteln als Gegenleistung für heute investiertes Geld.

## Expansion und Reife

Nach der Gründung kann ein erfolgreiches Unternehmen Eigenkapital über einbehaltene Gewinne gebildet haben. Allerdings werden für Wachstum oder für die weitere Expansion mehr Finanzmittel benötigt. In dieser Phase des Lebenszyklus sollte eine starke Vermögensbasis mit in der Vergangenheit erzielten positiven Cashflows und Gewinnen es leichter (und billiger) machen, Eigenkapital zu gewinnen und auch die Fremdkapitalfinanzierung zu einer realistischen Alternative werden zu lassen. Hinzu kommt, dass in den Augen der Kreditgeber mit Eigenkapital finanzierte Unternehmen gerade deshalb „sicherere" Unternehmen sein dürften, weil sie keine bereits bestehenden Verpflichtungen aus einer Fremdkapitalfinanzierung haben, d.h., sie haben einen niedrigeren Verschuldungsgrad als bei einer Finanzierung mit Fremdkapital.

In dieser Phase des Zyklus können etablierte Unternehmen aktiv versuchen, Schulden aufzunehmen. Der Leverage-Effekt kann ebenfalls als Strategie eingesetzt werden, um die Renditen der Eigenkapitalgeber zu erhöhen. Allerdings erhöht dies auch das finanzielle Risiko des Unternehmens.

## Beendigung

Ein Unternehmen mit Fremdkapitalfinanzierung hat ein höheres Insolvenzrisiko, weil das Fremdkapital eine Verbindlichkeit ist, die bedient und zurückgezahlt werden muss. Wenn das Unternehmen nicht zurückzahlen kann, kann es insolvent werden. In diesem Fall erhalten die Fremdkapitalgeber eine Rückzahlung vor den Anteilseignern. Wenn die Vermögenswerte für die Deckung der Verbindlichkeiten nicht ausreichen, verlieren die Investoren ihre Investition.

# Vertiefungswissen

Die *Kosten* für die Aufnahme von Eigenkapital oder Fremdkapital stehen nicht von vornherein fest. Sie hängen von Risiko und Marktgängigkeit ab. Börsennotierte Aktiengesellschaften beispielsweise können Eigenkapital i.d.R. zu geringeren Kosten aufnehmen als nicht börsennotierte Unternehmen, da Aktien an einer Börse gehandelt werden können. Wenn ein „Markt" für den Handel von Anteilen eines Privatunternehmens fehlt, ist dessen Liquidität eingeschränkt. Eine Investition in ein börsennotiertes Unternehmen wird im Allgemeinen auch als weniger riskant wahrgenommen, weil es stärker überprüft wird und mehr Informationen veröffentlichen muss.

Eine besondere Herausforderung für nicht börsennotierte Unternehmen, die Eigenkapital aufnehmen wollen, ist die Festlegung eines fairen Preises für die Beteiligung am Unternehmen. Neue oder bereits vorhandene Anteilseigner sind möglicherweise nicht bereit, mehr zu investieren. Für die Bewertung kann der Rat unabhängiger Fachleute erforderlich sein, Das erhöht die Kosten und kann deshalb eine Barriere für die Aufnahme von Eigenkapital darstellen.

## Nicht börsennotierte Unternehmen – Eigenkapitalquellen

Für nicht börsennotierte Unternehmen dürfte die häufigste Eigenkapitalquelle der Eigentümer/Unternehmer (oder unmittelbare Familienangehörige oder Freunde) sein.

Für Unternehmen mit einem hohen Wachstumspotenzial können alternative Eigenkapitalquellen Business Angels, Crowdfunding oder Wagniskapital sein.

### Business Angels

*Business Angels* sind wohlhabende Personen, die ihr eigenes Kapital in Unternehmen in der Anfangsphase investieren, um einen Anteil am Eigenkapital des Unternehmens zu erhalten. Der Eigentümer sollte auch Kapital investieren können, da einige Angels das für eine starke Motivation dafür ansehen, sicherzustellen, dass das Unternehmen Erfolg hat.

Business Angels investieren üblicherweise für einen Zeitraum von drei bis acht Jahren. Sie gehen davon aus, in Unternehmen zu investieren, mit denen sie ihre Investition mindestens verdoppeln können.

Ein zusätzlicher Vorteil der Angel-Investoren ist, dass sie oft eine gute Quelle für kostenlose Ratschläge sind, denn sie sind häufig Unternehmer oder Führungskräfte mit großer Erfahrung oder weitreichenden Geschäftskontakten.

Die Herausforderung für ein Unternehmen, das Finanzmittel sucht, besteht darin, einen Angel zu finden, der zum Unternehmen und zu seinen Zielen passt. Diese Suche kann wertvolle Zeit kosten, die dann für die eigentliche Entwicklung des Unternehmens fehlt.

### Eigenkapital Crowdfunding (Crowdinvesting)

*Crowdinvesting* ist eine neue Entwicklung (seit circa 2010). Wie bei anderen Formen der Eigenkapitalfinanzierung bedeutet Crowdfunding, Eigenkapitalanteile gegen Finanzmittel anzubieten. Ein wichtiger Unterschied ist jedoch, dass Investoren über Online-Plattformen gesucht werden. Online-Plattformen ermöglichen Unternehmern, ihre geschäftlichen Aktivitäten anhand von Videos, schriftlichen Präsentationen usw. vorzustellen.

### Venture Capital (VC)

*Venture Capital-Investoren* sammeln Gelder von institutionellen Anlegern (Versicherungsgesellschaften, Pensionsfonds usw.) und vermögenden Personen (einschließlich der eigenen Finanzmittel). Dabei handelt es sich gewöhnlich um bekannte Unternehmen, sie sind also eine sichtbarere Quelle von Finanzmitteln als die Angel-Investoren.

Sie erwerben dann typischerweise Minderheitsanteile an Unternehmen und begleiten das Wachstum durch Expertise, Kontakte und Kontrolle. VC-Unternehmen erzielen Renditen, indem sie ihre Anteile nach einer gewissen Zeit zu einem höheren Preis an ein anderes Unternehmen verkaufen oder Aktien an der Börse verkaufen.

### Private Equity (PE)

*Private Equity* bezieht sich gewöhnlich auf Unternehmen, die Mittel aufnehmen, um die Anteile von Aktionären bestehender Unternehmen aufzukaufen, statt den Unternehmen eine neue Finanzmittelquelle zur Verfügung zu stellen. Je nach Transaktionsart versucht ein PE-Unternehmen, bis zu 100 Prozent der Anteile eines Unternehmens mit unterdurchschnittlichen Ergebnissen zu kaufen. PE-Investoren werden von institutionellen Anlegern und vermögenden Personen finanziert.

PE-Unternehmen wie z.B. The Carlyle Group, KKR, LDC usw. investieren typischerweise in große Unternehmen mit unterdurchschnittlichen Ergebnissen. Im Gegensatz zu VC-Unternehmen ist ihr Ziel, ein Unternehmen besser zu führen als die vorhandene Geschäftsführung. Das vorhandene Managementteam wird üblicherweise von einem Branchenexperten ersetzt, der vom PE-Unternehmen beauftragt wird. Das Unternehmen wird dann effizienter gemacht, indem z.B. Prozesse verbessert, Umsätze gesteigert oder die Zahl der Mitarbeiter verringert wird und Vermögenswerte, die nicht zum Kerngeschäft gehören, veräußert werden.

PE-Investoren erzielen Renditen, indem sie ihre Anteile nach einer gewissen Zeit zu einem höheren Preis an ein anderes Unternehmen verkaufen oder Aktien an der Börse verkaufen.

## Aktiengesellschaften – weitere Eigenkapitalquellen

### Initial Public Offering (IPO)

Ein *Börsengang (Initial Public Offering, IPO)* ist der erstmalige Verkauf von Aktien an einer Börse. Das Unternehmen gibt dabei neue Aktien aus. Da bisher nicht börsennotierte Unternehmen keine historischen Kursdaten haben, ist die Teilnahme an einem Börsengang für einen Anleger also risikoreicher.

### „Pflege" des Aktienkurses

Ein wichtiger Vorteil von börsennotierten Unternehmen (im Vergleich zu nicht börsennotierten) ist die Möglichkeit des Zugangs zu Kapital über den Aktienmarkt. Dies führt jedoch zu weiteren Herausforderungen für die Geschäftsführung, unter anderem dadurch, dass der Aktienkurs „gepflegt" werden muss, um den Erwartungen zu entsprechen und im Vergleich zu externen Kennzahlen der Performance gute Ergebnisse zu erzielen. Obwohl das Unternehmen profitabel ist und zufriedene Kunden hat, können die Geschäftsführer riskante Entscheidungen treffen, wie z.B. größere Unternehmenskäufe, besonders wenn organisches Wachstum immer schwerer zu erreichen ist. Einige börsennotierte Unternehmen sind wieder zu Privatunternehmen geworden (oder wurden von PE-Investoren gekauft), weil sie so für das Unternehmen eine längerfristige Perspektive entwickeln können (sog. Delisting). So hat z.B. Michael Dell im Jahr 2013 Dell Computer gekauft und wieder zu einem Privatunternehmen gemacht.

# Profiwissen

## Bezugsrechte

Ein Unternehmen, das Eigenkapital von neuen Aktionären erhalten will, muss zuerst *Bezugsrechte* der Altaktionäre berücksichtigen. Dieses Recht schützt die Altaktionäre vor der Verwässerung ihres Anteils am Aktienbestand des Unternehmens. Wenn die Aktionäre zustimmen, auf ihr Recht zu verzichten, dann akzeptieren sie, dass im Tausch gegen neue Finanzmittel (und Aktionäre) für das Unternehmen ihre Aktien verwässert werden.

Das Ausmaß der Verwässerung der Aktien hängt vom Preis und von der Menge der neu ausgegebenen Aktien ab.

### BEISPIEL ABC AG

Die ABC AG gibt hat bisher 100 Millionen Aktien mit einem Nennwert von je 1 Euro ausgegeben. Sie gibt nun 10 Millionen neue Aktien zu je 10 Euro aus, d.h., es gibt ein Aufgeld von 9 Euro auf den ursprünglichen Emissionspreis (Nennwert von 1 Euro).

| | Anzahl emittierter Aktien | % Bestand | Preis | Eigenkapitalfinanzierung |
|---|---|---|---|---|
| **Vor Aktienausgabe** | | | | |
| Ursprüngliche Aktionäre | 100 Mio. | 100 % | 1 EUR | 100 Mio. EUR |
| Emission neuer Aktien | 10 Mio. | | 10 EUR | 100 Mio. EUR |
| **Nach Aktienausgabe** | 110 Mio. | | | |
| Aktionäre | 100 Mio. | 91 % | | |
| Neue Aktionäre | 10 Mio. | 9 % | | |
| | 110 Mio. | | | |

Die neu aufgenommenen Finanzmittel (100 Millionen Euro) entsprechen dem von den ursprünglichen Aktionären aufgenommenen Betrag. Das Ausmaß der Verwässerung ist jedoch niedrig, weil die Aktien zu einem hohen Aufgeld (Ausgabekurs 10 Euro je Aktie im Vergleich zu 1 Euro je Aktie bei der Gründung) ausgegeben wurden.

## Dividende und Dividendenpolitik

Stammaktien geben dem Inhaber das Recht auf Eigentum am Unternehmen. Die Aktionäre haben jedoch kein automatisches Recht auf eine Dividende. In den Informationen zur Dividendenpolitik wird üblicherweise mitgeteilt, ob eine Dividende ausgeschüttet wird. Ein Unternehmen kann beispielsweise eine „progressive" Dividendenpolitik verfolgen, bei der erwartet wird, dass die Dividende mindestens so weit steigt wie der Gewinn pro Aktie.

Unternehmen mit einer solchen Dividendenpolitik werden im Allgemeinen von den Anlegern positiv beurteilt. Man glaubt, dass in der Folge der Aktienkurs von Unternehmen, die eine Dividende ausschütten, auch höher ist, obwohl über das Verhältnis der Dividende zum Wert der Aktie im Laufe der Jahre in der Wissenschaft viel diskutiert wurde.

## Anwendung und Darstellung in der Praxis

Die Finanzquellen eines Unternehmens sind aus der Bilanz ersichtlich. Das Eigenkapital enthält unter dem Posten „Eigenkapital" das Aktienkapital und das Aktienaufgeld.

---

**FALLSTUDIE** | **zooplus AG**

**Eigenkapital**

Stammaktien werden als Eigenkapital klassifiziert. Kosten, die direkt der Ausgabe von neuen Aktien oder Optionen zuzurechnen sind, werden im Eigenkapital netto nach Steuern als Abzug von den Emissionserlösen bilanziert.

*Quelle: Geschäftsbericht zooplus AG 2018, S. 127*

Das Eigenkapital betrug zum Ende 2018 insgesamt 111,1 Mio. EUR gegenüber 111,4 Mio. EUR zum Ende des Jahres 2017. Der Anstieg der Kapitalrücklage durch Zuführungen im Rahmen laufender Aktienoptionsprogramme wurde durch den Rückgang des Konzernergebnisses kompensiert.

*Quelle: Geschäftsbericht zooplus AG 2018, S. 71*

# Besondere Hinweise für die Praxis

Wenn Sie sich mit der Eigenkapitalfinanzierung eines Unternehmens beschäftigen, sind die folgenden Aspekte zu beachten:

- Der Betrag des vorhandenen Eigenkapitals
- Der Betrag der Kapitalrücklage
- Ob das Aktienaufgeld in der Kapitalrücklage enthalten ist und wenn ja, wie viel. Dies zeigt an, dass weitere Aktien ausgegeben wurden.
- Der Betrag des vorhandenen Fremdkapitals und dessen Fälligkeiten
- Ob das vorhandene Fremdkapital, das bald fällig wird, durch Eigenkapital oder durch Fremdkapital refinanziert wird
- Die Höhe des Verschuldungsgrads
- Die Anzahl der Altaktionäre
- Der Altaktionärstyp (Eigentümer, Anleger, Institution) und dessen Bereitschaft, zu verkaufen
- Die Bereitschaft der Altaktionäre, mehr Eigenkapital zu investieren, falls erforderlich
- Der Lebenszyklus / das Profil des Unternehmens und die Zahl potenzieller zukünftiger Eigenkapitalinvestoren
- Die Dividendenrendite
- Die Dividendenpolitik (Beständigkeit und Attraktivität für bestehende und zukünftige Eigenkapitalinvestoren)
- Die Volatilität des Aktienkurses
- Die Expansionspläne und der zukünftige Kapitalbedarf

# 25
# Fremdkapitalfinanzierung

*„Eine kleine Schuld bringt einen Schuldner hervor; eine große Schuld einen Feind."*

*Publilius Syrus, ehemaliger Sklave, Schriftsteller*

## Auf einen Blick

Unternehmen nehmen Kapital auf zwei Arten auf, entweder als Fremdkapital oder als Eigenkapital. Die Fremdkapitalfinanzierung betrifft die Aufnahme von Krediten, die zurückgezahlt werden müssen und für die im Allgemeinen Zinsen bezahlt werden müssen.

*Fremdkapital* ist Geld, das von den Fremdkapitalgebern (Banken, Privatpersonen usw.) aufgenommen wird. Die Fremdkapitalgeber gewähren Kapital gegen die Rückzahlung des ursprünglich aufgenommenen Betrags (der Kapitalbetrag) zuzüglich Zinsen zum vereinbarten Zinssatz und Zeitpunkt in der Zukunft.

Die Fremdkapitalfinanzierung ist für ein Unternehmen aus den folgenden Gründen üblicherweise eine billigere Finanzierungsart als die Eigenkapitalfinanzierung: Das Fremdkapital gewährt den Fremdkapitalgebern vertraglich vereinbarte und sichere Zinsen, während es beim Eigenkapital keine Garantie für Zahlungen gibt.

- Fremdkapital kann mit Vermögenswerten des Unternehmens gesichert werden, wodurch das Risiko gemindert wird.
- In einem Insolvenzverfahren haben Verbindlichkeiten einen höheren Rang und geben den Fremdkapitalgebern größere Sicherheit.
- Die Fremdkapitalfinanzierung ist für ein Unternehmen steuerlich vorteilhaft, weil die Zinsen steuerlich abzugsfähiger Aufwand sind.

Hoch verschuldete Unternehmen (mit einem hohen Verschuldungsgrad) haben allerdings ein höheres finanzielles Insolvenzrisiko.

# Kapitel 25 Fremdkapitalfinanzierung

## Basiswissen

Für die meisten Unternehmen hat die Art der Finanzierung eine entscheidende Bedeutung, da hierdurch ein großer Einfluss auf die Chancen für Wachstum und Überleben besteht.

| | |
|---|---|
| Eigentumsverhältnisse am Unternehmen ohne Änderung | Fremdkapitalgeber haben kein automatisches Recht, in die Entscheidungen des Unternehmens einbezogen zu werden. Ein Unternehmen, das Kredite aufnimmt, geht geschäftliche Beziehungen ein, die mit der Rückzahlung der Kredite enden. Im Gegensatz zur Eigenkapitalfinanzierung behalten die Eigentümer das Eigentum am Unternehmen. Aus Sicht der Eigentümer (und der Geschäftsführer) ist dies sehr attraktiv, weil eine Einmischung in den Geschäftsbetrieb vermieden wird. |
| Steuerliche Vorteile | Zinsen sind steuerlich abzugsfähiger Aufwand. Das bedeutet bei einem Steuersatz von 30 Prozent, dass für Zinsen in Höhe von 100 Euro nur ein tatsächlicher Aufwand von 70 Euro entsteht. |
| Sicherheit | Im Hinblick auf Cashflows in der Praxis sollten die Budgetierung und die Finanzplanung sicherer sein, weil das Unternehmen weiß, wie viel und wann Zinsen und Kapitalbetrag gezahlt werden müssen. |
| Kosten | Die Fremdkapitalfinanzierung ist gewöhnlich günstiger als die Eigenkapitalfinanzierung, weil Kredite mit den Vermögenswerten des Unternehmens besichert werden können. Bei einer Insolvenz stehen die Kreditgeber im Rang in Bezug auf die Rückzahlung vor den Aktionären und erhalten daher die investierten Beträge eher zurück als die Eigenkapitalgeber. |

**Tabelle 25.2:** Gründe für die Fremdkapitalfinanzierung

Häufig nehmen Unternehmen Fremdkapital auf, um die Gesamtkosten des Kapitals für das Unternehmen zu verringern. Die Realisierbarkeit von Projekten verbessert sich, wenn die Kapitalkosten sinken. Niedrigere Kapitalkosten können daher die Rentabilität verbessern, weil mehr Projekte mit positiven Werten durchgeführt werden können.

Die Fremdkapitalfinanzierung hat allerdings auch Nachteile. Schulden steigern das finanzielle Risiko eines Unternehmens, weil das Unternehmen verpflichtet wird, Zinsen zu zahlen und die aufgenommenen Beträge zurückzuzahlen. Wenn die Schulden mit den Vermögenswerten des Unternehmens besichert sind, könnte die Nichtzahlung der Zinsen (Zahlungsverzug) dazu führen, dass das Unternehmen die besicherten Vermögenswerte verkaufen muss, wodurch die operativen Möglichkeiten eingeschränkt werden oder das Überleben des Unternehmens bedroht sein könnte.

Fremdkapital ist zwar günstiger als Eigenkapital, kann aber nicht für jedes Unternehmen eine Option sein.

Neue oder kleinere Unternehmen sind möglicherweise nicht in der Lage, Fremdkapital zu beschaffen, weil die Unternehmen für die Zahlung der Zinsen nicht ausreichend liquide Mittel generieren oder weil sie nicht genügend Vermögenswerte haben, die sie als Sicherheit anbieten könnten. Die Eigenkapitalfinanzierung könnte mangels Alternative die einzige Option sein.

Unternehmen, die Erlöse und liquide Mittel erwirtschaften, können leichter Fremdkapital aufnehmen und viele entscheiden sich für Fremdkapital statt für Eigenkapital, um ihr Wachstum zu finanzieren, da dies die Gesamtkosten des Kapitals verringert.

Auch die Kostenstruktur eines Unternehmens kann die Wahl der Finanzierung beeinflussen. Unternehmen, die beispielsweise mit hohen Fixkosten arbeiten, sollten versuchen, eine Finanzierung mit Fremdkapital zu vermeiden, da ein geringer Rückgang der Erträge beträchtliche nachteilige Auswirkungen auf den Cashflow haben kann, wodurch das Risiko einer Nichtzahlung der Zinsen steigt.

Es gibt kein „optimales" Verhältnis von Fremdkapital und Eigenkapital. Die meisten Unternehmen haben eine Mischung aus beiden Finanzierungsarten. Ein Mix aus Fremd- und Eigenkapital macht es einem Unternehmen möglich, von den Vorteilen zu profitieren und gleichzeitig die Nachteile zu begrenzen, d.h. die verfügbaren steuerlichen Vorteile zu erhalten und gleichzeitig die finanziellen Verpflichtungen auf einer annehmbaren Höhe zu halten.

In der Praxis sollte die Mischung aus Fremd- und Eigenkapital als Teil der Finanzierungsstrategie des Unternehmens betrachtet werden. Unternehmen, die ihr finanzielles Risiko minimieren möchten, werden nach einer höheren Eigenkapitalfinanzierung streben. Aus geschäftlicher Sicht hängt der Mix Fremdkapital/Eigenkapital von der Möglichkeit des Unternehmens ab, Fremdkapital aufzunehmen. Kreditgeber schauen sich bei der Entscheidung über eine Kreditvergabe die Bonitätsbewertung, Cashflow-Prognosen, Geschäftsplan usw. an.

Relativ niedrige Zinssätze haben im 21. Jahrhundert die Fremdkapitalfinanzierung zu einer attraktiveren Finanzierungsart für Unternehmen gemacht. Seltsamerweise hat das nicht zu einem Wachstum der Fremdkapitalfinanzierung geführt, obwohl die Zinssätze niedrig (und in einigen Ländern sogar negativ) blieben, weil es besonders für kleinere Unternehmen schwer war, Kredite zu erhalten.

# Vertiefungswissen

## Kreditkosten und -bedingungen

### Kreditkosten

Die berechneten Finanzkosten (Zinssätze) hängen von der Höhe des Risikos oder der Kreditwürdigkeit des Unternehmens ab. Von einem Unternehmen werden höhere Zinssätze verlangt, wenn das Risiko eines Zahlungsausfalls größer ist, wodurch für die Übernahme des größeren Risikos eine höhere Vergütung für den Kreditgeber gewährt werden muss.

### Kreditbedingungen

Eine Fremdkapitalfinanzierung ist üblicherweise an Bedingungen geknüpft. Ein Unternehmen muss die *Kreditklauseln* (oft auch Covenants genannt) einhalten. Diese Klauseln beinhalten Grenz- oder Zielwerte von finanziellen Ergebnissen, die erfüllt werden müssen (oder nicht verletzt werden dürfen). Mit Schwellen des Zinsdeckungsgrad und Grenzen des Verschuldungsgrads beispielsweise soll ein Unternehmen davon abgehalten werden, mehr Schulden aufzunehmen. Sie schützen daher die Kreditgeber.

Die Kreditvergabe auf der Grundlage von Vermögenswerten bedeutet, Kredite gegen die Vermögenswerte des Unternehmens als Sicherheit zu vergeben. Bei einem Zahlungsausfall kann der Kreditgeber seine Gelder über den Einzug (oder Verkauf) der besicherten Vermögenswerte zurückerhalten.

## Arten der Fremdkapitalfinanzierung

Folgende Arten der Fremdkapitalfinanzierung lassen sich unterscheiden:

- *Kredite mit fester Laufzeit:* Dieses Geld wird von Banken oder anderen Finanzinstituten aufgenommen. Die Kredite haben eine feste Laufzeit (z.B. fünf Jahre) und der Kapitalbetrag muss bis zum oder am Ende der Laufzeit zurückgezahlt werden. Die Zinszahlungen erfolgen monatlich, jährlich oder einmalig am Ende, bis der Kapitalbetrag vollständig zurückgezahlt worden ist.

- *Anleihen:* Größere Unternehmen können schuldrechtliche Wertpapiere, Anleihen oder Schuldverschreibungen genannt, für die Finanzierung des Unternehmens ausgeben. Eine Anleihe ist ein Schuldtitel, der vom Unternehmen regelmäßige (z.B. jährlich oder halbjährlich) Zinszahlungen an die Anleger erfordert sowie die Rückzahlung des Kapitalbetrags bei Fälligkeit der Anleihe. Der Vorteil der Anleihe ist, dass sie von den Inhabern gehandelt werden kann, obwohl ihr Preis, wie bei Aktien, aufgrund von Faktoren wie Nachfrage und Angebot, der Meinung von Analysten, der Konjunktur usw. schwanken kann.

- *Wandelanleihen:* Diese Anleihen geben den Inhabern das zusätzliche Recht, die Anleihen in Eigenkapital (Aktien) eines Unternehmens umzuwandeln. Wenn das Unternehmen gute Ergebnisse erzielt, wandelt der Kreditgeber zu einem im Voraus festgelegten Satz die Anleihen in Aktien um und zieht einen Vorteil aus einem Anstieg des Aktienkurses. Wenn sich der Anleihegeber entscheidet, nicht zu wandeln, muss das Unternehmen weiter Zinsen aus der Anleihe zahlen und den Kapitalbetrag bei Fälligkeit der Anleihe zurückzahlen.

- *Crowdlending oder Peer-to-Peer (P2P) Lending:* Mit P2P-Krediten ist die Online-Kreditvergabe direkt an kleine und mittelgroße Firmen gemeint. Ähnlich wie das Crowdinvesting erfolgt das Crowdlending über Online-Plattformen.

- *Finanzierung auf Basis des Vermögens (Asset-based):* Die Asset-based Finanzierung kann einem Unternehmen dabei helfen, Nettoumlaufvermögen für das Wachstum der Umsätze freizugeben. Die Asset-based Finanzierung ist eine Quelle der Fremdkapitalfinanzierung für kleinere Unternehmen, die keinen Zugang zu Fremdkapital auf herkömmliche Weise, z.B. über Banken, haben. Ein Beispiel der Asset-based Finanzierung ist die Rechnungsfinanzierung, bei der ein Factoring-Unternehmen im Voraus bar den Wert bestimmter in den Büchern des Unternehmens nicht bezahlter Rechnungen zahlt. Die Factoring-Unternehmen wiederum verdienen Geld, indem sie einen Prozentsatz der Schulden als Gebühren erhalten.

# Profiwissen

## Gesicherte und nicht gesicherte Schulden

Die Fremdkapitalfinanzierung wird üblicherweise durch einen oder mehrere Vermögenswerte gesichert, wodurch die Fremdkapitalgeber Sicherheiten für ihre Kredite erhalten.

Bestimmte Vermögensgegenstände werden mit einer *konkreten Belastung* belegt. Eine Grundschuld ist das häufigste Beispiel einer solchen rechtlichen Belastung eines Grundstücks.

Konkrete Belastungen bestimmter Vermögenswerte sichern die Kreditvergabe. Wenn ein Unternehmen seinen Verpflichtungen bezüglich des Fremdkapitals nicht nachkommt, begrenzt die Belastung rechtlich, was das Unternehmen mit den belasteten Vermögenswerten tun kann. Konkrete Belastungen geben den Kreditgebern zwar keine Eigentumsrechte bezüglich der Vermögenswerte, sie berechtigen aber bei Nichtzahlung den Vermögenswert zu veräußern, um die geschuldeten Beträge zurückzuerhalten. In Deutschland werden Belastungen bei Grundstücken und Gebäuden im Grundbuch registriert.

Eine *Gesamtbelastung* ist unbesichert, d.h., das Darlehen ist nicht mit einem bestimmten Vermögenswert besichert. Ein Kreditgeber kann auf das Instrument der Gesamtbelastung zurückgreifen, wenn ein Unternehmen kein Anlagevermögen, wie beispielsweise Grundstücke oder Maschinen, hat oder wenn die Vermögenswerte bereits wegen anderer Verbindlichkeiten besichert sind.

Eine Gesamtbelastung kann sich zu einer konkreten Belastung wandeln, wenn das Unternehmen in finanzielle Schwierigkeiten gerät. Dies geschieht üblicherweise, wenn ein Konkursverwalter bestellt wird.

Eine Gesamtbelastung gibt dem Kreditgeber weniger Sicherheit als eine konkrete Belastung und deshalb haben Kredite, die mit einer Gesamtbelastung besichert sind, normalerweise einen höheren Zinssatz.

## Rating und Bonitätsbewertung

Die Bonitätsbewertung eines Unternehmens kann eine große Wirkung auf den Preis der Schuldverschreibungen, üblicherweise Anleihen, haben. Unternehmen (und auch Länder) erhalten von Instituten wie z.B. Moody's und Standard & Poor's eine Beurteilung ihrer Bonität. Für ein Unternehmen, das Fremdkapital durch die Ausgabe von Anleihen aufnehmen will, wird die Wirkung einer schlechten Bewertung oder einer Herabstufung der Bonität den Ausgabepreis der Anleihe verringern und so den Zinssatz (die Rendite) der Anleihe für den Käufer erhöhen.

# Anwendung und Darstellung in der Praxis

Schulden sind eine Verbindlichkeit des Unternehmens. Die Fremdkapitalfinanzierung ist eine langfristige Schuld und in den langfristigen Verbindlichkeiten enthalten.

> **FALLSTUDIE** zooplus AG
>
> Die zooplus AG verfügt seit dem vierten Quartal 2017 über flexible Kreditlinien in Höhe von insgesamt 50,0 Mio. EUR bei drei unabhängigen Kreditinstituten ohne die Bereitstellung von Sicherheiten. 2018 erfolgte eine teilweise, geringfügige Inanspruchnahme dieser Kreditlinien. Die darauf anfallenden Zinsen und Bereitstellungsprovision erklären 0,2 Mio. EUR der Finanzaufwendungen des Unternehmens. Zum Jahresende bestehen keine Verbindlichkeiten gegenüber Kreditinstituten.
>
> Für die in Höhe von 50,0 Mio. EUR bestehenden Kreditlinien existieren Covenants in Form von einer Mindesteigenkapitalquote von 25,0 % sowie einem EBITDA von mindestens größer null vor Änderungen von neuen Bilanzierungs- und Bewertungsmethoden. Die Covenants beziehen sich auf den Konzernabschluss nach IFRS. Der Vorstand geht von einer Erfüllung der Covenants auch in den kommenden Jahren aus.
>
> *Quelle: Geschäftsbericht zooplus AG 2018, S. 73*

# Besondere Hinweise für die Praxis

Wenn Sie sich mit dem Thema Fremdkapitalfinanzierung beschäftigen, sollten Sie die folgenden Punkte beachten:

- Die Kreditklauseln und das „Kleingedruckte" in Kreditverträgen. Kreditgeber berechnen häufig Strafzinsen für verspätete oder nicht geleistete Zahlungen. Eine Nichtzahlung kann zur Kündigung von Krediten führen.
- Die Bonitätshistorie. Eine nicht erfolgte rechtzeitige Zahlung beeinflusst eine Bonitätsbewertung negativ und verringert die Möglichkeiten, in Zukunft eine Finanzierung zu erhalten.
- Die Persönliche Garantie. Kreditgeber verlangen häufig von den Eigentümern besonders in kleineren Unternehmen eine Garantie, wenn nicht ausreichende Vermögenswerte als Sicherheit erhältlich sind. Ein Unternehmen kann zwar eine rechtlich eigenständige Einheit sein, doch eine persönliche Garantie verwischt diese Unterscheidung.
- Die nicht in der Bilanz ausgewiesenen Verbindlichkeiten
- Die Zunahme/Änderung der Fremdkapitalfinanzierung im Jahresvergleich
- Den Verschuldungsgrad
- Den Zinsdeckungsgrad
- Die Sicherung der Schulden (z.B. ungesichert/gesichert)
- Die Fälligkeitstermine der bestehenden Schulden

# Unternehmenssteuerung und Kennzahlensysteme

# 26 Erfolgskennzahlen

*„Gewinnerzielung ist nicht der legitime Zweck eines Unternehmens. Der legitime Zweck eines Unternehmens ist die Herstellung eines Produkts oder einer Dienstleistung, die von den Menschen gebraucht wird, und es so gut zu machen, dass es profitabel ist."*

James Rouse, US-amerikanischer Immobilienentwickler, Bürgeraktivist und Philanthrop

## Auf einen Blick

Die Erzielung von Gewinn wird oft für das wesentliche Ziel eines Unternehmens gehalten. Noch wichtiger ist jedoch die Höhe des Gewinns im Verhältnis zu der Investition, die zur Erzielung dieses Gewinns erforderlich ist.

Daher ist der *Return on Investment (ROI)* im Gegensatz zum absoluten Gewinn das bessere Maß zur Beurteilung des geschäftlichen Erfolgs.

Um langfristig zu bestehen, muss ein Unternehmen sicherstellen, dass der Return on Investment (ROI) größer ist als die Finanzierungskosten.

# Kapitel 26 Erfolgskennzahlen

# Basiswissen

Für den langfristigen Erfolg sollte ein Unternehmen regelmäßig die Entwicklung seiner Rentabilitätskennzahlen im Vergleich zu den Zielen überprüfen.

Da für die Erzielung von Gewinn Investitionen getätigt werden müssen, sollte der Return on Investment (ROI) für ein Unternehmen eines der wichtigsten Maße für die Entwicklung der Finanz- und Ertragslage sein.

Drei wichtige auf den Gewinn bezogene Kennzahlen für die Entwicklung der Finanz- und Ertragslage werden nachfolgend definiert.

## Rentabilitätskennzahlen

### Bruttomarge

$$\text{Bruttomarge in \%} = \frac{\text{Bruttogewinn}}{\text{Erlöse}} \times 100\,\%$$

Die *Bruttomarge*, auch Rohgewinnmarge oder Rohmarge genannt, misst die Spanne zwischen den erzielten Preisen und den direkt zurechenbaren Kosten.

Wenn ein Unternehmen seine Preise erhöhen oder seine direkten Kosten verringern kann, dann steigt die Bruttomarge.

Die Bruttomarge ist zu unterscheiden vom „absoluten" Bruttogewinn. Höhere Umsätze erhöhen zwar den absoluten Bruttogewinn, die Marge kann jedoch konstant bleiben oder fallen, je nachdem, mit welcher Rate die Umsatzkosten im Vergleich zu den Umsätzen steigen.

### Betriebsergebnisspanne (Return on Sales, ROS)

$$\text{Betriebsergebnisspanne in \%} = \frac{\text{Betriebsergebnis}}{\text{Erlöse}} \times 100\,\%$$

Die *Betriebsergebnisspanne* misst die Spanne zwischen den erzielten Preisen und sämtlichen Betriebskosten, sowohl direkte als auch indirekte (Gemein-)Kosten. Mit dieser Kennzahl kann beurteilt werden, ob ein Unternehmen seine Kosten decken kann.

Eine höhere Betriebsergebnismarge bei gleich bleibender Bruttomarge bedeutet, dass das Unternehmen seine Gemeinkosten besser deckt.

### Kapitalrentabilität (KR)

$$\text{KR in \%} = \frac{\text{Ergebnis (Return)}}{\text{Investitionen} \times 100} \times 100\,\%$$

Die *Kapitelrentabilität* misst das „Ergebnis" als Prozentsatz der Investitionen, die zu seiner Erzielung erforderlich sind.

- „Ertrag" kann dabei unterschiedlich definiert werden, z.B. als Betriebsergebnis oder Gewinn nach Steuern.
- „Investition" kann dabei unterschiedlich definiert werden, z.B. als Reinvermögen.

Aus der Investmentperspektive ermöglicht diese Kennzahl externen Stakeholdern, wie z.B. Aktionären, ein Unternehmen zu bewerten und mit anderen möglichen Investitionen zu vergleichen. Für große börsennotierte Unternehmen kann die Kennzahl leicht aus öffentlich verfügbaren Informationen errechnet werden und die Kapitalrentabilität ist deshalb eine bei Analysten und Investoren beliebte Kennzahl der finanziellen Performance.

Für viele Unternehmen ist es sinnvoll, intern dieselben Kennzahlen der finanziellen Performance zu verwenden, die extern angewendet werden. Die Kapitalrendite ist daher auch eine beliebte Kennzahl der internen Performance.

## Maximierung der Kapitalrendite

In der Praxis kombinieren Unternehmen verschiedene Maßnahmen, um die Kapitalrendite zu erhöhen, z.B.:

- Preise erhöhen
- Direkte Kosten reduzieren
- Gemeinkosten beherrschen
- Finanzkosten senken
- Beschäftigung (oder Menge) erhöhen ohne proportional die Gemeinkosten zu steigern
- Investitionen minimieren oder maximieren
- Produkt-, Dienstleistungs- oder Geschäftsmix ändern

Zwei dieser Maßnahmen werden nachfolgend detaillierter betrachtet.

### Minimierung oder Maximierung der Investitionen

Unternehmen können einen kurzfristigen oder langfristigen Ansatz für die Maximierung der Kapitalrendite verfolgen.

Kurzfristig wird die Kapitalrendite (KR) erhöht, wenn die Investitionen einfach verringert werden oder wenn man sie an Wert verlieren lässt. Infolgedessen können Unternehmen, die diese Kennzahl verwenden, bisweilen unbeabsichtigt kurzfristig orientiertes Verhalten fördern. Die Kapitalrendite kann möglicherweise anhand kurzfristiger Entscheidungen manipuliert werden, die zu negativen langfristigen Konsequenzen führen.

Ein erfolgreicherer Ansatz zur Maximierung der Kapitalrendite ist, sich auf die langfristigen Renditen zu konzentrieren. Tatsächlich sind Investitionen die Möglichkeit, die langfristige Rentabilität insgesamt und damit auch die Kapitalrendite zu steigern.

# Kapitel 26  Erfolgskennzahlen

Ein Unternehmen kann beispielsweise in neue Einzelhandelsgeschäfte, Maschinen und Anlagen oder Forschung und Entwicklung investieren. Dadurch erhöhen sich die Ergebnisse und die Rentabilitätskennzahl steigt trotz höherer Investitionen.

**Änderung des Produkt-, Dienstleistungs- oder Geschäftsmix**

Wenn ein Unternehmen neue Produkte oder Dienstleistungen hinzufügt oder auch neue Unternehmen mit einer höheren Kapitalrendite kauft, kann es seine gesamte Kapitalrendite erhöhen.

Im Jahr 2015 kaufte Majestic Wine, ein im Wesentlichen konventioneller Weinhändler, Naked Wines, einen Online-Weinhändler für 70 Millionen britische Pfund. Phil Wrigley, der Präsident von Majestic, sagte der *Financial Times*: „Ihre [Nakeds] Kapitalrendite ist ungefähr doppelt so hoch wie die Kapitalrendite, die wir erhalten, wenn wir neue Läden eröffnen, und wir werden das Tempo, mit dem wir neue Läden eröffnen, verlangsamen." Der Kaufpreis war abhängig von den Zielen für die Kapitalrendite, die von Majestic festgelegt wurden.

## Vertiefungswissen

### Einflussfaktoren der Kapitalrendite

Als einzelne Kennzahl ist die Kapitalrendite einfach eine Zielgröße. Damit sie für die Führung eines Unternehmens nutzbringend ist, sollte sie in ihre Bestandteile aufgespalten werden.

Um analysieren zu können, was die Kapitalrendite beeinflusst, können wir das „Ergebnis" sowohl auf das „Betriebsergebnis" als auch auf die „Investitionen" beziehen. Daraus ergeben sich die folgenden zwei Kennzahlen:

1. Betriebsergebnisspanne („Return on Sales, ROS")

$$\text{ROS in \%} = \frac{\text{Betriebsergebnis}}{\text{Umsatzerlöse}} \times 100\,\%$$

2. Kapitalumschlag (KUH)

$$\text{KUH} = \frac{\text{Umsatzerlöse}}{\text{Investitionen}}$$

Beim Kapitalumschlag stehen die Umsatzerlöse in Bezug zu den Investitionen. Er misst die Verwendung der Vermögenswerte. Obwohl diese Kennzahl weniger bekannt ist als die Betriebsergebnisspanne, ist ihr Beitrag zur KR genauso wichtig. Das folgende Beispiel verwendet das Betriebsergebnis in der Rentabilitätsformel.

Der Zusammenhang zwischen den Kennzahlen ist wie folgt:

$$ROS \times KUH = KR$$

$$\frac{\text{Betriebsergebnis}}{\text{Umsatzerlöse}} \times \frac{\text{Umsatzerlöse}}{\text{Investitionen}} = \frac{\text{Betriebsergebnis}}{\text{Investitionen}}$$

> **BEISPIEL**
>
> Wenn wir zwei unterschiedliche Unternehmen vergleichen, können wir den Zusammenhang zwischen den Einflussfaktoren der Kapitalrendite erkennen und sehen, welche Möglichkeiten der Beeinflussung bestehen.
>
> Angenommen Unternehmen A ist ein Supermarkt mit einer niedrigen Betriebsergebnisspanne von z.B. 3 Prozent und einer hohen Kapitalumschlagshäufigkeit von z.B. 5. Das zeigt, dass der Weg zum Erfolg für den Supermarkt über die Menge führt. Trotz niedriger Ergebnismargen kann ein Supermarkt profitabel sein und eine solide Kapitalrendite von z.B. 15 Prozent erzielen. Bei einer Investition in beliebiger Höhe steigert ein höherer Marktanteil die Erlöse. Zu beachten ist, dass ein höherer Marktanteil oft zulasten der Marge geht (wegen der niedrigeren Preise), sodass es hier in Wirklichkeit zu einem Austausch kommt.
>
> $$ROS \times KUH = KR$$
> $$3\,\% \times 5 = 15\,\%$$
>
> Angenommen Unternehmen B ist ein Hersteller von Maschinen mit einer hohen Ergebnisspanne von z.B. 25 Prozent und einer niedrigen Kapitalumschlagshäufigkeit von z.B. 0,6. Ein Hersteller von Maschinen benötigt hohe Investitionen in Anlagen und Maschinen und sein Weg zum Erfolg führt daher über die Ergebnisspanne. Dies ermöglicht Unternehmen B, eine mit Unternehmen A vergleichbare Kapitalrendite von 15 Prozent zu erreichen.
>
> $$ROS \times KUH = KR$$
> $$25\,\% \times 0,6 = 15\,\%$$
>
> Die Beispiele der Unternehmen A und Unternehmen B zeigen, dass es keine Standardlösungen gibt und dass verschiedene Möglichkeiten bestehen, eine zufriedenstellende Kapitalrendite zu erzielen. Die Beispiele zeigen auch, wie wichtig es ist, die Einflussfaktoren der Kapitalrendite zu verstehen.

# Profiwissen

Obwohl das Konzept des Return on Investment (ROI) allgemein verwendet wird, gibt es viele Möglichkeiten, die Kennzahl zu berechnen, und unterschiedliche Definitionen des Zählers „Ergebnis" und des Nenners „Investitionen".

| Mögliche Definitionen von „Ergebnis" | Mögliche Definitionen von „Investitionen" |
|---|---|
| Betriebsergebnis | Gesamt- oder Bruttovermögen |
| EBIT (Gewinn vor Zinsen und Steuern) | Eingesetztes Kapital |
| Jahresüberschuss (JÜ) (Gewinn nach Steuern) | Nettovermögen |
|  | Eigenkapital (oder investiertes Kapital) |

**Tabelle 26.1:** Definitionen von „Ergebnis" und „Investitionen"

Da jede der obigen Definitionen verwendet werden könnte, bedeutet das, dass es eine Vielzahlt von Möglichkeiten gibt, die Kapitalrendite zu berechnen. Üblicherweise verwendete Formeln sind:

| Bezeichnung | Beschreibung | Typische Berechnung |
|---|---|---|
| Gesamtkapitalrentabilität | Berechnet die Rentabilität in Bezug auf die gesamte Vermögensbasis des Unternehmens. Nützlich, um die effiziente Verwendung der Vermögenswerte durch das Unternehmen in anlageintensiven Branchen zu vergleichen, unabhängig von ihren Finanzen und ihrer Kapitalstruktur. | Betriebsergebnis oder (JÜ + Zins) / gesamte Aktiva |
| Rendite des eingesetzten Kapitals | Wie oben und Abzug der kurzfristigen Passiva. Die Investitionsbasis ist daher das Sachanlagevermögen. Sie ist nützlich für die Beurteilung der Leistung des Managements und wahrscheinlich die beliebteste KR-Kennziffer. | Betriebsergebnis oder (JÜ + Zins) / eingesetztes Kapital |
| Eigenkapitalrendite | Wie oben abzüglich Kreditverbindlichkeiten. Daher ist der Gewinn nach Zinsen als Zähler korrekt. Berechnet die Rendite in Bezug auf den von den Aktionären investierten Betrag. Nützlich aus der Perspektive der Aktionäre und für Unternehmen mit ähnlicher Kapitalstruktur. Die Eigenkapitalrendite ist wegen der finanziellen Hebelwirkung gewöhnlich höher als die Gesamtkapitalrendite. | JÜ / Eigenkapital |
| Nettokapitalrendite | Alternative Berechnung der Eigenkapitalrendite unter Verwendung der „oberen Hälfte der Bilanz" statt der „unteren Hälfte". | JÜ / Reinvermögen |

**Tabelle 26.2:** Berechnungsmethoden der Kapitelrendite

# Anwendung und Darstellung in der Praxis

Einige Unternehmen geben ihre Rentabilitätskennzahlen im Geschäftsbericht an. Diese Kennzahlen können zusätzlich relativ einfach mit den Zahlen aus der Gewinn- und Verlustrechnung und der Bilanz errechnet werden.

> **FALLSTUDIE** zooplus AG
>
> zooplus veröffentlicht keine Berechnungen zu Kapitalrendite, Umschlagshäufigkeit oder Return on Investment.

# Besondere Hinweise für die Praxis

Wenn Sie sich mit Erfolgskennzahlen und deren Berechnung beschäftigen, sollten Sie auf die folgenden Aspekte achten:

- Schauen Sie immer nach, wie die verwendete Kapitalrendite definiert ist und welche Ergebniszahl verwendet wird und wie sich die Investitionen zusammensetzen.
- Obwohl die Kapitalrendite ein guter Ausgangspunkt für die Ermittlung der finanziellen Leistungsfähigkeit ist, sollten auch andere Größen berücksichtigt werden. Schauen Sie sich die Kapitalrendite zusammen mit ihren beiden Treibern Ergebnisspanne und Kapitalumschlagshäufigkeit an.
- Beachten Sie bei der weiteren Analyse der finanziellen Leistungsfähigkeit die Treiber der Ergebnisspanne und des Kapitalumschlags.
  - Schauen Sie sich bei der Ergebnisspanne jede Kostenkategorie als Prozentsatz der Erlöse an, z.B. Personalkosten als Prozentsatz des Umsatzes.
  - Schauen Sie sich beim Kapitalumschlag jede der wichtigen Anlagekategorien (Sachanlagen, Vorräte und Debitoren) als Prozentsatz des Kapitalumschlags an.
- Es ist immer nützlich, die Kennzahlen der finanziellen Leistungsfähigkeit mit den Kennzahlen anderer Unternehmen derselben Branche zu vergleichen.
- Der Wert der Investitionen hängt ab von der Bewertung der Vermögenswerte des Unternehmens, des Alters der Vermögenswerte und der Abschreibungsmethode.

# 27 Langfristige Stabilitätskennzahlen

*„Die Zahlungsfähigkeit wird mittels Staatsschulden aufrechterhalten nach dem Prinzip: ‚Wenn du mir kein Geld leihst, wie kann ich dich dann bezahlen?'"*

Ralph Waldo Emerson, amerikanischer Philosoph und Dichter

## Auf einen Blick

*Solvenz* ist die Fähigkeit des Unternehmens, seine langfristigen Schulden zu zahlen. Das ist von entscheidender Bedeutung für das Risikomanagement und den langfristigen Erfolg.

*Stabilitätskennzahlen* zeigen die „Finanzkraft" an, d.h. die Fähigkeit, das Risiko kurzfristiger Rückschläge im operativen Geschäft auszuhalten und langfristiges Wachstum zu erreichen.

Solvenz ist das Ergebnis der Fähigkeit eines Unternehmens, seine Risiken und Erträge auszugleichen, indem es die richtige Art kosteneffektiver Finanzmittel aufbringt und beibehält.

Die wichtigsten Kennzahlen der Stabilität eines Unternehmens sind der *Verschuldungsgrad* und der *Zinsdeckungsgrad*.

# Kapitel 27 Langfristige Stabilitätskennzahlen

# Basiswissen

Banken und andere Geschäftspartner, die Fremdkapital zur Verfügung stellen, fordern dafür vom Unternehmen regelmäßige Zinszahlungen und die Rückzahlung des ausstehenden Betrags.

Während Verbindlichkeiten das Unternehmen zu zukünftigen Mittelabflüssen verpflichten, dürfte es unwahrscheinlich sein, dass zukünftige Mittelzuflüsse mit derselben Gewissheit garantiert werden können. Dieses Ungleichgewicht ist der Grund für finanzielle Risiken. Je mehr Verbindlichkeiten ein Unternehmen hat (oder je höher der Verschuldungsgrad ist), desto größer ist das finanzielle Risiko. Zu entscheiden, was der optimale Verschuldungsgrad ist, ist eine Frage nach dem Risiko im Vergleich zum Ertrag. Die Verschuldung kann die Renditen erhöhen, da Fremdkapital gewöhnlich eine günstigere Form der Finanzierung darstellt als Eigenkapital. Wenn ein Unternehmen seine Finanzierungskosten senken kann, kann es höhere Erträge erzielen, wenn es profitable Projekte umsetzt und schneller wächst, was letztlich den Wert des Unternehmens erhöht.

## Verschuldungsgrad und Fremdkapitalquote

Der *Verschuldungsgrad* und die *Fremdkapitalquote* messen die langfristige Finanzstruktur eines Unternehmens. Der Zweck dieser Kennzahlen ist der Vergleich der Kreditverbindlichkeiten (Fremdkapital) mit der Finanzierung durch Gesellschafter (Eigenkapital).

Die Methoden zur Berechnung sind:

$$\text{Bruttogewinnspanne in \%} = \frac{\text{Bruttogewinn}}{\text{Erlöse}} \times 100\ \%$$

$$\text{Betriebsergebnisspanne in \%} = \frac{\text{Betriebsergebnis}}{\text{Erlöse}} \times 100\ \%$$

Beide Ergebnisse werden als absoluter Wert oder als Prozentsatz angegeben.

Ein Unternehmen beispielsweise mit Schulden in Höhe von 100 Millionen Euro und einem Eigenkapital von 200 Millionen Euro hätte einen Verschuldungsgrad von 0,5. Dasselbe Unternehmen hätte eine Fremdkapitalquote von 33 Prozent.

Die Fremdkapitalquote (Fremdkapital / (Fremdkapital + Eigenkapital)) ist leichter verständlich, da sie ein klares Bild des Risikos aus dem Fremdkapital im Verhältnis zur Gesamtfinanzierung für das Unternehmen gibt und den maximalen Wert von 100 Prozent hat, was leichter zu interpretieren ist.

Je höher die Verschuldung, desto größer das Risiko für das Unternehmen – unter dem Aspekt der Verwässerung der Gewinne und der Sensitivität gegenüber Änderungen der Zinssätze.

Die Geschäftsführung muss auf Grundlage der Situation des Unternehmens, der aktuellen Konjunkturlage und der Vorgaben der Eigentümer eine angemessene Zielsetzung für die Höhe der Verschuldung festlegen.

Als Faustregel können Unternehmen, deren Cashflows besser prognostizierbar sind, eine höhere Verschuldung anstreben als Unternehmen in volatileren Branchen, die eine niedrigere Verschuldung haben sollten.

In der Praxis haben viele Unternehmen eine Fremdkapitalquote von weit weniger als 100 Prozent.

## Zinsdeckungsgrad

Der *Zinsdeckungsgrad* ist ein Maß dafür, ob sich ein Unternehmen Fremdkapital leisten kann. Je höher der Zinsdeckungsgrad ist, desto eher kann es (zusätzliches) Fremdkapital aufnehmen und umso größer ist der Spielraum, den es hat, wenn die Gewinne volatil sind.

Der Zinsdeckungsgrad wird wie folgt berechnet:

$$\text{KR in \%} = \frac{\text{Ergebnis (Return)}}{\text{Investitionen}} \times 100\,\%$$

Diese absolute Kennzahl gibt an, wie viele Male es sich ein Unternehmen theoretisch leisten könnte, seine Zinskosten zu zahlen.

Die Fähigkeit, Schulden zu bedienen, ist ein Risikomaß gegenüber Kreditgebern, Aktionären und letztlich dem Unternehmen selbst.

**In der Praxis**

In der Praxis sollte ein Unternehmen in der Lage sein, die Zinsen wenigstens zweimal oder öfters zu decken, obwohl dieser Vergleichsmaßstab je nach Unternehmenstyp und Branche unterschiedlich ist.

Die Höhe der Zinsdeckung wird beeinflusst vom:

- Betriebsergebnis des Unternehmens
- Kreditbetrag
- Zinssatz des Fremdkapitals

## Verhältnis von Verschuldung und Zinsdeckungsgrad

Für die meisten Unternehmen ist das Verhältnis von Verschuldung und Zinsdeckungsgrad invers, d.h. je höher die Verschuldung, desto geringer ist der Zinsdeckungsgrad. Die Geschäftsführung wird versuchen, ein angemessenes Gleichgewicht zwischen den beiden Kennzahlen herzustellen.

Niedrige Zinssätze erleichtern den Unternehmen, eine angenehme Höhe des Zinsdeckungsgrads zu erreichen, was infolgedessen zu einer höheren Verschuldung führen kann.

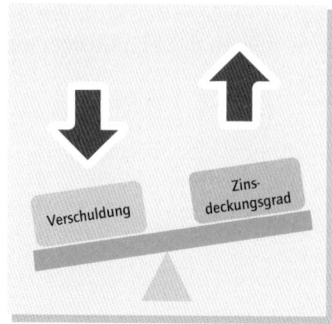

**Abbildung 27.1:** Verhältnis zwischen Verschuldung und Zinsdeckungsgrad

Einer der Gründe für die Finanzkrise 2007/2008 war die zuvor beispiellos lange Zeit niedriger Zinssätze in der Weltwirtschaft. Dadurch wurden die Unternehmen und insbesondere Banken ermutigt, Verschuldungsgrade zu akzeptieren, die höher waren als in gewöhnlichen Zeiten, wodurch sie ein hohes Risiko hatten, als Teile des Finanzsystems anfingen zusammenzubrechen.

Das Verhältnis von Zinsdeckungsgrad und Verschuldungsgrad ist jedoch nicht immer einfach, denn ein sehr profitables Unternehmen kann einen relativ hohen Verschuldungsgrad und dennoch einen hohen Zinsdeckungsgrad haben.

## Vertiefungswissen

### Leverage-Effekt und finanzielles Risiko

Der Grundsatz des Zusammenhangs von Leverage-Potenzial des Fremdkapitals und Finanzrisiko steht in direkter Beziehung zum Verschuldungsgrad.

Der *Leverage-Effekt* bedeutet die Verwendung von Fremdkapital, um mehr Finanzmittel zu erhalten, welches sonst nur mit Eigenkapitalfinanzierung möglich wäre. Unternehmen nutzen diesen Hebel, um die möglichen (relativen) Ergebnisse aus einer Investition zu vervielfachen, unter der Annahme, dass diese Ergebnisse höher sind als die Kosten der Kreditaufnahme.

Als Folge erhöht sich jedoch das *Finanzrisiko* bzw. die Volatilität der Gewinne. Ein hoher Verschuldungsgrad verursacht gewöhnlich hohe Zinskosten. Je höher die Zinskosten in Bezug auf die Ergebnisse vor Zinsen (d.h. ein niedriger Zinsdeckungsgrad), desto höher das Finanzrisiko.

Für Unternehmen mit einem Einsatz von viel Fremdkapital führt eine kleine Änderung des Gewinns vor Zinsen zu einer großen Änderung des Gewinns nach Zinsen. Deshalb kann es diesen Unternehmen in Zeiten des Wachstums sehr gut gehen, aber sie haben zu kämpfen oder werden insolvent, wenn das Geschäft zurückgeht.

## BEISPIEL

Die Unternehmen A und B sind in derselben Branche tätig und haben denselben EBIT (Earnings before Interest and Taxes, Ergebnis vor Zinsen und Steuern) in Höhe von 100.000 Euro p. a. Beide Unternehmen haben Finanzmittel (Eigenkapital plus Fremdkapital) in Höhe von 500.000 Euro. Die Unternehmen unterscheiden sich nur in ihrem Verschuldungsgrad. Unternehmen A hat einen Verschuldungsgrad von 1/3 und Unternehmen B von 2/3. Beide Unternehmen nehmen zum selben Jahreszinssatz von 10 Prozent Kredite auf.

Die folgende Tabelle zeigt die Wirkung einer Steigerung des EBIT von 20 Prozent auf den Gewinn vor Steuern. Die Zinskosten (die unabhängig vom Geschäftsvolumen gleich sind) werden wie folgt berechnet:

|  | Unternehmen A | 1/3 Verschuldungsgrad | Unternehmen B | 2/3 Verschuldungsgrad |
|---|---|---|---|---|
| EBIT | 100 TEUR | 120 TEUR | 100 TEUR | 120 TEUR |
| Zinsen | (16,5 TEUR) | (16,5 TEUR) | (33,5 TEUR) | (33,5 TEUR) |
| Gewinn vor Steuern | 83,5 TEUR | 103,5 TEUR | 66,5 TEUR | 86,5 TEUR |
|  |  | Erhöhung Gewinn vor Steuern um 24 % |  | Erhöhung Gewinn vor Steuern um 30 % |

Wichtig ist zu beachten, dass es zu derselben Veränderung käme, wenn die Gewinne zurückgingen.

Das obige Beispiel veranschaulicht sowohl das Finanzrisiko als auch den Leverage-Effekt.

Eine Änderung des EBIT um 20 Prozent führt zu einer Änderung des Gewinns vor Steuern in Höhe von 24 Prozent für Unternehmen A und in Höhe von 30 Prozent für Unternehmen B.

Da Unternehmen B höhere fixe Zinskosten hat, sind seine Gewinne unter dem Strich volatiler. Es kann jedoch auch ein prozentual höheres Wachstum erhalten, wenn die Gewinne steigen.

Um den Gesamtzusammenhang zu sehen, ist es hilfreich, die Eigenkapitalrendite zu betrachten. Unternehmen A hat zwar einen höheren absoluten Gewinn als Unternehmen B, aber es hat den doppelten Betrag an Eigenkapital eingesetzt, um diesen Gewinn zu erzielen.

Bei Verwendung der folgenden Definition des ROE können wir die Ergebnisse für beide Unternehmen vergleichen.

$$\text{ROS in \%} = \frac{\text{Betriebsergebnis}}{\text{Umsatzerlöse}} \times 100\,\%$$

Das Eigenkapital wird wie folgt berechnet:

- Unternehmen A: 67 % × 500.000 EUR = 335.000 EUR
- Unternehmen B: 33 % × 500.000 EUR = 165.000 EUR

|  | Unternehmen A | | Unternehmen B | |
|---|---|---|---|---|
|  | Aktuell | 20 % Steigerung des EBIT | Aktuell | 20 % Steigerung des EBIT |
| GvS | 83,5 TEUR | 103,5 TEUR | 66,5 TEUR | 86,5 TEUR |
| Eigenkapital | 335 TEUR | 335 TEUR | 165 TEUR | 165 TEUR |
| ROE | 25 % | 31 % | 40 % | 52 % |

Daher ermöglicht der Leverage-Effekt Unternehmen B, immer eine höhere Eigenkapitalrendite zu erzielen als Unternehmen A. In Wachstumszeiten kann dieser Hebel positiv wirken und die Rendite noch viel weiter erhöhen. Die höhere Rendite ist jedoch mit einem höheren Risiko verbunden, weshalb die Vorgehensweise genau zu prüfen ist.

## Profiwissen

### Definition von Fremdkapital

Um den Verschuldungsgrad berechnen zu können, muss „Fremdkapital" definiert werden.

In der Praxis werden drei unterschiedliche Definitionen verwendet:

1. nur langfristige Kredite
2. langfristige und kurzfristige Kredite
3. langfristige Kredite plus kurzfristige Verbindlichkeiten

Die Definitionen 1 und 2 beinhalten nur das verzinsliche Fremdkapital, z.B. Bankkredite. Diese Definitionen werden deshalb allgemein von Banken und anderen Finanzinstituten verwendet, wenn sie den Verschuldungsgrad aus ihrer Sicht berechnen.

Aus der Sicht eines Unternehmens können den Lieferanten geschuldete Beträge genauso relevant sein wie Verbindlichkeiten gegenüber Banken und ein Unternehmen kann daher Definition 3 für die Berechnung des Verschuldungsgrads verwenden. Das hängt auch davon ab, ob das Unternehmen hinsichtlich des Verschuldungsgrads alle Verbindlichkeiten oder eben nur diejenigen, die Zinskosten haben, einbezieht.

Alles in allem ist die Definition von Fremdkapital hauptsächlich akademisch, solange eine Vergleichsgröße konsistent angewendet wird. Was zählt ist – wie auch bei anderen Leistungsindikatoren – die Vergleichsgröße.

# Anwendung und Darstellung in der Praxis

Der Verschuldungsgrad kann aus der Bilanz abgeleitet werden.

Der Zinsdeckungsgrad kann aus der Gewinn- und Verlustrechnung abgeleitet werden.

In beiden Fällen kann es nützlich sein, sich die im Anhang enthaltenen Erläuterungen anzuschauen, um größere Klarheit zu erhalten.

> **FALLSTUDIE** zooplus AG
>
> zooplus hat keine langfristigen Verbindlichkeiten gegenüber Kreditinstituten, es fallen keine Zinszahlungen an.
>
> **Kapitalmanagement**
>
> Die Ziele des Konzerns im Hinblick auf das Kapitalmanagement liegen im Wesentlichen in der Aufrechterhaltung und Sicherstellung einer optimalen Kapitalstruktur zur Reduzierung der Kapitalkosten, in der Generierung liquider Mittel und in dem aktiven Management des Nettoumlaufvermögens sowie der Einhaltung von Financial Covenants.
>
> *Quelle: Geschäftsbericht zooplus AG 2018, S. 135*

# Kapitel 27 Langfristige Stabilitätskennzahlen

## Besondere Hinweise für die Praxis

Wenn Sie sich mit Stabilitätskennzahlen eines Unternehmens genauer beschäftigen, achten Sie auf die folgenden Punkte:

- Die Höhe der fixen Betriebskosten im Unternehmen (Betriebsrisiko). Wenn das Unternehmen keinen soliden Zinsdeckungsgrad hat, ist es nicht ratsam, ein hohes Betriebsrisiko mit einem hohen Finanzrisiko (Verschuldungsgrad) zu kombinieren.
- Änderungen des Verschuldungs- und Zinsdeckungsgrads im Jahresvergleich
- Änderungen oder angekündigte geplante Änderungen der Kapitalstruktur
- Das Rückzahlungsdatum für Verbindlichkeiten
- Das Gleichgewicht von kurzfristigem und langfristigem Fremdkapital
- Den durchschnittlichen effektiven Zinssatz (wird manchmal im Anhang angegeben)
- Die Höhe des Verschuldungs- und Zinsdeckungsgrads im Vergleich zu anderen Unternehmen in derselben Branche

# 28

# Working Capital und Liquiditätsmanagement

*„Wir können keine Wirtschaft aufbauen, in der die Korruption das ‚Arbeitende Kapital' (Working Capital = Nettoumlaufvermögen) ist."*

Muhammadu Buhari, Präsident von Nigeria (seit 2015)

## Auf einen Blick

Das mittel- bis langfristige Ziel eines Unternehmens ist zwar die Steuerung der Rentabilität, das kurzfristige Ziel ist jedoch die Steuerung der Liquidität.

*Liquidität* ist die Fähigkeit eines Unternehmens, sämtliche Verbindlichkeiten bei Fälligkeit zu zahlen. Unternehmen müssen sicherstellen, dass sie durch die Verwaltung ihres Nettoumlaufvermögens über ausreichend Liquidität in Form von liquiden Mitteln verfügen.

Das *Nettoumlaufvermögen* ist die Differenz zwischen kurzfristigen Vermögenswerten (Vorräte, Debitoren und liquide Mittel) und kurzfristigen Verbindlichkeiten (Kreditoren und Überziehungskredite von Banken). Die Verwaltung des Nettoumlaufvermögens ist die Fähigkeit, Barmittel bei Bedarf zur Verfügung zu stellen und überschüssige Barmittel bestmöglich zu verwenden. Ein zu geringer Bestand an Barmitteln kann zur Insolvenz eines Unternehmens führen, während ein zu hoher Bestand, der z.B. in Vorräten gebunden ist, ein Zeichen von Ineffizienz ist.

Sicherzustellen, dass das Unternehmen für seine Geschäftstätigkeit über ausreichend Liquidität verfügt, ist sogar für die profitabelsten Unternehmen vielleicht die größte Herausforderung.

An einen Gläubiger eine fällige Zahlung nicht leisten zu können, ist einer der häufigsten Gründe für Unternehmensinsolvenzen. Ein effektives Management des Nettoumlaufvermögens hilft einem Unternehmen sicherzustellen, dass Kapital, das in Vorräten und Debitoren gebunden ist, rechtzeitig in liquide Mittel (liquide Ressourcen) umgewandelt wird, um kurzfristige Verbindlichkeiten erfüllen zu können.

# Basiswissen

Ein Unternehmen, das Produkte verkauft, muss den Lieferanten üblicherweise vorab die gelieferten Vorräte bezahlen, bevor es Umsätze erzielt und selbst von den Kunden liquide Mittel erhält. Die zeitliche Abstimmung von Auszahlungen und Einzahlungen ist daher entscheidend für das Management des Nettoumlaufvermögens, das auch als Working Capital Management bezeichnet wird.

Ein effektives Working Capital Management setzt voraus, dass jedes Unternehmen den *Cash-Conversion-Zyklus* seines Geschäfts versteht. Dieser Zyklus umfasst die Anzahl Tage, bis Geld, das an Lieferanten gezahlt wurde, von Kunden wieder eingezahlt wird, d.h., es geht darum, wie lange liquide Mittel im Unternehmen gebunden sind. Der Vergleich der Anzahl dieser Tage mit der Anzahl Tage, bis die Gläubiger bezahlt werden, kann dem Unternehmen ermöglichen festzustellen, wie viel Nettoumlaufvermögen (bzw. Kapital zu dessen Finanzierung) es benötigt.

Je länger der Zyklus des Nettoumlaufvermögens eines Unternehmens ist, desto länger sind seine liquiden Mittel gebunden. Ein Unternehmen mit einem langen Zyklus seines Nettoumlaufvermögens stellt möglicherweise fest, dass es seine liquiden Mittel aufgebraucht hat, weil es nicht ausreichend schnell Barmittel aus seinen Umsätzen erzielen kann und nun seine Gläubiger nicht bezahlen kann.

Den Zyklus des Nettoumlaufvermögens zu verstehen, ist der Schlüssel, um festzustellen, wie wahrscheinlich es ist, dass ein Unternehmen Probleme mit seinem Cashflow hat.

Unternehmen, die viel in Vorräte investieren, und Unternehmen, die ihren Kunden längere Zahlungsfristen einräumen, haben ein höheres Risiko von Liquiditätsproblemen, was zur Insolvenz führen könnte.

> **BEISPIEL**
>
> Die ABC GmbH ist ein Händler, der Markenfarben nur an gewerbliche Kunden verkauft. Das Unternehmen kauft Farben von spezialisierten Herstellern mit einem Zahlungsziel von genau 30 Tagen und bietet gewerblichen Kunden dasselbe Zahlungsziel (30 Tage), obwohl die Kunden üblicherweise erst nach 35 Tagen zahlen. Das Unternehmen hat ein umfassendes Angebot an Farben vorrätig bei einer Verweildauer von (durchschnittlich) 22 Tagen bis zum Verkauf.
>
> Am 31. Dezember war das Working Capital von ABC von 80.000 Euro wie folgt aufgeteilt:
>
> |  | Tage | EUR |
> | --- | --- | --- |
> | Vorräte | 22 | 42.000 |
> | Debitoren (Forderungen) | 35 | 96.000 |
> | Nettoumlaufvermögenszyklus | 57 | 138.000 |
> | Kreditoren (Verbindlichkeiten) | (39) | (58.000) |
> | Nettoumlaufvermögensbedarf | 27 | 80.000 |
>
> Liquiditätskoeffizient = Umlaufvermögen / kurzfristige Verbindlichkeiten = 138.000 / 58.000 = 2,4

> Das Umlaufvermögen ist höher als die kurzfristigen Verbindlichkeiten, sodass diese theoretisch bei Fälligkeit gezahlt werden können.
>
> Trotzdem hat ABC möglicherweise nicht ausreichend liquide Mittel, um seinen Verbindlichkeiten bei Fälligkeit nachkommen zu können. Zu beachten ist, dass es ab dem Kauf der Vorräte 57 Tage (Lagerdauer + Debitorentage) dauert, bis die Einzahlung erhalten wird, während die Lieferanten bereits nach 30 Tagen bezahlt werden müssen. ABC hat eine Lücke von 27 Tagen zwischen dem Tag, an dem es seine Lieferanten bezahlen soll, und dem Tag, an dem es von seinen Kunden eine Zahlung erhält. ABC müsste diese Lücke finanzieren, d.h. liquide Mittel besorgen, um die Lieferanten zu bezahlen.
>
> Wenn die ABC GmbH kein Geld aufnehmen kann (z.B. über einen Überziehungskredit) oder nicht ausreichende Barreserven hat, kann es passieren, dass die Gläubiger Schritte zur Beitreibung der Schulden unternehmen, die zur Insolvenz führen können.

Schnell wachsende Unternehmen haben häufig ein höheres Insolvenzrisiko, da sie üblicherweise ihre aus Umsätzen erzielten überschüssigen Barmittel wieder in neue Vorräte investieren, um weiteres Umsatzwachstum zu unterstützen. Oft riskieren sie, dass die Lieferanten nicht bezahlt werden, weil sie den Zyklus ihres Nettoumlaufvermögens zu lang werden lassen.

Die Verwaltung des Nettoumlaufvermögenszyklus ist (bzw. sollte es sein) hohe operative Priorität des Unternehmens, um das Risiko zu knapper Barmittel und einer Insolvenz zu vermeiden.

**Verwaltung des Nettoumlaufvermögens / Working Capital Management**

Verfahren der Verwaltung bzw. Verbesserung des Nettoumlaufvermögens sind unter anderem:

- *Optimierung der Lagerbestände.* „Just in time" (JIT): Eine zeitoptimale Auftragserteilung stellt sicher, dass Barmittel nicht in Vorräten gebunden sind. Supermärkte vermeiden durch den Einsatz von JIT, dass Fehlmengen entstehen, dabei wird gleichzeitig die Lagerfläche minimiert.

- *Schnellerer Einzug der Debitoren.* Indem die Kreditbedingungen durchgesetzt werden, wird das Risiko minimiert, dass Gelder nicht erhalten werden können. Anreize zur frühzeitigen Zahlung zusammen mit einer zuverlässigen Kreditkontrolle verbessern das Timing der Zahlungseingänge. Unternehmen mit nicht ausreichenden liquiden Mitteln können sich für das Factoring ihrer Forderungen entscheiden. Dabei werden Forderungen an Dritte verkauft, sodass das Unternehmen sofort liquide Mittel erhält.

- *Cashflow-Planungen.* Dadurch können die Kosten der Haltung überschüssiger Barmittel minimiert sowie kurzfristige Finanzierungslücken festgestellt werden. In großen Unternehmen werden diese Prognosen gewöhnlich von der Finanzabteilung erstellt.

Neben einer Verkürzung des Zyklus des Nettoumlaufvermögens, durch die liquide Mittel wieder verfügbar werden (oder der Finanzierungsbedarf minimiert wird), verfügen gut geführte Unternehmen auch über alternative Quellen kurzfristiger Finanzierung. Ein Überziehungskredit ist eine teure, aber sehr häufig verwendete Quelle kurzfristiger

Finanzierung, obwohl die Vorteile eines Überziehungskredits sorgfältig gegen die Kosten des Kredits und die Beibehaltung der Kreditlinie abgewogen werden müssen.

Wenn ein Unternehmen ein zu hohes Nettoumlaufvermögen hat, kann das darauf hinweisen, dass das Management ineffizient ist. Hat das Unternehmen beispielsweise ein hohes Vielfaches des Umlaufvermögens zusätzlich zu den kurzfristigen Verbindlichkeiten, kann dies anzeigen, dass das Management unnötigerweise Geld in Vorräten bindet oder nicht schnell genug Mittel von den Debitoren erhält. Dies könnte auch darauf hinweisen, dass das Unternehmen seinen Kunden übermäßig großzügige Kreditkonditionen anbietet.

Einige Unternehmen verwenden die Taktik, die Zahlungen an die Gläubiger hinauszuzögern, um den Bedarf an Nettoumlaufvermögen zu finanzieren. Jeder Tag, um den die Zahlung an einen Gläubiger hinausgeschoben wird, ist ein Tag der Finanzierung des Nettoumlaufvermögens des Unternehmens durch den Gläubiger.

Diese Praxis ist zwar legal, doch ob sie moralisch vertretbar ist, ist zweifelhaft (besonders wenn kleinere Lieferanten größere Unternehmen finanzieren). Große Unternehmen werden heutzutage ermutigt, zu veröffentlichen, wie lange die Zahlung an die Gläubiger dauert, und einige Unternehmen unterscheiden sich mit dieser Information, dass sie eine faire Geschäftspolitik betreiben, von den Wettbewerbern.

Es gibt keine „richtige" Höhe des Nettoumlaufkapitals. Jedes Unternehmen ist einmalig und mit seinen eigenen Herausforderungen und Chancen, einschließlich des Zahlungsverzugs von Kunden, zyklischen Umsatzmustern usw. konfrontiert. Ziel des Unternehmens sollte sein, das Nettoumlaufvermögen so zu verwalten, dass sichergestellt ist, dass es für den individuellen Bedarf des Unternehmens ausreicht, jedoch nicht zu hoch ist. Ausreichend in diesem Sinn bedeutet, dass es Zugang zu liquiden Ressourcen hat, die dem Unternehmen nicht nur ermöglichen, Zahlungen für erkannte kurzfristige Verbindlichkeiten zu leisten, sondern auch mit unerwarteten Ereignissen umzugehen, z.B. uneinbringlichen Forderungen oder Rückerstattungen an Kunden.

## Vertiefungswissen

### Nettoumlaufvermögen

Das *Nettoumlaufvermögen* ist die Differenz zwischen dem Umlaufvermögen und den kurzfristigen Verbindlichkeiten.

Ein Unternehmen mit einem Umlaufvermögen, das niedriger ist als die kurzfristigen Verbindlichkeiten, hat ein negatives Nettoumlaufvermögen. Das könnte auf Probleme hinweisen, aber nur dann, wenn das Unternehmen seine Schulden bei Fälligkeit nicht bezahlen kann. Beim Geschäftsmodell von Einzelhändlern, wie z.B. Tesco, auf Barzahlungsbasis wird hingegen mit einem negativen Nettoumlaufvermögen gearbeitet, weil mit langen Zahlungszielen für die Gläubiger deren Bedarf an Nettoumlaufvermögen finanziert werden kann. Tescos letzte Ergebnisse zeigen, dass das Unternehmen am Jahresende mit einem negativen Nettoumlaufvermögen in Höhe von 5 Milliarden Euro arbeitete.

Vertiefungswissen

## Liquiditätskennzahlen

### Liquidität 1. Grades

Ob das Nettoumlaufvermögen angemessen ist, wird üblicherweise anhand des Vergleichsmaßstabs eines Liquiditätskoeffizienten festgestellt, der Liquiditätsgrad heißt.

Der Liquiditätsgrad wird wie folgt berechnet:

$$\frac{\text{Umlaufvermögen}}{\text{Kurzfristige Verbindlichkeiten}} = \frac{138.000 \text{ EUR}}{58.000 \text{ EUR}} = 2,4$$

Wenn das Umlaufvermögen gleich den kurzfristigen Verbindlichkeiten ist, beträgt der Liquiditätsgrad 1.

Jeder Wert unter 1 deutet auf ein negatives Nettoumlaufvermögen hin, da die kurzfristigen Verbindlichkeiten höher sind als das Umlaufvermögen, sodass der Liquiditätskoeffizient unter 1 fällt.

Eine Zahl größer als 1 zeigt an, dass ein Unternehmen über ein ausreichendes Umlaufvermögen verfügt, um seinen kurzfristigen Verpflichtungen nachzukommen. Beachten Sie aber die Bemerkungen oben zur zeitlichen Abstimmung zwischen (nicht liquiden) Vorräten und Debitoren im Vergleich zu liquide fälligen kurzfristigen Verbindlichkeiten.

Eine Zahl größer als 2 könnte auf ein ineffizientes Management hinweisen, d.h., das Unternehmen zieht keinen Vorteil aus seinem verfügbaren überschüssigen Nettoumlaufvermögen.

### Liquidität 2. Grades

Eine andere Liquiditätskennzahl ist die Liquidität 2. Grades, in der die Vorräte nicht enthalten sind. Diese Kennzahl stellt die Fähigkeit eines Unternehmens besser heraus, die Verbindlichkeiten aus den liquiden Vermögenswerten zu zahlen (es dauert länger, Vorräte zu verkaufen und Barmittel einzunehmen).

Im Fall der ABC GmbH ist die Kennzahl immer noch solide, da sie größer als eins ist:

$$\frac{\text{Umlaufvermögen abzüglich Vorräten}}{\text{Kurzfristige Verbindlichkeiten}} = \frac{96.000 \text{ EUR}}{58.000 \text{ EUR}} = 1,7$$

### Bindungsdauer des Nettoumlaufvermögens

Kennziffern für die Bindungsdauer des Nettoumlaufvermögens sind nützliche Effizienzmaße.

Unter Verwendung des obigen Beispiels der ABC GmbH können die „Tage" wie folgt berechnet werden (unter der Annahme, dass der Umsatz 1 Million Euro und die Umsatzkosten 700.000 Euro betragen):

$$\text{Lagerhaltedauer} = \frac{\text{Vorräte}}{\text{Umsatzkosten}} \times 365 \text{ Tage}$$

Bei der ABC GmbH:

$$\frac{42.000\ \text{EUR}}{700.000\ \text{EUR}} \times 365\ \text{Tage} = 22\ \text{Tage}$$

$$\text{Debitorendauer} = \frac{\text{Debitoren}}{\text{Umsätze}} \times 365\ \text{Tage}$$

Bei der ABC GmbH:

$$\frac{96.000\ \text{EUR}}{1.000.000\ \text{EUR}} \times 365\ \text{Tage} = 35\ \text{Tage}$$

$$\text{Kreditorendauer} = \frac{\text{Kreditoren}}{\text{Umsatzkosten}} \times 365\ \text{Tage}$$

Bei der ABC GmbH:

$$\frac{58.000\ \text{EUR}}{700.000\ \text{EUR}} \times 365\ \text{Tage} = 30\ \text{Tage}$$

Mit diesen Kennzahlen können der Zyklus des Nettoumlaufvermögens und die damit zusammenhängende Finanzlücke, die finanziert werden muss, leicht berechnet werden.

Diese Kennzahlen sind eine gängige Möglichkeit, die kurzfristige Liquidität zu überwachen.

## Profiwissen

Investoren und potenzielle Käufer schauen sich den Zyklus des Nettoumlaufvermögens eines Unternehmens genau an, weil sie dann eine Vorstellung erhalten, wie effektiv das Management die Vermögenswerte der Bilanz verwaltet und Cashflows generiert. Ein Käufer wird versuchen festzustellen, ob zusätzliches Nettoumlaufvermögen eingebracht werden muss, z.B. um die Geschäftstätigkeit des Unternehmens weiterzuführen oder um eine Expansion zu finanzieren. Wenn z.B. der Geschäftsbetrieb der ABC GmbH, wie oben erwähnt, erweitert werden soll, sind nicht nur Barmittel für die Erfüllung bestehender Verpflichtungen erforderlich, sondern auch zusätzliche Summen für das Wachstum. Eine effektivere Verwaltung des Nettoumlaufvermögens könnte den Zyklus des Nettoumlaufvermögens verringern und so den Barmittelbedarf des Unternehmens senken.

Von einigen Investoren weiß man, dass Unternehmen in Branchen nicht infrage kommen, die mit einem negativen Nettoumlaufvermögen arbeiten, weil sie glauben, dass diese Unternehmen nicht nachhaltig erfolgreich sind, da sie zur Beibehaltung ihrer Geschäftstätigkeit immer Barmittel benötigen.

# Anwendung und Darstellung in der Praxis

Das Umlaufvermögen wird in der Bilanz als Vorräte, Debitoren und liquide Mittel ausgewiesen.

Kurzfristige Verbindlichkeiten werden in der Bilanz zusammengefasst, wobei die Einzelheiten jeder kurzfristigen Verbindlichkeit im Anhang angegeben werden.

> **FALLSTUDIE** zooplus AG
>
> Darüber hinaus verzeichneten die liquiden Mittel gegenüber dem Vorjahreswert von 51,2 Mio. EUR einen Anstieg um 8,3 Mio. EUR auf 59,5 Mio. EUR zum Ende des Geschäftsjahres 2018. Dieser ist im Wesentlichen bedingt durch die im Vergleich zum Vorjahr erzielten Verbesserungen im Working Capital und die daraus resultierenden gestiegenen Cashflows.
>
> *Quelle: Geschäftsbericht zooplus AG 2018, S. 71*
>
> Ziel des Konzerns ist es, ein Gleichgewicht zwischen der kontinuierlichen Deckung des Finanzmittelbedarfs und Sicherstellung der Flexibilität durch die Nutzung von Kontokorrentkrediten und Darlehen zu bewahren. zooplus setzt teilweise länderübergreifend Cashpoolingtechniken zum effektiven Liquiditätsmanagement der Gruppe ein. Gegebenenfalls verbleibende kurzfristige Liquiditätsspitzen werden durch die Nutzung von Kontokorrentkrediten ausgeglichen. Zum Zeitpunkt der Aufstellung des Konzernabschlusses stehen ungenutzte Kreditlinien (variabel verzinslich) in Höhe von 50 Mio. EUR bei drei voneinander unabhängigen Kreditinstituten zur Verfügung. Die Gewährung der Kreditlinien erfolgte ohne die Bereitstellung von Sicherheiten und mit einer Laufzeit bis 30. November 2020. Der Konzern unterliegt daher aktuell keinen Liquiditätsrisiken.
>
> *Quelle: Geschäftsbericht zooplus AG 2018, S. 134*

# Besondere Hinweise für die Praxis

Wenn Sie sich mit dem Liquiditätsmanagement und dem Working Capital eines Unternehmen auseinandersetzen, sollten Sie auf die folgenden Punkte achtgeben:

- Unternehmen, die hohe Steigerungen der Vorratsbestände im Jahresvergleich ausweisen, aber kein Wachstum der Umsätze. Dies könnte auf Probleme beim Verkauf der Vorräte hinweisen.

- Unternehmen mit ungewöhnlich niedrigen Lagerbeständen. Dies könnte Lieferprobleme anzeigen und damit verpasste Erlöschancen.

- Eine zunehmende Debitorenumschlagsdauer. Verspätet zahlende Kunden binden Nettoumlaufvermögen. Dies könnte Probleme anzeigen, Forderungen einzutreiben.

- Längere Kreditorenziele. Dies könnte darauf hinweisen, dass sich das Unternehmen stärker auf die Kreditoren verlässt, um Wachstum über die Lieferanten zu finanzieren, oder auf Schwierigkeiten bei der Rückzahlung.

- Es besteht ein zu hohes Nettoumlaufvermögen.

- Es besteht ein negatives Nettoumlaufvermögen.

- Das Verhältnis des Nettoumlaufvermögens zum Umsatz. Dies stellt den Betrag von Cent in jedem Euro dar, der für die Finanzierung des Nettoumlaufvermögens erforderlich ist, Das Nettoumlaufvermögen sollte gewöhnlich in die gleiche Richtung zunehmen wie die Umsätze.

# 29

# Investorenkennzahlen

„Im Laufe meiner Karriere lernte ich die anderen Aspekte kennen, die den Erfolg eines Unternehmens über die Gewinn- und Verlustrechnung hinausgehend bestimmen: eine großartige Führung, Finanzkraft auf lange Sicht, ethische Geschäftspraktiken, eine sich weiterentwickelnde Unternehmensstrategie, eine solide Steuerung und Überwachung des Unternehmens, starke Marken, eine wertebasierte Entscheidungsfindung ..."

Ursula Burns, Präsidentin und Vorstandsvorsitzende, Xerox

## Auf einen Blick

Investorenkennzahlen werden für börsennotierte Unternehmen regelmäßig in der Finanz- und Wirtschaftspresse veröffentlicht. Die Kennzahlen werden auf Basis öffentlich verfügbarer Finanz- und Aktienkursdaten berechnet.

Mit *Investorenkennzahlen* können Anlagechancen beurteilt werden, da sie dabei helfen, das Unternehmen zu verstehen. Große Datenmengen werden zusammengefasst, um Trends im Zeitablauf zu erkennen, Vergleiche mit anderen Unternehmen oder mit Standardwerten der entsprechenden Branche anzustellen.

Diese Kennzahlen sind zwar ein wichtiges Hilfsmittel für die Beurteilung von Investitionen, doch sie sollten immer nur einen Teil der Instrumente im Werkzeugkasten der Entscheidungsfindung von Investoren darstellen. Es ist ebenso wichtig, allgemeine, politische, wirtschaftliche, soziale und technologische Einflüsse auf die Unternehmen zu verstehen. So führte z.B. die Entscheidung Großbritanniens, die Europäische Union zu verlassen, zu Unsicherheiten und Chancen für viele Unternehmen, die nicht mit Kennzahlen erläutert werden können.

Im Mittelpunkt der Investorenkennzahlen stehen vor allem Rentabilität (Rendite) und Sicherheit (Risiko). Mit ihnen können

1. Investoren den Wert und die Qualität von Investitionsmöglichkeiten einschätzen und
2. Geschäftsführer/Manager die Auswirkungen der Unternehmensstrategie auf diejenigen Messgrößen, die für die Investoren am wichtigsten sind, verfolgen.

# Basiswissen

Wichtige Investorenkennzahlen sind unter anderen:

1. Gewinn pro Aktie
2. Kurs-Gewinn-Verhältnis
3. Dividendenquote
4. Dividendenrendite

Nachfolgend werden die vier Investorenkennzahlen genauer betrachtet.

## 1. Gewinn pro Aktie (Earnings per Share, EPS)

Berechnet als:

$$\text{EPS} = \frac{\text{Jahresüberschuss}}{\text{Durchschnittliche Anzahl Aktien}}$$

*EPS* ist der Gewinn, der pro ausgegebener Aktie erzielt wird. Die Kennzahl wird als Zahl angegeben, z.B. ein EPS von 0,50 Euro bedeutet, dass jede Aktie einen Gewinnanteil von 0,50 Euro hat.

### Vorteile der EPS-Kennzahl

EPS ist einfach zu berechnen und dennoch eine aussagekräftige Möglichkeit, zu zeigen, wie der Gewinn des Unternehmens auf die Aktionäre aufgeteilt wird.

Sie ist eine gute Maßzahl, um das Wachstum der Gewinne eines Unternehmens im Zeitablauf zu verfolgen. Eine im Jahresvergleich (von Periode zu Periode) steigende EPS-Zahl zeigt an, dass der Gewinn pro Aktie steigt, d.h., das Unternehmen generiert eine steigende Rendite für die Anleger. Eine fallende EPS-Zahl zeigt hingegen, dass sich das (Ergebnis-)Wachstum des Unternehmens verlangsamt. Obwohl die Ergebnisse der Vergangenheit nie eine Garantie für zukünftige Ergebnisse sind, kann ein Unternehmen mit einer kontinuierlichen Steigerung der EPS in der Vergangenheit für Anleger attraktiv sein, die auf ein gewisses Maß an Sicherheit der zukünftigen Rendite schauen.

### Nachteile der EPS-Kennzahl

Die wichtigste Einschränkung der EPS ist, dass sie nicht für einen Vergleich von Unternehmen verwendet werden kann, weil die EPS nicht die unterschiedliche Kapitalstruktur von Unternehmen berücksichtigt.

## BEISPIEL

Unternehmen A und Unternehmen B weisen den gleichen Jahresüberschuss (JÜ) in Höhe von 10.000 Euro aus. Jedes der Unternehmen hat 10.000 Aktien ausgegeben.

- Unternehmen A hat jedoch Aktien zum Nennwert von 1 Euro ausgegeben, d.h., das Grundkapital ist 10.000 Euro.
- Unternehmen B hat Aktien zum Nennwert von 2 Euro ausgegeben, d.h., das Grundkapital ist 5.000 Euro.

| Unternehmen | A | B |
|---|---|---|
| Jahresüberschuss | 10.000 EUR | 10.000 EUR |
| Anzahl Aktien | 10.000 | 10.000 |
| EPS | 1 EUR | 1 EUR |
| Grundkapital | 10.000 EUR | 5.000 EUR |

Beide Unternehmen weisen dieselbe EPS-Zahl von 1 Euro aus. Unternehmen B hat jedoch dieses Gewinnniveau mit einem investierten Kapital von (nur) 5.000 Euro erzielt, während Unternehmen A von den Anlegern 10.000 Euro benötigte. Der Gewinn pro Aktie ist zwar derselbe, die Eigenkapitalrendite von Unternehmen B ist jedoch doppelt so hoch wie die Eigenkapitalrendite von Unternehmen A. Anders gesagt, ein Aktionär von Unternehmen A investierte 1 Euro, um 1 Euro zu verdienen. Ein Aktionär von Unternehmen B investierte 0,50 Euro für einen Ertrag von 1 Euro.

Unter sonst gleichen Bedingungen wäre Unternehmen B die bessere Anlage, denn die EPS berücksichtigt nicht die unterschiedliche Kapitalstruktur.

## 2. Kurs-Gewinn-Verhältnis (KGV)

Berechnet als:

$$\text{KGV} = \frac{\text{Marktpreis pro Aktie}}{\text{Gewinn pro Aktie}}$$

Die Kennzahl wird als Zahl angegeben.

Das *Kurs-Gewinn-Verhältnis* ist die am meisten verwendete Kennzahl für Investoren. Sie zeigt den Preis (Kosten) für den Kauf einer Aktie im Vergleich zum erzielten Gewinn. Ein Unternehmen mit einem KGV von 20 bedeutet, dass man für 1 Euro Gewinn einen Betrag von 20 Euro investieren muss.

Für börsennotierte Unternehmen werden die KGV-Daten täglich berechnet und veröffentlicht, und zwar auf der Grundlage der letzten verfügbaren Kursdaten und der letzten historischen Daten der Jahresgewinne. Das KGV basiert weitestgehend auf historischen Gewinndaten, genauer gesagt auf dem Jahresüberschuss des letzten Jahres.

Die aktuellen Kursdaten sind von der jeweiligen Aktienbörse erhältlich. Die Gewinndaten basieren auf den veröffentlichten historischen jährlichen Gewinnen.

## Vorteile des KGV

Das KGV eines Unternehmens kann im Zeitablauf oder unmittelbar mit Unternehmen derselben Branche oder auch den Werten anderer Branchen verglichen werden.

Mit dem KGV wird festgestellt, ob ein Unternehmen im Vergleich mit anderen Unternehmen des Sektors oder dem Sektor im Allgemeinen fair bewertet ist. Es kann dabei helfen, zu erkennen, ob eine Aktie im Vergleich mit ähnlichen Unternehmen eher „teuer" oder eher „günstig" ist.

Ein hohes KGV (im Vergleich zum Sektor) bedeutet, dass ein Anleger mehr für den Gewinn von heute als für vergleichbare Anlagemöglichkeiten zahlen muss, während ein niedriges KGV anzeigt, dass Aktien heute zu einem relativ guten Wert gekauft werden können.

- Ein *hohes KGV* (im Vergleich mit anderen Unternehmen oder dem Sektor allgemein) könnte bedeuten, dass die Aktien im Vergleich zum Sektor zu teuer sind. Es könnte aber auch sein, dass ein Unternehmen bessere Ergebnisse erzielt als der Sektor und es deshalb höher bewertet wird.
- Ein im Vergleich zu Unternehmen derselben Branche *niedriges KGV* könnte anzeigen, dass das Unternehmen unterbewertet ist, d.h., dass die Aktien zu einem günstigen Preis erworben werden können. Andererseits könnten der Aktienkurs und das KGV niedrig sein, weil sich die Anleger Sorgen machen, ob das Unternehmen in der Lage ist, in Zukunft Gewinne zu erwirtschaften.

## Nachteile der KGV-Kennzahl

Die eigentliche Interpretation der Zahl ist nicht immer einfach. Wie oben erläutert, kann ein hohes oder niedriges KGV mehrere mögliche Erklärungen haben. Hinzu kommt, dass das KGV zwar als gutes Maß des relativen Wertes gilt, dem Aktionär aber nicht sagt, ob die Aktien richtig bewertet sind. Der Kurs einer Aktie wird von vielen Faktoren bestimmt, unter anderem der Wahrnehmung von Risiko und Wachstum durch die Anleger. Das bedeutet nicht notwendigerweise, dass diese Einschätzung richtig ist. KGV-Zahlen sind das Ergebnis vieler sich überschneidender Überlegungen hinsichtlich Risiken und Chancen, die den Kurs beeinflussen könnten. Das KGV sollte daher nicht als alleiniges Bewertungsinstrument eingesetzt werden.

## 3. Dividendenquote

Berechnet als:

$$\text{Dividendenquote} = \frac{\text{Gezahlte Dividende}}{\text{Jahresüberschuss}}$$

Die *Dividendenquote* wird als relative Zahl angegeben, z.B. 30 Prozent. Mit dieser Zahl wird angezeigt, welcher Teil des erzielten Gewinns an die Investoren ausgezahlt wird (und welcher Teil des Gewinns im Unternehmen einbehalten wird).

## Vorteile der Dividendenquote

Sie ist einfach zu berechnen und einfach zu verstehen. Sie misst, wie stark ein Unternehmen gewillt ist, Investoren an den Gewinnen direkt partizipieren zu lassen.

> **BEISPIEL**
>
> | Jahresüberschuss | 100 TEUR |
> |---|---|
> | Gezahlte Dividende | 25 TEUR |
> | Dividendenquote | 25 % |
>
> Das Unternehmen zahlt 25 Prozent der erzielten Ergebnisse als Dividende aus. Damit können Investoren, die auf laufende Ausschüttungen angewiesen sind, einen Vergleich zu anderen Unternehmen herstellen.

## Nachteile der Dividendenquote

Dividendenzahlungen reagieren normalerweise nicht auf die Volatilität des Gewinns in einem Jahr, d.h., die Dividendenquote in einem Jahr sollte nicht isoliert interpretiert werden. Ein Unternehmen kann jahrelang weiter eine Dividende ausschütten, auch wenn es Verluste macht, wenn es aus früheren Jahren Rücklagen gebildet hat.

Zu beachten ist jedoch, dass es nie eine Garantie gibt, dass eine Dividende ausgeschüttet wird, selbst wenn ein Unternehmen den Gewinn dazu hat. Die Geschäftsführung entscheidet über die Dividende. Die Aktionäre haben kein gesetzliches Recht auf eine Dividende und können die Geschäftsführung nicht dazu zwingen, eine Dividende auszuschütten.

# 4. Dividendenrendite

Berechnet als:

$$\text{Dividendenrendite} = \frac{\text{Dividende pro Aktie}}{\text{Marktpreis pro Aktie}}$$

Diese Kennzahl wird in Prozent ausgedrückt, z.B. 10 Prozent.

Die Dividende pro Aktie, mit der die *Dividendenrendite* berechnet wird, ist die vom Unternehmen gezahlte Nettodividende (in Euro), d.h. ohne Berücksichtigung von Steuern auf Ausschüttungen oder Ähnliches.

## Vorteile der Dividendenrendite

Die Kennzahl kann mit anderen (Kapital-)Anlagen verglichen werden, um Unternehmen zu finden, die die höchste Dividendenrendite zahlen.

## Nachteile der Dividendenrendite

Die Dividendenrendite ist wie das KGV vielseitig interpretierbar.

Eine hohe Dividendenrendite kann eine gute Anlagechance anzeigen, z.B. weil die Aktie unterbewertet ist. Andererseits kann der Aktienkurs die Erwartung einer (schlechten) zukünftigen Performance widerspiegeln, d.h., dass die Zahlung der Dividende eventuell in der Zukunft nicht aufrechterhalten werden kann.

Umgekehrt kann eine niedrige Dividendenrendite im Vergleich zum Sektor anzeigen, dass Aktien zu teuer sind. Andererseits kann sie eine Entscheidung des Unternehmens widerspiegeln, einen höheren Anteil des Gewinns einzubehalten, um langfristig höhere Erträge zu erzielen.

Es gibt keine richtige Höhe der Dividendenrendite und Änderungen des Aktienkurses können diese Maßzahl volatil machen. Eine höhere Dividendenrendite lässt sich nicht notwendigerweise in eine hohe Ausschüttung umsetzen.

Anleger, die einen stetigen Dividendenstrom suchen, halten die Dividendenquote möglicherweise für eine nützlichere Kennzahl als die Dividendenrendite.

Investorenkennzahlen geben den Anlegern nützliche Informationen bezüglich der Rentabilität und der Sicherheit von Anlagen und ihren möglichen Alternativen. Der Vergleich der Kennzahlen kann Anlegern dabei helfen, eine Anlage in ein gutes Unternehmen von einer Anlage in ein schlecht geführtes Unternehmen zu unterscheiden. Kennzahlen sind jedoch interpretierbar und sollten nicht isoliert betrachtet werden.

Investorenkennzahlen für Anleger können hohen Schwankungen unterliegen, beispielsweise infolge der Volatilität des Aktienkurses. Die Verwendung veröffentlichter Zahlen aus Geschäftsberichten begrenzt auch die Nützlichkeit von Kennzahlen, da historische Daten nur nachlaufende Indikatoren sind, keine auf die Zukunft gerichtete Orientierungshilfe.

Geschäftsführer sollten die Auswirkungen ihrer Entscheidungen auf die Kennzahlen berücksichtigen, die für die jetzigen und potenziellen Anleger wichtig sind.

## Vertiefungswissen

### Kurs-Gewinn-Wachstum-Verhältnis (KGWV)

Obwohl das KGV das für den Vergleich von Unternehmen am häufigsten verwendete Maß ist, so ist es doch ein Maß, das auf historischen Gewinndaten (nachziehendes KGV) basiert. In der Praxis gilt das KGWV als eine Kennzahl, die ein besseres Bild der Bewertung und Attraktivität einer Aktie liefert und auch einige der Nachteile des isoliert betrachteten KGV thematisiert.

Das *KGWV* (oder zukünftige KGWV) misst das Verhältnis von KGV und dem erwarteten Wachstum eines Unternehmens.

Das KGWV erfordert eine Schätzung des zukünftigen Gewinnwachstums und wird berechnet als:

$$\text{KGWV} = \left[ \frac{\frac{\text{Kurs}}{\text{Gewinn}}}{\text{Zukünftige jährliche Wachstumsrate des EPS}} \right]$$

Ein KGWV von 1 gilt als die Basis, d.h., dass die Aktie fair bewertet ist. Unternehmen mit einem hohen KGV dürften im Allgemeinen höhere Wachstumsraten haben.

Ein KGWV von unter 1 würde im Allgemeinen als attraktiv gelten, weil es anzeigt, dass das Unternehmen wegen des in zukünftigen Jahren erwarteten höheren Wachstums unterbewertet ist. Ein KGWV von 2 kann eine Überbewertung anzeigen.

Das KGWV wird oft als Vergleich von Unternehmen für eine Priorisierung von Anlagemöglichkeiten verwendet.

> **BEISPIEL**
>
> - Unternehmen A mit einem KGV von 15 und einem erwarteten Wachstum von 7,5 Prozent hätte ein KGWV von 2.
> - Unternehmen B mit einem KGV von 15 und einem erwarteten Wachstum von 20 Prozent hätte ein KGWV von 0,75.
>
> Isoliert betrachtet hat Unternehmen A ein hohes KGV und ein hohes KGWV und scheint daher eine teure Investitionsoption zu sein. Unternehmen B hat zwar dasselbe KGV, aber ein niedrigeres KGWV und könnte daher eine bessere Anlagegelegenheit sein.
>
> Der größte Nachteil des KGWV ist das Erfordernis, die zukünftigen Gewinne zu schätzen, was häufig auf dem Gewinn in der Vergangenheit basiert und die zukünftige Entwicklung nicht zuverlässig prognostiziert.

# Profiwissen

Das KGV und die Dividendenquote basieren auf historischen Gewinndaten. Tatsächlich möchten die Anleger aber etwas über die zukünftigen Ergebnisse erfahren. Dieser Wunsch nach Relevanz statt nach Verlässlichkeit der Daten hat zur Entwicklung des „Forward P/E" (Kurs-Gewinn-Verhältnis in der Zukunft) und einer Dividendenpolitik geführt. Das Forward P/E wurde in den USA entwickelt und ist seit einigen Jahrzehnten eine beliebte Kennzahl.

Die Berechnung des *Forward P/E* verwendet Prognosedaten statt historischer Daten der Jahresergebnisse. Der prognostizierte Gewinn wird typischerweise von Analysten geschätzt und ist daher nicht so verlässlich wie tatsächliche (historische) Gewinndaten.

Auch die Forward-Dividendenrendite kann berechnet werden und basiert auf der geschätzten zukünftigen Dividende. Diese kann mit einer höheren Genauigkeit prognostiziert werden, wenn ein Unternehmen seine Dividendenpolitik öffentlich mitgeteilt hat.

Entscheidungen auf Basis von Forward-Kennzahlen (statt auf historischen, geprüften Daten) können allerdings eine zusätzliche Komplexität erzeugen und den bereits schwierigen Anlageentscheidungen eine sogar noch größere Unsicherheit verleihen.

# Anwendung und Darstellung in der Praxis

Aktien von Unternehmen in Privatbesitz, die nicht gehandelt werden, haben keinen leicht erhältlichen Marktwert. Anders als börsennotierte Unternehmen müssen Unternehmen in Privatbesitz keine EPS-Zahlen veröffentlichen.

Die EPS-Zahl börsennotierten Unternehmen ist am Ende der Gewinn- und Verlustrechnung angegeben, wobei die Berechnung der EPS im Anhang ersichtlich ist.

> **FALLSTUDIE** zooplus AG
>
> | | 2013 | 2014 | 2015 | 2016 | 2017 | 2018 |
> |---|---|---|---|---|---|---|
> | EPS – Ergebnis je Aktie [1] in EUR | 0,29 | 0,83 | 1,13 | 1,63 | 0,27 | –0,29 |
>
> *Quelle: Geschäftsbericht zooplus AG 2018, U 3*
>
> **Investor Relations**
>
> Die Pflege und der Ausbau des Vertrauensverhältnisses zu Aktionären, Analysten und anderen Kapitalmarktteilnehmern genießen einen hohen Stellenwert für die zooplus AG und ihr Management. Das Ziel der Investor-Relations-Arbeit von zooplus ist es, regelmäßig und zeitnah wichtige unternehmensrelevante Informationen zu kommunizieren, um Aktionäre und Interessengruppen bestmöglich über die Entwicklung des Unternehmens auf dem Laufenden zu halten.
>
> Der Bereich Investor Relations sowie der Vorstand selbst stehen zu diesem Zweck allen interessierten Gruppen als Ansprechpartner jederzeit zur Verfügung. Darüber hinaus bietet die Gesellschaft zur Veröffentlichung der finalen Quartalsberichte Telefonkonferenzen und Webcasts als Informationsservice an. Die entsprechenden Unterlagen hierzu werden im Anschluss an die Veröffentlichungstermine im Investor-Relations-Bereich der zooplus-Website öffentlich zugänglich gemacht.
>
> Im Jahr 2018 hat der Vorstand im Rahmen der Investor-Relations-Aktivitäten an zehn Investorenkonferenzen im In- und Ausland teilgenommen. Darüber hinaus wurden Roadshows unter anderem in Frankfurt, London, Paris, Zürich und New York durchgeführt. Am 22. März 2018 veranstaltete zooplus einen Capital Markets Day in London.
>
> Des Weiteren standen der Vorstand und der Investor-Relations-Bereich den Investoren und Analysten für Fragen und persönliche Gespräche zur Verfügung. Die zooplus AG wird derzeit von 13 Banken im Rahmen der Research- und Analysetätigkeiten regelmäßig beobachtet.
>
> *Quelle: Geschäftsbericht zooplus AG 2018, S. 52*

# Besondere Hinweise für die Praxis

Wenn Sie sich mit der Berechnung von Investorenkennzahlen beschäftigen, sollten Sie folgenden Empfehlungen miteinbeziehen.

- Beim Vergleich von Kennzahlen ist es wichtig, die Wirkung unterschiedlicher Bilanzpolitik, Finanzstruktur (Fremdkapital im Vergleich zum Eigenkapital) und unterschiedlicher Geschäftsjahre zu berücksichtigen. Jedes Unternehmen ist anders.

- Investorenkennzahlen, wie z.B. das KGV, verwenden aktuelle sowie historische Daten, können also extremer Volatilität unterliegen. Trends im Zeitablauf und Vergleich zum Sektor können informativer sein.

- Unternehmen, die Verluste machen, haben ein negatives KGV oder ein KGV von null. Dies erschwert die Interpretation. Auch hier gilt, dass Trenddaten informativer sein können, da mit keiner Kennzahl ermittelt werden kann, ob ein Unternehmen ein attraktives Investment ist.

- Lesen Sie immer die Erläuterungen im Geschäftsbericht. Der Anhang des Jahresabschlusses stellt die wichtigen Risiken heraus, die die zukünftigen Ergebnisse gefährden könnten (z.B. Probleme mit der Qualität der Produkte, zu starkes Vertrauen auf Kunden oder Lieferanten, Gerichtsverfahren, Bedenken hinsichtlich der Unternehmensführung und -kontrolle usw.). Diese Risiken werden jedoch von einem unerfahrenen Anleger in der Regel übersehen.

- Unterschätzen Sie nie, wie wichtig es ist, wie die Geschäftsführung von den Anlegern wahrgenommen wird. Der Weggang oder die Neubestellung eines Vorstands kann sich stark auf die Kennzahlen eines Unternehmens auswirken.

# Teil VII

# Finanzielle Unternehmensführung

# 30

# Internes Berichtswesen

*„Zwei Finanzfachleute fahren in einem Auto. Der für das externe Rechnungswesen zuständige Buchhalter schaut in den Rückspiegel und zeichnet die Fahrt auf. Der für das Berichtswesen zuständige Controller schaut nach vorne und plant, wo die Fahrt hingeht, und passt die Richtung entsprechend an."*

Beliebte Anekdote im Finanzbereich

## Auf einen Blick

Das *Berichtswesen* verwendet vergangene und aktuelle Daten finanzieller und nicht finanzieller Art, um dem Unternehmen dabei zu helfen, fundierte Entscheidungen zu treffen.

Am besten versteht man das interne Berichtswesen, wenn man es mit dem Jahresabschluss und dem damit verbundenen externen Berichtswesen vergleicht:

- Zweck des Jahresabschlusses ist die Dokumentation der in der Vergangenheit erzielten Ergebnisse für Aktionäre sowie weitere interne und externe Interessengruppen (z.B. Mitarbeiter und Gläubiger).
- Zweck des (internen) Berichtswesens ist, internen Ansprechpartnern, wie z.B. den Geschäftsführern, dabei zu helfen, das Unternehmen effizient und effektiv zu führen.

Kapitel 30    Internes Berichtswesen

# Basiswissen

## Grundlegendes zu Monatsberichten

Berichte werden oft von den dafür zuständigen Controllern in einem Bündel erstellt, das bisweilen „monatliches Berichtswesen" oder auch „Reporting" genannt wird.

### Gründe

Der Erfolg des Unternehmens steht in einem unmittelbaren Zusammenhang mit der Qualität seiner Entscheidungen. Um sinnvolle und gute Entscheidungen treffen zu können, muss das Unternehmen auf rechtzeitige, genaue, verlässliche, relevante und aufschlussreiche Informationen zugreifen können. Die wichtigste Informationsquelle für den Vorstand ist das Monatsberichtswesen.

In vielen Unternehmen ändert sich die Rolle des Finanzwesens. Besonders die für das Berichtswesen zuständigen Controller können über das sogenannte Business Partnering im Finanzbereich einen Mehrwert schaffen.

### Häufigkeit

Während Jahresabschlüsse jährlich erstellt werden, (obwohl börsennotierte Unternehmen z.B. auch Zwischen- oder Halbjahresabschlüsse erstellen müssen), werden Monatsberichte viel öfter erstellt.

Monatsberichte werden üblicherweise monatlich erstellt, obwohl einige Unternehmen diese Berichte häufiger erstellen, z.B. wöchentlich oder sogar täglich. Zwar ermöglicht die technologische Entwicklung es immer mehr Unternehmen, dem Ideal der Echtzeitinformationen näherzukommen. Dennoch sind monatliche Berichte immer noch üblich und enthalten andere relevante Informationen aus dem Berichtswesen, über die in den Vorstandssitzungen gesprochen wird. Außerdem gibt es einen Unterschied zwischen Informationen in Echtzeit (die möglicherweise nur aus Zahlen bestehen) und den Monatsberichten (die auch Analysen enthalten und eine professionelle Beurteilung erfordern).

### Zeitlicher Abstand

Bei einem großen Unternehmen kann die Erstellung des Jahresabschlusses Wochen, wenn nicht Monate dauern. Das ist vor allem darauf zurückzuführen, dass sichergestellt ist, dass alle Transaktionen enthalten sind und verschiedene erforderliche Veröffentlichungen und Prüfungen durchgeführt werden. Außerdem kann es bis zu zwölf Monate nach Ende des Geschäftsjahres dauern, bis der Jahresabschluss veröffentlicht ist.

Da Monatsberichte für die Führung des Unternehmens und für kritische Entscheidungen verwendet werden, ist es sehr wichtig, dass sie zeitnah erstellt werden. Ein gut organisierter Buchhaltungs- und Finanzbereich kann Monatsberichte innerhalb weniger Tage nach Monatsende erstellen. Rechtzeitige Informationen ermöglichen nicht nur schnellere Entscheidungen, sondern auch, dass Probleme und Chancen früher erkannt werden.

### Voraussetzungen und Format

Im Gegensatz zum Jahresabschluss, der nach Handelsrecht Pflicht ist, besteht für die Erstellung von Monatsberichten keine Pflicht. Umfassende Monatsberichte sind zwar in großen Unternehmen weitverbreitet, doch in vielen kleineren und mittelgroßen Unternehmen (KMU) werden sie nicht so umfangreich oder regelmäßig erstellt. Ein Faktor für den Erfolg und dafür, dass KMU zu großen Unternehmen werden, dürfte die Qualität des Berichtswesens sein.

Der Jahresabschluss ist durch umfassende Rechnungslegungsvorschriften standardisiert, doch für interne Berichte gibt es keine Vorgaben. Tatsächlich ist einer ihrer wichtigsten Vorteile, dass sie auf die Anforderungen des Unternehmens zugeschnitten werden können. Es gibt jedoch einige allgemein akzeptierte Grundsätze und viele Unternehmen halten sich an das Format der wichtigsten Finanzausweise.

**Umfang**

Der Jahresabschluss fasst die gesamte Geschäftstätigkeit eines Unternehmens zusammen, auch wenn es viele unterschiedliche Produkte und/oder Dienstleistungen gibt, die an verschiedenen Märkten verkauft werden.

Monatsberichte können jede jeweils erforderliche Einzelheit enthalten über das gesamte Unternehmen, Sparten, Abteilungen, einzelne Produkte, Dienstleistungen, Märkte oder Kunden.

**Genauigkeit**

Der Jahresabschluss muss die tatsächlichen Verhältnisse abbilden und darf keine wesentlichen Falschdarstellungen enthalten. Zahlen werden oft in Tausend Euro oder Millionen Euro angegeben, je nach Größe des Unternehmens.

Da kritische geschäftliche Entscheidungen auf der Grundlage von Berichten getroffen werden, müssen sie gewöhnlich je nach zu treffender Entscheidung detaillierter sein als der Jahresabschluss.

**Das „ideale" Monatsberichtswesen**

Das „ideale" Monatsberichtswesen sollte auf die individuellen Anforderungen des Unternehmens und seiner Führungskräfte bezogen und zugeschnitten sein. Es sollte rechtzeitig erstellt und die richtige Menge qualitativ hochwertiger Informationen enthalten, die klar und nachvollziehbar dargestellt sind, dabei aber kosteneffizient erstellt werden.

# Vertiefungswissen

## Inhalte typischer Monatsberichte

An das Berichtswesen werden viele Anforderungen gestellt. Beispielhaft zu nennen sind die aus den Richtlinien des CIMA (Chartered Institute of Management Accountants) folgenden Aspekte:
- Zusammenfassung für Entscheidungsträger, in der alle wichtigen Themen mit einer Übersicht der wichtigen Leistungsindikatoren kenntlich gemacht sind

- Aktionsplan, in dem Abhilfemaßnahmen und Pläne für positive und negative Extremszenarien dargestellt sind
- G&V-Rechnung, die Perioden- und kumulative Positionen mit aktualisierten Forecasts zeigt. Abweichungen im Vergleich zum Finanzplan sollten hervorgehoben und die wichtigsten Abweichungen erläutert werden. Die Trendanalyse sollte grafisch dargestellt werden.
- Geplanter Gewinn, neu berechnet auf der Grundlage der tatsächlichen Performance und Aktionspläne
- Planung von Cashflows, in denen tatsächliche und geplante Eingänge, Zahlungen und Salden regelmäßig bis zum Jahresende zusammengefasst sind
- Analyse des Fortschritts größerer Kapitalpläne mit Angabe der Durchführung in Prozent, aktuellen und geplanten Aufwendungen, Durchführungskosten und Zeitraum
- Bilanz mit der Position des Nettoumlaufvermögens in tabellarischer Form oder unter Verwendung von Leistungsindikatoren, z.B. Debitoren- und Kreditorentage

CIMA hebt auch hervor, dass das Monatsberichtswesen leicht anpassbar sein und Grafiken, Diagramme, Farbcodierung, klare Überschriften und selektive Hervorhebungen enthalten sollte. CIMA schlägt vor, dass zusätzliche Informationen nur dann als Anhang bereitgestellt werden sollten, wenn diese unverzichtbar dafür sind, dass der Vorstand den Bericht versteht.

Weitere wichtige Inhalte eines Monatsberichtswesens sind unter anderem:

- *Kommentar.* Um einen zusätzlichen Wert zu schaffen, sollte das Monatsberichtswesen die Zahlen „zum Sprechen bringen" und eine „Geschichte" dazu liefern, was geschehen ist und wie sich das auf die Planung ausgewirkt hat.
- *Auftragseingang.* Außerdem andere führende („leading") Indikatoren im Vergleich zu nachziehenden („lagging") Indikatoren der Unternehmensergebnisse.
- *Nichtfinanzielle Informationen.* Beispielsweise werden in einer Balanced Scorecard zusätzlich zu Finanzinformationen Details dargestellt zu
    - Kunden – z.B. neue und verlorene Kunden und Stammkunden
    - internen Geschäftsprozessen – z.B. Produktivität und Effizienzmaße
    - Lernen und Wachstum – z.B. Entwicklung neuer Produkte und Ausbildung

## BEISPIEL

Das Monatsberichtswesen enthält üblicherweise detaillierte monatliche Finanzausweise und kumulierte Finanzausweise seit Jahresbeginn.

Für die Beurteilung der Ergebnisse sind Vergleichsgrößen für die Geschäftsführung nützlich. Die tatsächlichen Ergebnisse werden gewöhnlich mit dem Plan, einer Hochrechnung (Forecast) sowie dem Vorjahr verglichen.

### Aufwendungen für Marketing im letzten Monat

| TEUR | | | | Vergleich | | |
|---|---|---|---|---|---|---|
| Ist | Plan | 3 Q (Forecast) | Vorjahr | Ist vs. Plan | Ist vs. Forecast | Ist vs. Vorjahr |
| 100 | 95 | 102 | 90 | 5 | 2 | (10) |
| | | | | (5 %) | (2 %) | 11 % |

### Aufwendungen für Marketing seit Jahresbeginn

| TEUR | | | | Vergleich | | |
|---|---|---|---|---|---|---|
| Ist | Plan | 3 Q (Forecast) | Vorjahr | Ist vs. Plan | Ist vs. Forecast | Ist vs. Vorjahr |
| 1.000 | 1.050 | 980 | 1.100 | 50 | 20 | (100) |
| | | | | (5 %) | (2 %) | 11 % |

### Aufwendungen für Marketing im gesamten Jahr

| TEUR | | | | Vergleich | | |
|---|---|---|---|---|---|---|
| Ist u. Forecast | Plan | 3 Q (Forecast) | Vorjahr | Ist vs. Plan | Ist vs. Forecast | Ist vs. Vorjahr |
| 1.150 | 1.200 | 1.250 | 1.200 | 50 | 100 | (50) |
| | | | | (4 %) | (8 %) | 4 % |

# Profiwissen

### Abstimmung zwischen Buchhaltung und Berichtswesen

Der Jahresabschluss und das Berichtswesen müssen letztlich abgestimmt werden. Dies ist zwingend erforderlich, insbesondere wenn die Informationen aus unterschiedlichen Quellen kommen und Monatsberichte für kritische geschäftliche Entscheidungen verwendet werden.

### Enterprise-Resource-Planning (ERP) und Tabellenkalkulationen

ERP ist ein System integrierter IT-Anwendungen, um ein Unternehmen zu verwalten und viele Backoffice-Funktionen, unter anderen Buchhaltung, Supply Chain, betriebliche Prozesse, Produktion und Personalmanagement, zu automatisieren. Mit ERP-Systemen können Monatsberichte schnell und effizient erstellt werden.

Zusammen mit der Verbreitung von ERP-Systemen haben technologische Entwicklungen wie z.B. CRM (Customer Relationship Management, Management der Kundenbeziehungen), Cloud Computing und soziale Medien die für Analysezwecke verfügbare Datenmenge erhöht. Dies hat zu neuen Praktiken des Berichtswesens geführt, wie z.B.:

- *Business Intelligence:* Interpretation von Rohdaten zur Erklärung der Ergebnisse
- *Business Analytics:* Erkenntnisse in Bezug auf die Ergebnisse aus einer fortlaufenden, iterativen und methodischen Untersuchung der Daten
- *Big Data*: computergestützte Analyse sehr großer Datensätze, um Muster, Trends und Verbindungen aufzuzeigen, wie z.B. Kundenverhalten und Interaktionen

In den meisten Controllingabteilungen spielen Tabellenkalkulationen eine zentrale Rolle. ERP-Systeme gibt es in vielen großen Unternehmen. Sie sind jedoch in kleinen und mittleren Unternehmen, die für die Erstellung von Monatsberichtswesen meistens auf Tabellen setzen, weniger gebräuchlich. Die meisten Rechnungslegungssysteme sind für die Verarbeitung von Transaktionen, wie z.B. Rechnungen und Zahlungen, angelegt und Monatsberichte werden erstellt, indem Daten aus diesen Systemen importiert und die Zahlen in einer Tabellenkalkulation verarbeitet werden.

## Anwendung und Darstellung in der Praxis

Monatsberichte sind interne Unterlagen und werden im Allgemeinen nicht veröffentlicht.

> **FALLSTUDIE** zooplus AG
>
> Bei der Auswahl der Kennzahlen dienten die Standards der Global Reporting Initiative (GRI) als Orientierungshilfe, wurden jedoch nicht zur weiteren Detaillierung herangezogen. Dies betrifft unter anderem die Angaben zu Arbeitsbedingungen sowie Diversity und Chancengleichheit.
>
> Quelle: Geschäftsbericht zooplus AG 2018, S. 27

# Besondere Hinweise für die Praxis

Achten Sie bei der Erstellung von internen Berichten für das Unternehmen auf die folgenden Punkte:

- Die Größe, Erfahrung und Effektivität des Controllingteams
- Die Bewertung der Mitarbeiter im Bereich Berichtswesen. Werden diese nur als Kostenverursacher angesehen oder als Mitwirkende, die für das Unternehmen einen finanziellen Mehrwert schaffen?
- Die Qualität und die Menge der Daten in den Monatsberichten
- Die Integration von Finanz- und anderen Daten in die Monatsberichte
- Die Häufigkeit und Regelmäßigkeit des Monatsberichtswesens
- Die für die Erstellung der Monatsberichte erforderliche Zeit
- Die Kosten der Erstellung des laufenden Berichtswesens

# 31 Operative Unternehmensplanung

*„Wir haben eigentlich nicht mehr ausgegeben, als in unserem Budget war. Die Zuteilung lag einfach unter unseren Ausgaben."*

Keith Davis, ehemaliger amerikanischer Football-Spieler

## Auf einen Blick

Aufgabe der operativen Unternehmensplanung, die auch als Budgetierung bezeichnet wird, ist die Erstellung von jährlichen Budgets. Ein *Budget* ist ein finanzieller und operativer Geschäftsplan. Mit dem Budget werden die Ziele eines Unternehmens umgesetzt, indem finanzielle Ziele festgelegt werden.

Ein *Forecast* ist dagegen eine Schätzung der finanziellen Ergebnisse eines Unternehmens für einen bestimmten Zeitraum in der Zukunft, z.B. das letzte Quartal des Jahres.

Budgets werden in der Regel jährlich vor Beginn des Geschäftsjahres festgelegt, während Forecasts üblicherweise häufiger und mehrere Male während des Geschäftsjahres erstellt werden.

Die Berichte des Managements enthalten gewöhnlich einen Vergleich der tatsächlichen mit den budgetierten Ergebnissen und eine Prognose der wahrscheinlich insgesamt erzielten Ergebnisse. Das Budget ist der Bezugspunkt für den Vergleich mit den in der Vergangenheit erzielten Ergebnissen, während mit einem Forecast versucht wird, die zukünftigen Ergebnisse hochzurechnen bzw. zu prognostizieren.

# Basiswissen

**Format des Budgets**

Das Budget beinhaltet die wichtigsten Bestandteile der Rechnungslegung, z.B.:

- Eine *Plan-GuV,* einschließlich
  - Verkaufs- und Produktions-/Beschaffungsplänen, unterteilt nach einzelnen Produkten und/oder Dienstleistungen sowie nach geografischen Bereichen
  - eines Ausgabeplans, einschließlich Löhnen und anderen Gemeinkosten
- Eine *Planbilanz,* einschließlich:
  - der Planung von Investitionen
  - der Planung des Working Capitals
- Ein *Cashflow-Budget,* einschließlich
  - des operativen Cashflows (inkl. Einzahlungen von Kunden sowie Zahlungen an Lieferanten, Mitarbeiter, Steuerbehörden und Bankzinsen)
  - Investitionen (inkl. Zahlungen für den Kauf neuer Vermögenswerte sowie Einnahmen aus dem Verkauf alter Vermögenswerte und sonstige Investitionen)
  - Finanzierungen (inkl. Dividendenzahlungen und Zahlungszuflüssen aus Kreditaufnahmen und Rückzahlungen von Schulden)

Der Vorstand richtet sein Augenmerk auf den Gesamtzusammenhang, d.h. den Nettogewinn und andere wichtige Kennzahlen der Performance, wie z.B. die Kapitalrendite.

## Gründe für die Unternehmensplanung

Budgets sind aus den folgenden Gründen wichtig:

### Planung

Der Planungsprozess ist ein wichtiger betriebswirtschaftlicher Teil der Unternehmensführung, auch wenn die tatsächlichen Ergebnisse häufig von den budgetierten Zahlen abweichen. Erfolgreiche Unternehmen setzen sich klare Ziele im Rahmen ihrer strategischen Planung. Ein Budget aufzustellen und zu verwalten hilft dabei, diese Ziele zu erreichen.

### Identifizierung und Nutzung knapper Ressourcen

Die Unternehmensplanung hilft, knappe Ressourcen und andere Beschränkungen aufzuzeigen, die sorgfältig gesteuert werden müssen. Ein Unternehmen hat beispielsweise nicht unbegrenzte Barreserven. Die Budgetierung unterstützt dabei, den Unternehmensbereichen Mittel zuzuweisen, die den größten Wert generieren können.

### Kommunikation und Koordination

Alle Bereiche eines Unternehmens müssen zusammenpassen und zusammenarbeiten, um das Unternehmen in die richtige Richtung zu führen.

Ein Budget vermittelt einen Eindruck des großen Ganzen. Es ist eine wirksame Möglichkeit, jedem Bereich des Unternehmens Ziele zu kommunizieren und sicherzustellen, dass alle auf dasselbe Ziel hinarbeiten.

**Unternehmenssteuerung**

Budgets liefern die Grundlage für die Genehmigung von Ausgaben und die Übertragung der finanziellen Verantwortung an die „Budgetverantwortlichen".

Die meisten dieser Verantwortlichen sind auch Kostenstellenverantwortliche. Das bedeutet, dass sie für die Verwaltung und Steuerung der Kosten in ihrem jeweiligen Bereich verantwortlich sind. Weitere Verantwortungsbereiche sind:

- Erlösstellen – z.B. das Verkaufsteam
- Profit Center – z.B. ein Einzelhandelsgeschäft, das für Verkäufe und Einkäufe zuständig ist
- Investment Center – z.B. die regionale Niederlassung eines multinationalen Unternehmens, das für die Steuerung von Ergebnissen und bestimmten Bilanzposten, wie z.B. dem Nettoumlaufvermögen, zuständig ist

Budgetverantwortliche können motiviert werden, wenn sie sich realistische, aber anspruchsvolle Ziele setzen. Wenn das Budget jedoch zu anspruchsvoll ist, kann dies bisweilen die gegenteilige Wirkung erzielen.

**Leistungsmessung und Leistungsbeurteilung**

Budgets sind eine sinnvolle Größe, um über einen Vergleich die Ergebnisse messen und bewerten zu können. Die Überwachung der tatsächlichen Ergebnisse im Vergleich zum Plan ist ein effektives Verfahren der Unternehmenssteuerung. Es hilft sicherzustellen, dass Einnahmen, Ausgaben und Cashflows verwaltet werden und ist ein Zeichen guter Unternehmensführung.

Die Geschäftsführung kann bei unterdurchschnittlichen Ergebnissen im Vergleich zum Budget (negative Abweichung) Korrekturmaßnahmen ergreifen, um das Unternehmen wieder in die Spur zu bringen. Andererseits können die Mitarbeiter zu einer Verbesserung der Performance (positive Abweichung) ermutigt werden, wo dies wünschenswert ist.

In der Praxis werden die meisten Unternehmen nach dem Grundsatz des „Management by exception" (Management nach dem Prinzip der Ausnahme) verfahren und erst ab einer gewissen Höhe von Abweichungen (Prozentsatz oder Betrag) Maßnahmen einleiten.

**Planungsablauf**

In den meisten Unternehmen findet die Unternehmensplanung jährlich, einige Monate vor dem Ende des Jahres, statt. Dieses Verfahren besteht gewöhnlich aus der Verbindung der Steuerung top-down (von oben nach unten) mit Vorgaben der Unternehmensführung und bottom-up (von unten nach oben) mit inhaltlichen Beiträgen der Budgetverantwortlichen. Dabei werden die Budgetverantwortlichen aus allen Bereichen des Unternehmens einbezogen und das Verfahren wird von der Finanzabteilung zentral koordiniert.

Während des Geschäftsjahres erhalten die Budgetverantwortlichen regelmäßige, meist monatliche Berichte über ihren Fortschritt im Vergleich zum Budget.

Die Erstellung von Forecasts verfolgt andererseits eher den Ansatz „von oben nach unten" und wird unter Verwendung von Beiträgen ausgewählter Budgetverantwortlicher von der Finanzabteilung durchgeführt. Forecasts werden gewöhnlich monatlich oder vierteljährlich erstellt.

## Probleme bei der Unternehmensplanung

Wichtig ist auch, sich der Nachteile von Unternehmensplanungsverfahren bewusst zu sein.

### Zeit und Geld

Die Unternehmensplanung kann in einigen Unternehmen mehrere Monate dauern und bezieht eine große Zahl von Mitarbeitern aus dem Finanzbereich und anderen Bereichen des Unternehmens ein. Verfahren der Unternehmensplanung und Budgetüberwachung können für ein Unternehmen hohe Kosten bedeuten.

### Veraltetes Budget

Obwohl die Erstellung eines Budgets lange dauert, ist es paradoxerweise häufig bereits nach einigen Monaten im neuen Geschäftsjahr aufgrund aktueller Ereignisse veraltet. Die Unternehmensplanung findet gewöhnlich jährlich statt und die Budgetzyklen fallen nicht immer mit den Zyklen der geschäftlichen Tätigkeit zusammen.

### Einschränkung der Handlungsspielräume

In einigen Unternehmen kann das Budget insofern wie eine Einschränkung wirken, als die Geschäftsführung keine nachträglichen Änderungen des Budgets zulässt. Man kann argumentieren, dass so die Kreativität behindert wird und ein Unternehmen dadurch Chancen verpasst, die bei Festlegung des Budgets nicht vorherzusehen waren. Außerdem werde ein zu großes Gewicht auf das Budget gelegt, was zu einer zu starken Betonung firmeninterner Vorgänge führe.

### Budgetspielraum und Budgetpolster

Der Budgetverantwortliche kann bei der Erstellung der Planung motiviert sein, die Einnahmen zu unterschätzen und die Kosten zu überschätzen, um sicherzustellen, dass sein Budget überschritten wird und er so eine positive Bewertung erhält. Diese Motivation kann noch stärker werden, wenn das Einhalten oder Überschreiten des Budgets durch Prämien belohnt wird.

Wenn ein hoher Prozentsatz der Budgetverantwortlichen ihre Budgets mit einem solchen Spielraum versehen, führt dies möglicherweise zu einer falschen Planung und zu einer potenziellen Fehlallokation von Ressourcen.

### Richtlinien für die Unternehmensplanung

- Ein Unternehmen sollte die Nachteile der Unternehmensplanung kennen und sich bemühen, diese möglichst zu umgehen, z.B. durch die Verwendung weiterer Systeme der Bewertung der Performance, die auch nichtfinanzielle Maßnahmen einbeziehen.

- Ein Budget sollte klar die Bestandteile kenntlich machen, die der Budgetverantwortliche kontrollieren, und die Bestandteile, die er nicht kontrollieren kann, z.B. zentral zugewiesene Gemeinkosten.

- Ein Unternehmen sollte die Zeit und die Ressourcen in Betracht ziehen, die erforderlich sind, um ein Budget anzulegen und zu überwachen, und sicherstellen, dass die Vorteile der Unternehmensplanung größer sind als die Kosten.

# Vertiefungswissen

## Alternative Unternehmensplanungsverfahren

### Inkrementeller Ansatz

Ein *inkrementeller Ansatz* bedeutet, dass ein Budget auf dem Budget des Vorjahres plus oder minus einem bestimmten Prozentsatz basiert.

Der Vorteil dieses Ansatzes ist, dass er schnell und mit weniger Arbeit durchgeführt werden kann. Er ist die in Unternehmen am häufigsten verwendete Form der Unternehmensplanung. Der Nachteil ist, dass Ineffizienzen wie z.B. Budgetspielraum oder Budgetpolster fortgesetzt werden.

### Zero Based Budgeting

Das Gegenteil der inkrementellen Unternehmensplanung ist das *Zero Base Budgeting*. Bei diesem Ansatz wird das Budget von der „Null" ausgehend, d.h. völlig neu, berechnet.

Der Vorteil ist, dass bestehende Ineffizienzen beseitigt werden können und das Budget präziser ist. Nachteilig sind der Zeitaufwand, die Ressourcen und folglich die Kosten, die erforderlich sind, um das Budget auf diese Weise aufzustellen.

In der Praxis wird für gewöhnlich der Kompromiss verfolgt, alle paar Jahre das Budget auf Zero-Base-Basis zu erstellen oder alternativ jedes Jahr verschiedene Teile des Budgets rotierend auf Nullbasis zu erstellen. Das hat den Nachteil möglicher Unstimmigkeiten im gesamten Unternehmen.

### Rollierende Planung

Eine Alternative zur „festen" (oder „periodischen") Planung ist eine „rollierende" (oder „kontinuierliche") Planung, bei der meist monatlich oder vierteljährlich neu budgetiert wird. In jeder Periode wird das Budget aktualisiert, d.h. für die nächste Periode angepasst.

Der Vorteil ist, dass bei aktuellen Ereignissen neue Informationen berücksichtigt werden und das Budget aktueller ist. Außerdem ist es weniger wahrscheinlich, dass die Budgetverantwortlichen für ungeplante Ereignisse Finanzmittel vorsehen, wenn sie wissen, dass das Budget aktualisiert wird. Der Nachteil ist der in jeder Periode für die

Aktualisierung des Budgets erforderliche Zeitaufwand. Die Befürworter rollierender Budgets argumentieren jedoch, dass für die Unternehmensplanung nicht so viel Zeit im Voraus aufgebracht werden muss, da bei einer regelmäßigeren Unternehmensplanung der Zeitaufwand einfach über das Jahr verteilt ist.

Rollierende Budgets sind am effektivsten, wenn die Budgetperiode stets um wenigstens zwölf Monate im Voraus verlängert wird, da so das Problem der verringerten Sichtbarkeit der meisten festen Jahresbudgets kleiner wird. Einige Unternehmen entscheiden sich für einen Kompromiss und verwenden Jahresbudgets zusammen mit rollierenden neuen Forecasts, die stets um wenigstens zwölf Monate im Voraus verlängert werden.

## Profiwissen

### Verwendung von Tabellenkalkulationen

Für die Budgetierung können die meisten gebräuchlichen IT-Rechnungslegungssysteme eingesetzt werden – in der Praxis ist eine Standard-Tabellenkalkulation jedoch weiterhin das am meisten genutzte und beliebteste Hilfsmittel der Unternehmensplanung.

Microsoft nimmt an, dass mindestens 40 Prozent der kleinen und mittleren Unternehmen ihren Abschluss, ihre Forecasts und ihre Unternehmensplanung mithilfe von Excel erstellen.

Die Tabellenkalkulation ist zwar ein unverzichtbares und flexibles Hilfsmittel, wichtig ist jedoch, sich der Risiken für Unternehmensplanung und Forecasts bewusst zu sein.

Professor Ray Panko von der Universität Hawaii, ein weltweit renommierter IT-Experte, hat in Zusammenarbeit mit EuSpRIG (European Spreadsheet Risks Interest Group) festgestellt, dass die Tabellenkalkulationsfehler sehr häufig auftreten und große Auswirkungen haben.[1]

### Beyond Budgeting

Der seit 1998 tätige Beyond Budgeting Round Table (BBRT), ein unabhängiger Forschungsverbund, hat vorgeschlagen, dass die Unternehmensplanung, wie sie derzeit von den meisten Unternehmen praktiziert wird, (ein herkömmliches Befehls- und Steuerungsmodell der Unternehmensführung) aufgegeben werden sollte.

BBRT schlägt vor, dass die Planung kontinuierlich und partizipativ durchgeführt wird und dass nur hochrangige Forecasts erforderlich sind. Dadurch sollen Unternehmen von den Fesseln der Unternehmensplanung und ihrer Kultur des Spielens und der Falschinformation befreit werden.

BBRT schlägt vor, dass die Bewertung der Performance auf Indikatoren der relativen Performance basieren sollte, die die Bedingungen einschließlich der langfristigen externen Bezugsgrößen, unter denen das Unternehmen arbeitet, berücksichtigen.[2]

# Anwendung und Darstellung in der Praxis

Mitteilungen börsennotierter Unternehmen können Forecasts ihrer Jahresendergebnisse und bisweilen auch die Aussichten für die Zukunft enthalten, die tatsächliche Unternehmensplanung jedoch ist eine interne Information, die nicht veröffentlicht wird.

> **FALLSTUDIE** zooplus AG
>
> **Tatsächliche Entwicklung im Geschäftsjahr 2018 im Vergleich zum Ausblick des Vorjahres**
>
> Im Ergebnis konnten die Umsatzerlöse im Geschäftsjahr 2018 auf 1.342 Mio. EUR gesteigert werden. Dies entspricht einem absoluten Wachstum von 231 Mio. EUR und somit in absoluten Zahlen erneut einem überlinearen Anstieg der Umsatzerlöse. Der prozentuale Anstieg der Umsatzerlöse lag bei 21 % und damit im Einklang mit der für das Geschäftsjahr 2018 ausgegebenen Prognose. Die umsatzbezogene wechselkursbereinigte Wiederkaufrate als Gradmesser für die Loyalität der Kunden erhöhte sich im zurückliegenden Geschäftsjahr auf 95 % gegenüber 93 % im Geschäftsjahr 2017 und lag damit leicht über den zu Beginn des Geschäftsjahres gesetzten Erwartungen.
>
> Das EBT erreichte im Geschäftsjahr 2018 einen negativen Wert von −2,3 Mio. EUR und liegt im Rahmen der Ergebnisprognose von +0,5 % bis −0,5 % der Umsatzerlöse.
>
> Die Rohmarge entwickelte sich gemäß den zu Beginn des Geschäftsjahres gesetzten Erwartungen und liegt vor der Änderung von Bilanzierungs- und Bewertungsvorschriften, bedingt durch neue IFRS-Regelungen, auf Planniveau.
>
> Die Aufwendungen für Warenabgabe liegen im Verhältnis zu den Umsatzerlösen mit 19,7 % im Geschäftsjahr 2018 auf dem Niveau des Vorjahres (19,8 %) und damit innerhalb der Vorjahresprognose.
>
> Aufgrund verstärkter Investitionen in das Neukundenwachstum liegen die Aufwendungen für Werbung im Verhältnis zu den Umsatzerlösen im Geschäftsjahr 2018 mit 2,2 % (Vorjahr: 1,7 %) leicht über der zu Beginn des Geschäftsjahres gesetzten Prognose.
>
> Mit Blick auf die Bilanzstruktur liegt die Eigenkapitalquote zum 31. Dezember 2018, resultierend aus einem Anstieg der Bilanzsumme, mit 37 % unter dem Wert des Vorjahres, welcher 47 % betrug. Die Bilanzierung bzw. der Vertragsabschluss neuer Finanzierungsleasingverhältnisse führte im Wesentlichen zu diesem Rückgang. Die Kennzahl liegt im Rahmen der Erwartungen.
>
> Die Position der Marktführerschaft im europäischen Online-Heimtierhandel in Bezug auf Umsatzerlöse konnte weiter behauptet werden. Darüber hinaus konnten im Geschäftsjahr 2018 insgesamt 2,9 Mio. Neukunden (Vorjahr: 2,7 Mio.) gewonnen werden, was einem moderaten Anstieg gemäß der Vorjahresprognose entspricht.
>
> *Quelle: Geschäftsbericht zooplus AG 2018, S. 67*

## Besondere Hinweise für die Praxis

Stellen Sie sich im Rahmen der operativen Unternehmensplanung die folgenden Fragen:

- Stimmt das Unternehmensplanungsverfahren mit dem Verfahren der strategischen Planung überein? Ein ideales Budget sollte den Zielen des Unternehmens folgen und mit dessen Strategie verbunden sein.

- Wird ein Ansatz der Unternehmensplanung „von oben nach unten", „von unten nach oben" oder eine Kombination von beiden Ansätzen verfolgt? Beide extreme Ansätze haben Nachteile. Realistische Budgets bedeuten einen bestimmten Grad an Iteration zwischen dem Oben und dem Unten des Unternehmens.

- Beziehen die Budgetverantwortlichen „Polster" und „Spielraum" in das Unternehmensplanungsverfahren ein?

- Kommt es zu einem Anstieg der Ausgaben von Budgetinhabern gegen Jahresende? Dies könnte auf eine Mentalität des „Nutze oder verliere es" hinweisen, die zu weiteren Ineffizienzen in Budgets führen kann.

- Führt die Geschäftsleitung Korrekturmaßnahmen durch, nachdem sie Abweichungen vom Budget festgestellt hat? Wenn den Abweichungen nicht nachgegangen wird, besteht das Risiko, dass sie als akzeptabel angesehen werden.

# 32

# Preiskalkulation

> *„Die Preiskalkulation ist die dritte unternehmerische Kompetenz. (Die erste ist die Fähigkeit, Wert zu schaffen und Güter oder Dienstleistungen herzustellen. Die zweite ist die Fähigkeit, Produkte oder Dienstleistungen zu verkaufen.)"*
>
> Ernst-Jan Bouter, Experte für Preisbildung und Autor

## Auf einen Blick

Eine Preiserhöhung ist eine der wirksamsten Möglichkeiten, den Gewinn zu steigern. 1 Euro zusätzlich zum Bruttoumsatz ist 1 Euro zusätzlich zum Nettoumsatz.

Die Festlegung von Preisen hat hohe strategische Bedeutung. Aufgrund des Wettbewerbs, dem die meisten Unternehmen ausgesetzt sind, sind Entscheidungen in Bezug auf die Preisbildung zu wichtig, um sie den operativen Abteilungen zu überlassen, die eventuell einen herkömmlichen kostenbasierten Ansatz verfolgen.

Wettbewerb und Druck der Kunden führen oft zur Versuchung, Preisabschläge anzubieten. Dies kann sich jedoch nachteilig auf den Gewinn auswirken. Wenn ein Unternehmen stattdessen den Wert für die Kunden in den Mittelpunkt stellt, kann es die Preise und damit auch die Rentabilität erfolgreich erhöhen.

Kapitel 32   Preiskalkulation

# Basiswissen

## Preiskalkulation – Gründe und Umsetzung

**Ansatzpunkte zur Gewinnsteigerung**

Es gibt eine Reihe von Möglichkeiten, wie ein Unternehmen den Gewinn steigern kann, wie z.B.:

- für mehr Effizienz sorgen – über die Produktivität der Belegschaft und Senkung der Gemeinkosten,
- neue Kunden gewinnen,
- Kunden behalten und Wiederholungskäufe fördern,
- Häufigkeit der Kundengeschäfte erhöhen,
- den Durchschnittswert jedes Geschäfts durch höhere Verkäufe an die Kunden erhöhen,
- den Durchschnittswert jedes Geschäfts durch höhere Preise steigern.

Obwohl alle oben genannten Maßnahmen vorteilhaft sind, haben höhere Preise im Allgemeinen bei Weitem die größte Wirkung auf den Gewinn. Außerdem kostet im Vergleich zu anderen Maßnahmen die Änderung der Preise am wenigsten Zeit, Arbeit und verursacht die geringsten Kosten. Für viele Unternehmen kann ein höherer Gewinn infolge höherer Preise entgangene Geschäfte mehr als kompensieren.

Viele Unternehmen haben jedoch unbegründet Angst, die Preise zu erhöhen. Der starke Wettbewerb in den meisten Branchen hält Unternehmen davon ab, die Preise heraufzusetzen.

Wichtig ist, dass Unternehmen die Wirkung der Preise auf das Nettoergebnis erkennen und wissen, wie sie die Preise profitabel festlegen und dabei den Kunden den Wert geben, den sie verlangen.

**Umsetzung**

Mit Ausnahme von Waren mit typischerweise geringem Wert reagieren die Kunden nicht so stark auf die Preise, wie man glaubt. „Wert fürs Geld" ist gewöhnlich wichtiger als der Preis. Ein höherer Preis wird üblicherweise akzeptiert, wenn ein größerer Nutzen damit verbunden ist und umgekehrt. Dies ist ein Zielkonflikt. Außerdem ist ein Kauf oft viel mehr als eine „Wert fürs Geld"-Entscheidung. Bei einem wichtigen Kauf berücksichtigen Kunden viele bewusste und unbewusste Faktoren. Selten entscheiden sie sich einfach für die preisgünstigste Möglichkeit.

Viele Unternehmen berücksichtigen dies nicht, wenn sie ihre Preise festlegen, und stellen nicht die Aspekte heraus, die den Unterschied im Wert im Vergleich zu ihren Wettbewerbern ausmachen, z.B.:

- die Qualität des Service, unter anderem Kundendienst und -unterstützung,
- weitere angebotene Waren und Dienstleistungen (vielleicht als „Bündel"),

- die angebotenen Garantien,
- die Effizienz der Kundenbetreuung
- der angebotene Personalisierungsgrad,
- die Verlässlichkeit des Produkts oder der Dienstleistung,
- ihr Ruf und die Marke.

## Möglichkeiten der Preisfindung

1. *Kostendeckung:* Ein Unternehmen sollte den Mindestpreis errechnen, indem es alle mit dem Produkt oder der Dienstleistung zusammenhängenden Kosten ermittelt und einen Mindestaufschlag hinzufügt, um die indirekten Kosten und den Gewinn abzudecken. Die Deckung der Kosten stellt sicher, dass das Unternehmen keinen Verlust macht. Dies ist jedoch nur der Ausgangspunkt, da nicht berücksichtigt wird, wie die Kunden den Wert wahrnehmen.

2. *Wettbewerbsbeobachtung:* Wichtig ist, die Preise ähnlicher Produkte und Dienstleistungen der Wettbewerber als Vergleichsgröße festzulegen, nicht um deren Preise zu unterbieten, sondern um über die Positionierung der eigenen Produkte nachzudenken. Die Preise der Wettbewerber zu unterbieten, ist riskant, sodass dies nur von Unternehmen einer bestimmten Größenordnung und mit einem bestimmten Umsatz versucht werden sollte.

   - Preise senden die Botschaft, wofür ein Unternehmen in den Augen der Kunden (und potenziellen Kunden) im Vergleich zu den Wettbewerbern steht. Die Kunden werden die jeweiligen Vorteile gegen die jeweiligen Preise abwägen.

3. *Preis gemäß Wert.* Der Schwerpunkt eines kundenzentrierten Ansatzes der Preisfindung liegt darauf, was die Kunden auf der Grundlage des Werts, den sie aus einem Produkt oder einer Dienstleistung erhalten, zu zahlen bereit sind.

   - Ein Unternehmen sollte versuchen zu verstehen, wie die Kunden Wert wahrnehmen. Dies kann z.B. durch Marktrecherchen wie Fokusgruppen herausgefunden werden. Für individuelle Produkte oder Dienstleistungen erfolgt dies am besten über Gespräche, um zu verstehen, was für jeden Kunden wichtig ist und was keinen zusätzlichen Wert schafft. Mit diesen Gesprächen sollte die Wertschätzung der Kunden für sämtliche Merkmale und Vorteile, die sie erhalten, gesteigert und ihre Werteskala in ein Gleichgewicht gebracht werden.

4. *Regelmäßige Überprüfung.* Im Laufe der Zeit können sich die Kosten ändern, neue Wettbewerber an den Markt gehen und ältere den Markt verlassen. Ebenso kann es vorkommen, dass sich die Wahrnehmung der Kunden eines Werts mit der Zeit ändert. Die Preise sollten so dynamisch wie möglich sein und über das Thema „Wert" sollte regelmäßig mit den Kunden gesprochen werden.

Zu beachten ist, dass jede Branche und jeder Markt anders ist. Jedes Unternehmen kann sich in einer anderen Lage befinden. Bei der Preisbildung gibt es keine Lösung, die für alle passend ist.

Kapitel 32   Preiskalkulation

# Vertiefungswissen

## Angebot von Rabatten

Sowohl traditionelle Einzelhändler als auch Onlineanbieter haben das Kundenverhalten beeinflusst und viele Kunden sind es gewöhnt, nach Rabatten zu fragen. Viele Menschen, besonders die im Verkauf tätigen, haben den Wunsch, Konflikte zu vermeiden und andere zufriedenzustellen. Folglich bieten Unternehmen häufig Rabatte an. Leider führt der mögliche Anstieg der Verkaufszahlen aufgrund geringerer Preise selten zu einem höheren Gewinn, tatsächlich ist häufig das Gegenteil der Fall.

> **BEISPIEL**
>
> Die ABC GmbH verkauft Produkt X für 100 Euro. Die direkten Kosten betragen 75 Euro und ABC verkauft 1.000 Stück pro Monat.
>
> In der Tabelle unten wird errechnet:
>
> 1. das Ergebnis ohne Rabatt,
> 2. die Wirkung eines Rabatts von 10 Prozent unter der Annahme, dass der Umsatz gleich bleibt,
> 3. der Umsatz, der erforderlich ist, um bei einem Rabatt von 10 Prozent dieselbe Höhe des ursprünglichen Betriebsergebnisses beizubehalten.
>
> |  | 1. ohne Rabatt | 2. nach Rabatt (u. keine Änderung des Umsatzes) | 3. nach Rabatt (Umsatz, um Ergebnis konstant zu halten) |
> |---|---|---|---|
> | Preis/Stück | 100 EUR | 90 EUR | 90 EUR |
> | Kosten/Stück | (75) EUR | (75) EUR | (75) EUR |
> | Ergebnis/Stück | 25 EUR | 15 EUR | 15 EUR |
> | Umsatz | 1.000 | 1.000 | 1.667 |
> | Betriebsergebnis | 25.000 EUR | 15.000 EUR | 25.000 EUR |
> |  |  | 40 % Gewinnrückgang | 67 %* Zunahme des Umsatzes |
>
> * gerundet
>
> Bei einer Bruttogewinnspanne von 25 Prozent gilt daher:
>
> - Ein Rabatt in Höhe von 10 Prozent würde zu einem Rückgang des Bruttoergebnisses in Höhe von 40 Prozent führen (wenn der Umsatz gleich bleibt) oder
> - der Umsatz müsste um 67 Prozent gesteigert werden, um das gleiche Betriebsergebnis wie ohne den Rabatt zu erzielen.
>
> Die Folgen von Rabatten werden noch durch niedrigere Ergebnisspannen vergrößert. Wenn z.B. Produkt X eine Ergebnisspanne von 20 Prozent hätte, würde ein Rabatt in Höhe von 10 Prozent zu einem Rückgang des Betriebsergebnisses in Höhe von 50 Prozent führen (unter der Annahme, dass der Umsatz gleich bleibt); oder der Umsatz müsste um 100 Prozent steigen (um das Betriebsergebnis konstant zu halten).

## Margen und Gewinnaufschläge

Trotz der Vorteile der wertbasierten Preisbestimmung legen viele Unternehmen die Preise noch immer dadurch fest, dass sie die Kosten um eine Art Aufschlag erhöhen, um die Gemeinkosten abzudecken und einen Gewinn zu erzielen. Es gibt zwei Möglichkeiten zur Berechnung dieser zusätzlichen Position:

1. eine Marge (bezogen auf den Verkaufspreis, „von oben abgezogen")
2. einen Aufschlag (bezogen auf die Kosten, „von unten dazu gerechnet")

**1. Marge**

Die Marge ist das Ergebnis in Prozent des Verkaufspreises. Sie wird von der Geschäftsführung häufig verwendet, da mit ihr das Ergebnis aus jedem Verkauf berechnet werden kann. Sie wird wie folgt berechnet:

$$\frac{\text{Bruttogewinn}}{\text{Verkaufspreis}} \times 100\ \% = \text{Marge in \%}$$

**2. Gewinnaufschlag**

Der Gewinnaufschlag ist der Gewinn in Prozent der „direkten Kosten" (z.B. Vorräte). Er wird für die Festlegung der Preise verwendet, da er in der Praxis leichter anzuwenden ist als die Marge. Der Gewinnaufschlag wird einfach den direkten Kosten hinzugefügt statt, wie bei der Marge erforderlich, rückwärts zu rechnen. Die Verwendung des Preisaufschlags wird oft Kosten-plus-Preisbildung genannt.

$$\frac{\text{Bruttogewinn}}{\text{Direkte Kosten}} \times 100\ \% = \text{Gewinnaufschlag in \%}$$

> **BEISPIEL**
>
> Die ABC GmbH verkauft Produkt Y. Die direkten Kosten jedes Stücks von Y betragen 1.000 Euro. Wenn ABC einen Gewinnaufschlag von 30 Prozent verwendet, bestimmt das Unternehmen einen Preis von 1.300 Euro für jedes Stück von Y. Wie unten veranschaulicht, führt dies zu einer Marge von 23 Prozent:
>
> $$\frac{300\ \text{EUR}}{1.000\ \text{EUR}} \times 100\ \% = 30\ \%\ \text{Gewinnaufschlag}$$
>
> $$\frac{300\ \text{EUR}}{1.300\ \text{EUR}} \times 100\ \% = 23\ \%\ \text{Marge}$$
>
> Die Marge ist immer kleiner als der Gewinnaufschlag.
>
> Wichtig ist, den Unterschied zwischen diesen beiden Verfahren zu verstehen. In der Praxis kann es zu einem niedrigeren Preis kommen, wenn nicht klar zwischen diesen Verfahren unterschieden wird, z.B. wenn die Geschäftsführung Margen verwendet und diejenigen, die die Preise festlegen, Gewinnaufschläge verwenden.

Kapitel 32    Preiskalkulation

# Profiwissen

### Preisanpassung

Moderne Technologien ermöglichen, dass die Preise flexibel angepasst werden können. (auch dynamische Preisbestimmung oder nachfrageorientierte Preisbestimmung oder Preisdifferenzierung genannt), d.h., es werden für unterschiedliche Kunden auf der Grundlage ihrer jeweiligen Wahrnehmung von Wert unterschiedliche Preise festgelegt.

Die Preise für Flugtickets ändern sich beispielsweise je nach Verfügbarkeit der Plätze, der saisonalen Nachfrage, der tatsächlichen Flugzeit, der Anzahl der Tage vor dem Abflug und den Preisen der Wettbewerber. So ist es möglich, dass sich die Preise an einem Tag mehrere Male ändern.

### Ethische Preisbestimmung

Die Anpassung der Preise ist eigentlich eine Differenzierung der Preise. Es ist zulässig, unterschiedlichen Kunden unterschiedliche Preise anzubieten. Niemand ist überrascht, wenn z.B. ein Liter Benzin vom selben Mineralölkonzern im nächsten Ort günstiger ist.

Obwohl das grundsätzlich möglich und erlaubt ist, muss ein Unternehmen darauf achten, dass seine Preise ethisch vertretbar sind oder dafür gehalten werden. Die Preise eines Unternehmens sollten so klar und transparent wie möglich sein, um eine Irreführung der Kunden zu vermeiden.

In einem Markt, in dem die Kunden eine Wahlmöglichkeit haben, kann eine profitable Festlegung der Preise ohne Abstriche ethisch vertretbar sein. Die Festlegung der Preise kann jedoch bei einem Monopol zu Kontroversen führen, wenn der Monopolist seine Marktmacht dazu verwendet, hohe Preise festzulegen und zu hohe Gewinne einzustreichen. Turing Pharmaceuticals und der frühere Vorstandsvorsitzende Martin Shkreli wurden beispielsweise allgemein dafür kritisiert, dass sie den Preis des Arzneimittels Daraprim (zur Behandlung von Infektionen) 2015 um mehr als 5.000 Prozent erhöhten.

### Abschöpfungsstrategie („Skimming")

Die Preisabschöpfung ist eine Strategie, die für neue Produkte oder Dienstleistungen verwendet wird, die stark nachgefragt werden, sich von den Produkten der Wettbewerber unterscheiden und gewöhnlich qualitativ hochwertig sind, z.B. das neueste Smartphone. Hier wird idealerweise ein hoher Anfangspreis gesetzt, der im Laufe der Zeit allmählich verringert wird. Frühe Nutzer, die das Produkt unbedingt kaufen oder die Dienstleistung unbedingt in Anspruch nehmen wollen, sind bereit, einen relativ hohen Preis zu zahlen. Wenn der Preis gesenkt wird, werden mehr Kunden dafür gewonnen (oder „abgeschöpft"), das Produkt zu kaufen. Diese Preisstrategie ermöglicht dem Anbieter, die Erlöse zu maximieren und häufig die hohen Anfangskosten, z.B. für Forschung und Marketing, auszugleichen.

# Anwendung und Darstellung in der Praxis

In einem Geschäftsbericht kann zwar etwas über „wettbewerbsorientierte Preisbildung" stehen, die tatsächliche Preiskalkulation jedoch ist eine interne Information, die nicht veröffentlicht wird.

> **FALLSTUDIE** zooplus AG
>
> Hochspezifische Softwarelösungen in allen wichtigen Unternehmensbereichen waren in den vergangenen Jahren entscheidende Bausteine für den Erfolg der zooplus AG und werden auch in Zukunft wesentlich zur Erreichung der Unternehmensziele beitragen. Geschäftsbereiche, in denen hoch spezialisierte Systeme unter anderem Verwendung finden, sind beispielsweise:
>
> - Preis- und Margenmanagement
>
> *Quelle: Geschäftsbericht zooplus AG 2018, S. 47*

## Kapitel 32  Preiskalkulation

# Besondere Hinweise für die Praxis

Wenn Sie sich mit der Preiskalkulation auseinandersetzen, sind die folgenden Fragen hilfreich:

- Wie legt das Unternehmen seine Preise fest? Verwendet es z.B. den Ansatz „Kosten-plus"? Gibt es wettbewerbsorientierte und/oder kundenzentrierte Preise?
- Konkurriert das Unternehmen im Wettbewerb nur mit dem Preis oder bemüht es sich, Wert für das Geld und andere den Wert differenzierende Faktoren zu zeigen?
- Bietet das Unternehmen regelmäßig Rabatte an? Hat es eine Rabattpolitik?
- Wie oft werden die Preise geändert?
- Wer ist im Unternehmen zuständig für die Festlegung der Preise?

# 33

# Anwendungen der Deckungsbeitragsrechnung

*„Jahreseinkommen zwanzig Pfund, Jahresausgaben neunzehn Pfund, neunzehn Schilling und sechs Pence, Ergebnis: Glück.*

*Jahreseinkommen zwanzig Pfund, Jahresausgaben zwanzig Pfund, null Schilling und sechs Pence, Ergebnis: Elend."*

Wilkins Micawber, Romanfigur von Charles Dickens, Autor

## Auf einen Blick

Für die Berechnung des zu erwartenden Ergebnisses für unterschiedliche Produkte und Dienstleistungen führen die Unternehmen regelmäßig Planungen von Erlösen und Kosten durch.

Die Ergebnisplanung setzt voraus, dass das Unternehmen variable und fixe Kosten unterscheiden kann, um so einen Deckungsbeitrag abzuleiten.

Anhand einfacher Kennzahlen kann ein Unternehmen dann das Zielergebnis und dessen Reagibilität auf den *Break-even-Umsatzerlös* berechnen.

# Basiswissen

## Bestandteile der Deckungsbeitragsrechnung

In diesem Kapitel werden die folgenden drei Bestandteile der Deckungsbeitragsrechnung behandelt:

1. Klassifizierung der Kosten
2. Konzept des Deckungsbeitrags
3. Deckungsbeitragsquote

## 1. Klassifizierung der Kosten

Der erste Schritt in der Deckungsbeitragsrechnung ist die Einteilung der Kosten in die Kategorien variable und fixe Kosten.

**Variable Kosten**

Kosten, die variabel sind, ändern sich mit einer Anpassung des Volumens der Geschäftstätigkeit, z.B.:

- Für ein Unternehmen, das Produkte verkauft, ändern sich die Kosten der verkauften Produkte in Abhängigkeit von der verkauften Menge.
- Für ein Unternehmen, das Dienstleistungen erbringt, variieren die Kosten mit der Menge der eingesetzten Personal(stunden).
- Verkaufsprovisionen sind ein weiteres Beispiel für variable Kosten, da sie normalerweise direkt von den Umsatzerlösen abhängen.

**Fixe Kosten**

Das Gegenteil sind Kosten, die fix sind, d.h., sie ändern sich nicht, wenn sich das Volumen der Geschäftstätigkeit sich ändert, z.B.:

- Die Miete für das Bürogebäude ändert sich gewöhnlich auch dann nicht, wenn die Erlöse steigen oder sinken.
- Weitere Beispiele sind Kosten für Versicherung und Marketing.

Fixe Kosten können sich jedoch im Laufe der Zeit ändern, allerdings im Regelfall nicht in Abhängigkeit von der Menge.

## 2. Das Konzept des Deckungsbeitrags

Die XYZ GmbH verkauft die zwei Produkte X und Y und erzielt ein Betriebsergebnis von insgesamt 250.000 Euro.

|  | Produkt X | Produkt Y | Gesamt |
|---|---|---|---|
| Umsatzerlöse | 700 TEUR | 300 TEUR | 1.100 TEUR |
| Variable Kosten | (200) TEUR | (150) TEUR | (350) TEUR |
| Fixe Kosten | (200) TEUR | (200) TEUR | (400) TEUR |
| **Betriebsergebnis** | **300 TEUR** | **(50) TEUR** | **(250) TEUR** |

Wenn man sich diese Zahlen das erste Mal anschaut, könnte man daraus schließen, dass die XYZ GmbH Produkt Y nicht länger verkaufen sollte, weil es einen Verlust in Höhe von 50.000 Euro bringt, und sich stattdessen ganz auf Produkt X konzentrieren sollte, mit dem ein Betriebsergebnis von 300.000 Euro erzielt wird.

Die Herausforderung besteht für viele Unternehmen darin, dass die fixen Kosten häufig willkürlich auf die Abteilungen verteilt werden (wie bei Produkt Y).

Beziehen sich die fixen Kosten in Höhe von insgesamt 400.000 Euro auf den Betrieb des gesamten Lagers, wären diese Kosten nicht vermeidbar, d.h., sie würden auch ohne Produkt Y anfallen. Wird nun Produkt Y nicht länger hergestellt, folgt daraus, dass die gesamten fixen Kosten in Höhe von 400.000 Euro nur noch auf Produkt X verteilt werden müssen. Dadurch würde das Betriebsergebnis von 250.000 Euro auf 100.000 Euro verringert:

|  | Produkt X |
|---|---|
| Umsatzerlöse | 700 TEUR |
| Variable Kosten | (200) TEUR |
| Fixe Kosten | (400) TEUR |
| **Betriebsergebnis** | **100 TEUR** |

Deshalb sollte ein Unternehmen bei einer Entscheidung über das Produktionsprogramm den Deckungsbeitrag berechnen:

Deckungsbeitrag = Umsatzerlöse abzüglich variable Kosten

## Kapitel 33   Anwendungen der Deckungsbeitragsrechnung

Die XYZ GmbH sollte auf der Produktebene den Deckungsbeitrag und auf der Unternehmensebene das Betriebsergebnis wie folgt berücksichtigen:

|  | Produkt X | Produkt Y | Gesamt |
|---|---|---|---|
| Umsatzerlöse | 700 TEUR | 300 TEUR | 1.000 TEUR |
| Variable Kosten | (200) TEUR | (150) TEUR | (350) TEUR |
| **Deckungsbeitrag** | **500 TEUR** | **150 TEUR** | **650 TEUR** |
| Fixe Kosten |  |  | (400) TEUR |
| **Betriebsergebnis** |  |  | **(250) TEUR** |

Diese Analyse zeigt, dass Produkt Y trotz eines „Verlusts" aus der ersten Analyse einen positiven Deckungsbeitrag von 150.000 Euro erzielt und damit einen Teil der fixen Kosten deckt und zu einer Erhöhung des Betriebsergebnisses beiträgt. Produkt Y sollte daher weiter hergestellt werden. Solange Produkt Y mehr Umsatz erzielt als seine variablen Kosten von 150.000 Euro, leistet es einen positiven Beitrag.

## 3. Die Deckungsbeitragsquote

Die Deckungsbeitragsquote ist für die Ergebnisplanung hilfreich.

Sie kann anhand des Beispiels der XYZ GmbH veranschaulicht werden:

| Deckungsbeitrag | 650 TEUR |
|---|---|
| Gesamtkosten | 1.000 TEUR |
| Deckungsbeitragsquote | 65 % |

Mit dieser DB-Quote können die folgenden Zahlen berechnet werden:

a. die für den Break-even erforderlichen Umsatzerlöse

b. die für ein Zielergebnis erforderlichen Umsatzerlöse

## Der Break-even

### Die für den Break-even erforderlichen Umsatzerlöse

Der Break-even bezeichnet den Punkt (Umsatzerlöse abzüglich Gesamtkosten), an dem das Unternehmen ein Betriebsergebnis von null erzielt, d.h., alle Kosten sind gedeckt.

Dieser Punkt wird wie folgt berechnet:

$$\text{Break-even-Umsatzerlöse} = \frac{\text{Fixe Kosten}}{\text{DB-Quote}}$$

Für die XYZ GmbH bedeutet das:

| | |
|---|---|
| Fixe Kosten | 400 TEUR |
| Deckungsbeitragsquote | 65 % |
| Break-even-Umsatzerlöse (gerundet) | 615 TEUR |

Die Rechnung unten zeigt, dass die XYZ GmbH bei Umsatzerlösen von 615.000 Euro den Break-even erreicht, unter der Annahme, dass die Produkte X und Y weiter im selben Verhältnis (70/30) verkauft werden.

| | Produkt X | Produkt Y | Gesamt |
|---|---|---|---|
| Umsatzerlöse | 431 TEUR | 184 TEUR | 615 TEUR |
| Variable Kosten | (123) TEUR | (92) TEUR | (215) TEUR |
| **Deckungsbeitrag** | **308 TEUR** | **92 TEUR** | **400 TEUR** |
| Fixe Kosten | | | (400) TEUR |
| **Betriebsergebnis** | | | **0** |

**Sicherheitsmarge**

Ein zusätzlicher Vorteil der Berechnung des Break-even des Umsatzes ist, dass das Unternehmen seine *Sicherheitsmarge* ermitteln kann. Dies beantwortet die Frage „Um wie viel könnte der Umsatz zurückgehen, bevor ein Verlust entsteht?". Die Sicherheitsmarge kann entweder als absoluter Betrag oder in Prozent ausgedrückt werden.

Für die XYZ GmbH bedeutet das:

| | |
|---|---|
| Umsatzerlöse | 1.000 EUR |
| Break-even-Umsatzerlöse | 615 TEUR |
| Sicherheitsmarge | 385 TEUR |
| Sicherheitsmarge in % | 38,5 % |

Somit können die Umsatzerlöse um 385.000 Euro bzw. 38,5 Prozent zurückgehen, bevor das Unternehmen einen Verlust macht, unter der Annahme, dass die Produkte weiter im selben Verhältnis verkauft werden.

**Die für das Erreichen des Zielergebnisses erforderlichen Umsatzerlöse**

Das oben dargestellte Verfahren kann weiterentwickelt werden, um über die Budgetplanung eine Verbesserung der Unternehmensergebnisse zu erzielen.

Dies wird wie folgt berechnet:

$$\text{Umsatzerlöse, um ein Zielergebnis zu erreichen} = \frac{\text{Fixe Kosten + Zielgewinn}}{\text{DB-Quote}}$$

Das kann für die XYZ GmbH dargestellt werden unter der Annahme, dass die Firma ihr Betriebsergebnis um 20 Prozent von 250.000 Euro auf 300.000 Euro steigern will.

$$\text{Umsatzerlöse, um einen Zielergebnis zu erreichen} = \frac{(400 \text{ TEUR} + 300 \text{ TEUR})}{65\%} = 1.077 \text{ TEUR}$$

Als Bestätigung der obigen Rechnung folgt:

| | |
|---|---|
| Umsatzerlöse | 1.077 TEUR |
| Variable Kosten | (377) TEUR |
| **Deckungsbeitrag** | **700 TEUR** |
| Fixe Kosten | (400) TEUR |
| **Betriebsergebnis** | 300 TEUR |

Das bedeutet, dass für eine Zunahme des Betriebsergebnisses um 20 Prozent eine Steigerung der Umsatzerlöse um 7,7 Prozent erforderlich ist.

Die Planung der Betriebsergebnisse ermöglicht einem Unternehmen vorherzusagen, wie sich eine Änderung der Umsatzerlöse auf das Betriebsergebnis auswirken wird. Dadurch kann ein Unternehmen seine Betriebsergebnismarge vor dem Erreichen des Break-even-Punkts errechnen. Dies ist sowohl für bereits vorhandene als auch für neue Produkte und Dienstleistungen nützlich.

Außerdem können mit der DB-Quote die profitabelsten Produkte und Dienstleistungen eines Unternehmens ermittelt werden. Dann können die Mittel in die Produkte und Dienstleistungen umgeleitet werden, mit denen es meisten verdient. Ein Unternehmen kann auch versuchen, die Produkte, mit denen es am wenigsten verdient, profitabler zu machen.

# Vertiefungswissen

## Maßnahmen zur Beeinflussung des Deckungsbeitrages

Ein Unternehmen sollte mit einer Kombination der folgenden Maßnahmen versuchen, den Break-even-Punkt zu beeinflussen. Die Aktivitäten müssen aufeinander abgestimmt sein, da sie sich gegenseitig beeinflussen.

## Vertiefungswissen

| Maßnahme | Wirkung | Risiko |
|---|---|---|
| Erhöhung der Preise | Dies wird den Deckungsbeitrag und die DB-Quote erhöhen, was wiederum die für den Break-even erforderliche Verkaufsmenge senkt. | Das ist schwer zu erreichen, ohne einen höheren Nutzen für den Kunden anzubieten und damit die variablen Kosten pro Stück zu steigern. |
| Reduktion der variablen Kosten (Änderung der Einsatzgüter und der Arbeitskraft) | Dies hat dieselbe Wirkung wie eine Erhöhung der Preise. | Wenn dadurch die Qualität verschlechtert wird, kann sich dies auf die Verkaufsmenge auswirken. |
| Erhöhung der verkauften Menge (Steigerung des Marktanteils oder Zugang zu neuen Märkten) | Dies wird sich nicht auf die DB-Quote auswirken und stattdessen den Gesamtdeckungsbeitrag erhöhen, was wiederum das Betriebsergebnis erhöht. | Das kann ohne eine Erhöhung der Fixkosten schwer zu erreichen sein. |
| Reduzierung der fixen Kosten (Kontrolle von Gemeinkosten) | Dies erhöht die Betriebsergebnismarge, da niedrigere Umsatzerlöse für den Break-even erforderlich sind. | Wenn dadurch die Qualität und der Service schlechter werden, kann sich dies auf die Verkaufsmenge auswirken. |

**Tabelle 33.1:** Maßnahmen zur Beeinflussung des Deckungsbeitrags

Ein Unternehmen sollte sich allerdings auch der Grenzen des Deckungsbeitrags und der DB-Quote bewusst sein:

- Wenn sich der Mix der verkauften Produkte bzw. Dienstleistungen ändert (wenn z.B. die XYZ GmbH mehr von Produkt X als von Produkt Y verkaufen sollte), würde sich die Gesamt-DB-Quote auch ändern.
- Wenn sich die fixen Kosten doch auch mit der Menge ändern (das sollten sie eigentlich nicht, sonst wären es variable Kosten), ändert sich der Break-even. Einige fixe Kosten ändern sich auf mittlere bis lange Sicht. Wenn ein Unternehmen beispielsweise stark wächst und mehr Maschinen benötigt, dann werden die damit verbundenen Zahlungen zu Kosten, die „sprungfixe" Kosten genannt werden.
- Nicht alle Zusammenhänge sind linear. Ein Unternehmen kann z.B. bestimmten Kunden Mengenrabatte anbieten, wodurch der Preis und damit die DB-Quote gesenkt werden. Ein Unternehmen kann auch von seinen Lieferanten Mengenrabatte erhalten und die variablen Kosten pro Stück können bei einer höheren Produktionsmenge sinken, wodurch die DB-Quote steigt.
- Die Berechnung des Break-even der Umsatzerlöse für einzelne Produkte und Dienstleistungen sollte nur die für jedes Produkt und jede Dienstleistung spezifischen „vermeidbaren" fixen Kosten enthalten. In der Praxis kann es aber schwer sein, diese genau festzustellen.

## Operatives Risiko

Das *operative Risiko* (oder der operative Verschuldungsgrad) betrachtet den Anteil der variablen und fixen Kosten eines Unternehmens. Je höher der Anteil der fixen Kosten im Verhältnis zum Betriebsergebnis ist, desto höher das operative Risiko.

## Kapitel 33  Anwendungen der Deckungsbeitragsrechnung

Bei Unternehmen mit einem hohen Anteil an fixen Kosten führt eine kleine Änderung der Verkaufsmenge zu einer großen Änderung des Betriebsergebnisses. In Zeiten des Wachstums kann es daher diesen Unternehmen sehr gut gehen, doch sie haben zu kämpfen oder werden insolvent, wenn die Umsatzerlöse (stark) sinken.

Zu beachten ist, dass ein ähnlicher Zusammenhang auch durch einen Vergleich des Deckungsbeitrags mit dem Betriebsergebnis festgestellt werden kann.

### BEISPIEL

Die Unternehmen A und B sind in derselben Branche tätig und haben dieselben Umsatzerlöse in Höhe von 200.000 Euro p. a. Die zwei Unternehmen unterscheiden sich jedoch in ihrer Kostenstruktur:

- Die Kosten des Unternehmens A teilen sich in 20 Prozent fixe und 80 Prozent variable Kosten.
- Die Kosten des Unternehmens B teilen sich in 80 Prozent fixe und 20 Prozent variable Kosten.

Die folgende Tabelle berücksichtigt die Wirkung einer Erhöhung von 25 Prozent der Umsatzerlöse.

|  | Unternehmen A | | Unternehmen B | |
| --- | --- | --- | --- | --- |
|  | aktuell | 25 % Steigerung der Erlöse | aktuell | 25 % Steigerung der Erlöse |
| Umsatzerlöse | 200 TEUR | 250 TEUR | 200 TEUR | 250 TEUR |
| Variable Kosten | (80) TEUR | (100) TEUR | (20) TEUR | (25) TEUR |
| **Deckungsbeitrag** | 120 TEUR | 150 TEUR | 180 TEUR | 225 TEUR |
| Fixe Kosten | (20) TEUR | (20) TEUR | (80) TEUR | (80) TEUR |
| **Betriebsergebnis** | 100 TEUR | 130 TEUR | 100 TEUR | 145 TEUR |
|  |  | 30 % Steigerung des Betriebsergebnisses |  | 45 % Steigerung des Betriebsergebnisses |

Eine Änderung der Erlöse von 25 Prozent führt zu einer Änderung des Betriebsergebnisses von 30 Prozent für Unternehmen A und zu einer Änderung von 45 Prozent für Unternehmen B.

Da das Unternehmen B einen höheren Anteil an fixen Kosten hat, ist sein Betriebsergebnis volatiler.

Anzumerken ist, dass das Unternehmen B trotz eines höheren Betriebsrisikos auch eine höhere DB-Quote hat. Unternehmen B ist daher in seiner Preisbildung flexibler.

Wichtig ist auch anzumerken, dass sich der Effekt umdreht, wenn die Erlöse sinken, d.h., dann sinken die Betriebsergebnisse von Unternehmen B stärker als diejenigen von Unternehmen A.

# Profiwissen

### Gemischte Kosten

Einige Kostenarten sind insofern „gemischt", als sie sich sowohl aus fixen als auch aus variablen Kosten zusammensetzen. Eine Telefonrechnung beispielsweise setzt sich aus einer festen Grundgebühr plus variablen Kosten für die durchgeführten Gespräche zusammen. Für die Berechnung des Deckungsbeitrags müssen diese gemischten Kosten, sofern möglich, in die Bestandteile fixe und variable Kosten geteilt werden.

### Deckungsbeitrag pro Stück

In diesem Kapitel wurde der Gesamtdeckungsbeitrag behandelt. Die Deckungsbeitragsanalyse kann auch auf der Grundlage von einzelnen Stücken durchgeführt werden, wobei der Verkaufspreis pro Stück, die variablen Kosten pro Stück und daher der Deckungsbeitrag pro Stück betrachtet werden. Das ist zwar komplizierter, hat aber noch den Vorteil, dass zusätzlich zum Break-even-Umsatzerlös die Break-even-Verkaufsmenge (in verkauften Stück) berechnet werden kann.

# Anwendung und Darstellung in der Praxis

Die Deckungsbeitragsrechnung ist ein Instrument der internen Unternehmenssteuerung und erscheint daher nicht im Jahresabschluss eines Unternehmens.

**FALLSTUDIE** zooplus AG

**Stabilisierung der Rohertragsmarge**

Rohertragsmarge: erstmals seit vielen Jahren mit leichtem Anstieg auf 28,7 %.

*Quelle: Geschäftsbericht zooplus AG 2018, U4*

|  |  | 2013 | 2014 | 2015 | 2016 | 2017 | 2018 |
|---|---|---|---|---|---|---|---|
| Umsatzerlöse | in Mio. EUR | 407,0 | 543,1 | 711,3 | 908,6 | 1.110,6 | 1.341,7 |
| Sonstige betriebliche Erträge | in Mio. EUR | 19,9 | 27,8 | 31,3 | 43,4 | 52,8 | 8,6 |
| Materialaufwand | in Mio. EUR | −279,8 | −393,0 | −518,2 | −681,6 | −839,6 | −956,8 |
| Rohmarge | in % | 31,3 % | 27,6 % | 27,1 % | 25,0 % | 24,4 % | 28,7 % |

*Quelle: Geschäftsbericht zooplus AG 2018, U 3*

Kapitel 33  Anwendungen der Deckungsbeitragsrechnung

## Besondere Hinweise für die Praxis

Wenn Sie sich mit der Deckungsbeitragrechnung beschäftigen, sind die folgenden Fragen hilfreich:

- Findet die Ergebnisplanung unter Nutzung der Deckungsbeitragsrechnung statt?
- Gibt es eine Möglichkeit, das Betriebsergebnis zu steigern?
- Arbeit das Unternehmen nahe an seinem Break-even-Punkt?
- Sind die variablen und fixen Kosten je Produkt und Dienstleistung feststellbar?
- Sind die Preise und die variablen Kosten linear über die normalen betrieblichen Aktivitäten verteilt?
- Wie hoch sind die fixen Kosten des Unternehmens (betriebliches Risiko)? Wenn das Unternehmen keine ausreichende Zinsdeckung hat, ist es nicht ratsam, ein hohes betriebliches Risiko mit einem hohen finanziellen Risiko (Verschuldung) zu verbinden.

# 34

# Investitionsrechnung

*„Nichts ist so verhängnisvoll wie eine rationale Investitionspolitik in einer irrationalen Welt."*

John Maynard Keynes, englischer Ökonom

## Auf einen Blick

*Investitionen* sind für die meisten unternehmerischen Maßnahmen erforderlich, z.B. für den Kauf eines langfristigen Vermögenswerts, die Entwicklung eines neuen Produkts, den Eintritt in einen neuen Markt oder den Kauf eines anderen Unternehmens. In Erwartung zukünftiger Erträge muss ein Unternehmen bereits heute liquide Mittel investieren.

Für die Bewertung einer Investitionsmöglichkeit sollte ein Verfahren zur Beurteilung eingesetzt werden, ob die Vorteile des Investitionsvorhabens größer sind als seine Kosten bzw. um zu entscheiden, welche Projekte priorisiert werden sollen, wenn das Kapital begrenzt ist. Dieses Vorgehen bezeichnet man als *Investitionsrechnung*.

Der wichtigste Vorteil einer Investition ist der zukünftige Zufluss liquider Mittel in das Unternehmen. Die zwei wichtigsten Kosten sind der Betrag der tatsächlichen Investition *(Kapitalabfluss)* und die langfristigen Finanzierungskosten der Investition *(Kapitalkosten)*. Die nichtfinanziellen Vorteile und Kosten einer Investition sowie ihr Risiko sind ebenfalls zu beachten.

Idealerweise sollte für die Bewertung einer Investition nicht nur ein einziges, sondern es sollten mehrere Bewertungsverfahren eingesetzt werden.

# Kapitel 34 Investitionsrechnung

# Basiswissen

Unternehmen haben viele miteinander konkurrierende Investitionsmöglichkeiten. Da das Kapital begrenzt ist, muss ein Unternehmen diese Investitionen bewerten und sich für die beste Investition entscheiden. Letztlich besteht ein Zusammenhang zwischen dem Erfolg des Unternehmens und dem Erfolg seiner Investitionen.

Eine Analyse der finanziellen Kosten im Vergleich zum Gewinn anhand von Verfahren der Investitionsrechnung ist daher ein unerlässlicher Teil der Entscheidungsfindung.

Die zeitliche Planung einer Investition kann für deren Erfolg ausschlaggebend sein. Eine Investition früher als Wettbewerber durchzuführen oder aber auch einmal abzuwarten, bis die Marktverhältnisse günstig sind, kann das Ergebnis einer Investition beeinflussen.

## Verfahren zur Bewertung von Investitionen

Für die Bewertung einer Investition gibt es verschiedene Verfahren:

1. Amortisationsdauer
2. Annualisierter Return on Investment / jährliche Rendite
3. Kapitalwertmethode (Discounted Cashflow)

Im folgenden Beispiel werden die drei Verfahren genauer erläutert.

> **BEISPIEL**
>
> Die ABC GmbH hat die zwei miteinander konkurrierenden Investitionsvorhaben A und B, die beide eine Anfangsinvestition von 250.000 Euro erfordern und in den folgenden fünf Jahren einen positiven Ertrag von insgesamt 500.000 Euro generieren.
>
> |  | Investition A | Investition B |
> | --- | --- | --- |
> | Anfangsinvestition | (250) TEUR | (250) TEUR |
> | Jahr 1 | 100 TEUR | 50 TEUR |
> | Jahr 2 | 100 TEUR | 75 TEUR |
> | Jahr 3 | 100 TEUR | 100 TEUR |
> | Jahr 4 | 100 TEUR | 125 TEUR |
> | Jahr 5 | 100 TEUR | 150 TEUR |
>
> Der einzige Unterschied zwischen den Investitionen ist der zeitliche Unterschied der Ergebnisse in den fünf Jahren. Investition A hat konstante Erträge von 100.000 Euro pro Jahr, während Investition B steigende Erträge hat.

## 1. Amortisationsdauer

Die einfachste Form der Investitionsrechnung ist die *Amortisationsdauer (AD)*. Sie misst, wie lange die Rückzahlung der Investition dauert.

Im obigen Beispiel wird Investition A im dritten Jahr zurückgezahlt, d.h., bis zum Jahr drei hat Investition A 300.000 Euro (100.000 Euro in jedem Jahr) generiert. Bei Projekt B dauert es jedoch bis zum Jahr vier, bis die Investitionskosten (50 Euro + 75 Euro + 100 Euro + 125 Euro) zurückgezahlt sind.

Die AD stellt auch ein Risikomaß dar. Je länger die AD, desto höher das Risiko. Deshalb scheint nach dem AD-Verfahren Investition B riskanter zu sein als Investition A.

Einige Unternehmen setzen außer der Verwendung der Amortisationsdauer für miteinander konkurrierende Investitionen auch eine Ziel-AD für alle Investitionen. Jede Investition, deren Amortisationsdauer kürzer ist als die Ziel-AD, wird dann ausgeführt.

Die Amortisationsdauer ist jedoch keine vollständige Methode der Investitionsbewertung. Sie zeigt nicht das Gesamtergebnis an und berücksichtigt auch nicht die gesamte Nutzungsdauer einer Investition. Wenn Investition B beispielsweise im Jahr sechs weitere Erträge von z.B. 175.000 Euro erzielen könnte, dann würde sie jetzt einen Gesamtertrag von 675.000 Euro generieren, im Vergleich zu 500.000 Euro aus der Investition A. Trotzdem würde mit der AD Investition A den Vorzug vor Investition B erhalten, da ihr einziges Kriterium die Geschwindigkeit der Rückzahlung ist. Die AD wird daher am besten zusammen mit anderen Verfahren der Investitionsrechnung kombiniert.

## 2. Annualisierter Return in Investment / jährliche Rendite

Es gibt zwar viele Möglichkeiten, eine jährliche Rendite zu berechnen. Die einfachste aber ist, die jährlichen Erträge (Nettozuflüsse) durch den Betrag der Investition (Kapitalabfluss) zu dividieren.

Jahresrendite in % = Jährlicher Nettozufluss / Kapitalabfluss × 100

Für die Investitionen A und B kann die Jahresrendite wie folgt berechnet werden:

| Investition | Jahr 1 | Jahr 2 | Jahr 3 | Jahr 4 | Jahr 5 | Durchschnitt |
|---|---|---|---|---|---|---|
| A | 100 | 100 | 100 | 100 | 100 | 100 |
| Rendite | 40 % | 40 % | 40 % | 40 % | 40 % | 40 % |
| B | 50 | 75 | 100 | 125 | 150 | 100 |
| Rendite | 20 % | 30 % | 40 % | 50 % | 60 % | 40 % |

Die Jahresrendite von Investition A beträgt 40 Prozent jedes Jahr, während die Rendite von Investition B im Einklang mit dem Wachstum der jährlichen Erträge von 20 Prozent auf 60 Prozent steigt. Beide Investitionen haben eine durchschnittliche Rendite von 40 Prozent über ihre Nutzungsdauer. Es ist deshalb schwierig, die Investitionen A und B mithilfe der Jahresrendite zu vergleichen.

Die Jahresrenditerechnung hat die gleiche Bedeutung wie andere Kennzahlen der internen Performance wie z.B. die Kapitalrentabilität. Diese Methode der Investitionsrechnung ist daher nützlich, da sie mögliche Investitionen mit den Ergebniskennzahlen vergleicht. Die Jahresrendite allein ist jedoch vor allem deshalb kein effektives Verfahren der Investitionsbewertung, weil sie die zeitlichen Unterschiede der Investitionserträge nicht berücksichtigt.

## 3. Kapitalwertmethode / Discounted-Cashflow-Methode

Die effektivsten Verfahren der Investitionsrechnung berücksichtigen den Zeitwert des Geldes, indem alle zukünftigen Nettogeldzuflüsse (und gegebenenfalls weitere Kapitalabflüsse) auf ihren entsprechenden Barwert diskontiert werden. Ziel ist, alle Cashflows aus einer Investition auf einer vergleichbaren Basis zu vergleichen.

Die Berücksichtigung des Zeitwerts des Geldes ist deshalb wichtig, weil das Geld (Kapital) Opportunitätskosten hat, die in einer Investition gebunden sind. Diese Opportunitätskosten hängen von den folgenden Faktoren ab, die für jedes Unternehmen und dessen wirtschaftliche Rahmenbedingungen unterschiedlich sein können:

- gezahlte Zinsen, wenn Gelder aufgenommen wurden
- Gewinne für Aktionäre, wenn die Investition mit Eigenkapital finanziert wird
- auf überschüssige Mittel erhaltene Zinsen, falls erzielbar
- das Risiko, dass eine Investition nicht die erwarteten Ergebnisse erzielt
- das Risiko, dass alternative Möglichkeiten nicht genutzt werden
- Inflation

Für die Bewertung einer Investition mithilfe der *Discounted-Cashflow-Methode (DCF)* gibt es zwei Möglichkeiten:

    a. Kapitalwert (KW) – der Schwerpunkt liegt auf den absoluten Werten.

    b. Interner Zinsfuß (IZ) – der Schwerpunkt liegt auf der relativen Rendite.

### a. Kapitalwert

Der Kapitalwert stellt den Wert oder Beitrag einer Investition für das Unternehmen dar.

- Wenn der KW positiv ist, lohnt sich die Investition.
- Wenn der KW negativ ist, ergibt sich aus der Investition ein Verlust.

### b. Interner Zinsfuß (IZ)

Der IZ stellt die interne Rendite einer Investition dar. Der IZ errechnet mithilfe des DCF die Rendite einer Investition in Prozent.

Für die Investitionen A und B beträgt der KW (berechnet bei einem Diskontierungszinssatz in Höhe von 10 Prozent):

|    | Investition A | Investition B |
|----|---------------|---------------|
| KW | 129.079 EUR   | 111.084 EUR   |
| IZ | 29 %          | 23 %          |

Investition A hat einen höheren KW und einen höheren IZ als Investition B und sollte daher bevorzugt werden. Der Grund für die Höherstufung von A liegt daran, dass die liquiden Erträge zeitlich früher anfallen als bei Investition B.

## Risikoaspekte der Investitionsentscheidung

Im Mittelpunkt jeder Investitionsentscheidung sollten nicht nur die Erträge, sondern auch die Risiken stehen.

Die Amortisationsdauer liefert eine teilweise Einschätzung des Risikos – wichtig ist jedoch bei einer Investition auch, weitere Risikofaktoren zu berücksichtigen, wie z.B.:

- Lässt sich das Produkt tatsächlich verkaufen und wird es von den Kunden positiv aufgenommen?
- Werden die Wettbewerber ähnliche oder bessere Produkte an den Markt bringen?
- Werden Zulieferer die erforderlichen Materialien rechtzeitig und in der richtigen Qualität liefern können?
- Wie verlässlich ist die Prognose? Ist die Investitionsmöglichkeit z.B. immer noch profitabel, wenn der Verkaufspreis um 10 Prozent niedriger ist?
- Wenn die Investition ein Fehlschlag ist, wird sich das auf die Marke des Unternehmens negativ auswirken?
- Wenn die Investition ein Fehlschlag ist, entstehen dann nicht vorhergesehene Kosten, wie z.B. Abfindungen?

Die nichtfinanziellen Überlegungen bezüglich einer Investition, besonders diejenigen, die Kunden und Wettbewerber betreffen, können bei einer Investitionsentscheidung ebenso wichtig sein wie die finanziellen Überlegungen.

In vielen Unternehmen müssen Investitionsmöglichkeiten in einer Entscheidungsvorlage vorgelegt werden, die auch nichtfinanzielle sowie strategische Vorteile und Kosten enthält.

# Vertiefungswissen

## Kapitalkosten

Die *Kapitalkosten* oder langfristigen Kosten der Finanzierung einer Investition beziehen sich auf den bei der Berechnung des KW oder IZ verwendeten Abzinsungssatz. Er stellt einen sehr wichtigen Faktor bei der Bewertung einer Investition dar.

Um die DCF-Verfahren der Investitionsrechnung anwenden zu können, muss ein Unternehmen seine Kapitalkosten kennen.

- Mit den Kapitalkosten werden die zukünftigen Cashflows auf ihren Barwert abgezinst, sodass der KW berechnet werden kann.

- Die Kapitalkosten sind erforderlich, um für den IZ einen Vergleichsmaßstab zu erhalten. Wenn der IZ einer Investition größer ist als die Kapitalkosten des Unternehmens, dann lohnt sich die Investition. Wenn er kleiner ist, dann führt die Investition zu einem Verlust.

Die Kapitalkosten sind der gewichtete Durchschnitt der Kosten aller Finanzquellen des Unternehmens, die aus der Eigenkapitalfinanzierung und Fremdkapitalfinanzierung kommen.

Selbst wenn ein Unternehmen speziell für eine Investition Finanzmittel aufgenommen hat, sollte es den gewichteten Durchschnitt seiner Kapitalkosten verwenden. Alle Investitionen sollten behandelt werden, als ob sie aus einem Pool der Unternehmensfinanzen finanziert wären.

In der Praxis verwenden einige Unternehmen für die Bewertung nicht zum Kerngeschäft gehörender Investitionen risikoadäquate (d.h. höhere) Kapitalkosten. Dies ist im Grunde eine zusätzliche Mindestrendite, die eine Investition erreichen muss, um positive Ergebnisse zu erzielen.

# Profiwissen

## Kapitalwert im Vergleich zum internen Zinsfuß

Viele Unternehmen errechnen sowohl den KW als auch den IZ einer Investition. In der Praxis gibt es jedoch einige Unternehmen, die eher auf den IZ vertrauen, da er ein Ergebnis in Prozent liefert. Dieses kann leichter verwendet und besser konzeptionell mit anderen Renditen verglichen werden.

Für die meisten Investitionen liefern der KW und der IZ dieselbe Bewertung einer Investition:

- Ein positiver KW bedeutet gewöhnlich, dass der IZ größer ist als die Kapitalkosten.
- Ein negativer KW bedeutet gewöhnlich, dass der IZ kleiner ist als die Kapitalkosten.

Theoretisch betrachtet ist der KW das bessere Maß. Wenn er ein anderes Ergebnis als der IZ liefert, dann sollte immer der KW verwendet werden. KW und IZ können unterschiedlich sein, wenn

- die Investitionen unterschiedlichen Kapitalbedarf (Anschaffungskosten) haben.
- eine Investition während ihrer Nutzungsdauer weitere Zahlungsabflüsse aufweist.

# Anwendung und Darstellung in der Praxis

Der Geschäftsbericht eines börsennotierten Unternehmens kann Einzelheiten der Investitionen enthalten, die das Unternehmen durchgeführt hat oder plant durchzuführen.

Ein nicht börsennotiertes Unternehmen kann die Grundlage für die Investitionsentscheidungen, z.B. die Kapitalkosten oder die Mindestrendite, angeben, weitere Einzelheiten werden nicht veröffentlicht, da die Investitionsrechnung ein Instrument der internen Unternehmenssteuerung darstellt.

| FALLSTUDIE | zooplus AG |
|---|---|

Der negative Cashflow aus Investitionstätigkeit (−7,3 Mio. EUR 2018 gegenüber − 7,4 Mio. EUR im Jahr 2017) ist beeinflusst durch Investitionen in Hard- und Softwarekomponenten in Form von Anschaffungen und Investitionen in selbst erstellte immaterielle Vermögensgegenstände sowie Geschäfts- und Betriebsausstattung.

*Quelle: Geschäftsbericht zooplus AG 2018, S. 72*

# Besondere Hinweise für die Praxis

Wenn Sie sich mit der Investitionsrechnung beschäftigen, sind die folgenden Fragestellungen von Nutzen:

- Gibt es ein formales Verfahren für die Bewertung von Investitionen?
- Müssen Investitionen in einer Entscheidungsvorlage vorgelegt werden, die auch nichtfinanzielle und strategische Überlegungen enthält?
- Wird eine Vielzahl alternativer Bewertungsverfahren, unter anderem Amortisationsdauer, Jahresrendite, KW und IZ, verwendet?
- Gibt es bei einer möglichen Investition nicht nur eine Einschätzung der Rendite, sondern auch des Risikos?
- Werden die Kapitalkosten regelmäßig aktualisiert?
- Nimmt das Unternehmen die meisten Projekte an oder lehnt es sie eher ab? Dies kann ein Hinweis sein auf eine zu riskante / zu risikoaverse Einstellung bzw. eine zu hohe / zu niedrige Mindestrendite sein.

# 35 Unternehmensbewertung

*„Ein Jahr später klingen 19 Milliarden US-Dollar für WhatsApp gar nicht mehr so verrückt."*

Josh Constine, Journalist für Technologie und Chefredakteur für TechCrunch

## Auf einen Blick

Für ein Unternehmen ist das ultimative Maß des Erfolgs seine Bewertung, d.h. der Betrag, den ein Käufer dafür zu zahlen bereit ist.

Aktienbörsen geben Käufern und Verkäufern eine Plattform, auf der sie in Beziehung zueinander treten und den Preis der Aktien festlegen können. Börsennotierten Unternehmen wird so in Echtzeit ihr Marktwert angezeigt. Für nicht börsennotierte Unternehmen gibt es einen solchen Markt jedoch nicht.

Unternehmen können mit einer Reihe von Verfahren bewertet werden; dennoch ist die Bewertung eines Unternehmens in der Praxis eine Kunst, da es letztlich auf zahlreiche Faktoren ankommt, auch auf Verhandlungen. Ziel der verschiedenen *Bewertungsverfahren* ist, möglichen Käufern und Verkäufern eine Bandbreite von Werten und damit Kauf- bzw. Verkaufspreisen zur Verfügung zu stellen.

# Kapitel 35  Unternehmensbewertung

## Basiswissen

Die Vorstände börsennotierter Unternehmen konzentrieren sich üblicherweise darauf, den Unternehmenswert zu maximieren, der sich im Aktienkurs niederschlägt, und gleichzeitig auf die Erwartungen der Anleger hinsichtlich der Dividende zu reagieren.

Für ein nicht börsennotiertes Unternehmen in Privateigentum ist ein Verkauf eine Möglichkeit zum Ausstieg für den Eigentümer, sodass eines der Hauptziele sein kann, langfristigen Wert zu schaffen. Aber auch für Unternehmen, die nicht verkauft werden sollen, ist ein wesentliches Ziel, langfristigen Wert zu generieren.

Ein möglicher Investor und Käufer eines Unternehmens muss eine Bewertung des Unternehmens vornehmen.

### Gründe für und Einflussfaktoren auf eine Unternehmensbewertung

Bei einem börsennotierten Unternehmen steht der Aktienkurs ständig im Mittelpunkt der Aufmerksamkeit des Vorstands; dies beeinflusst viele Kennzahlen der Leistungsmessung des Unternehmens.

Bei einem nicht börsennotierten Unternehmen ist eine Bewertung üblicherweise erforderlich, wenn

- der Eigentümer verkaufen möchte,
- ein Käufer das Unternehmen kaufen möchte,
- das Unternehmen an einer Börse notiert werden soll, oder
- neue Gesellschafter zusätzliches Eigenkapital einbringen.

Für börsennotierte Unternehmen ist es eine Herausforderung, einen hohen Aktienkurs zu erreichen bzw. zu halten, da es zahlreiche externe Faktoren gibt, die größtenteils von der Geschäftsführung nicht beeinflusst werden können. Diese Faktoren sind unter anderem:

- Aktionen oder Reaktionen der Wettbewerber
- Meinungen von Analysten
- Medienberichte und Gerüchte
- Spekulatives Verhalten
- Marktstimmung, Konjunktur und Börsenblasen

Bei nicht börsennotierten Unternehmen ist die Bewertung eher Kunst als Wissenschaft, weil der Wert Meinungssache ist. Bisweilen wird gesagt: „Der Wert eines Unternehmens ist der, von dem behauptet wird, dass er es ist."

Die beste Vorgehensweise ist daher:

- Eine Auswahl von Bewertungsverfahren zu verwenden und zu prüfen, ob sie zu ähnlichen Ergebnissen führen.

- Die Bewertung vergleichbarer Unternehmen, die vor Kurzem verkauft wurden, zu recherchieren.
- Den Angebotspreis vergleichbarer Unternehmen zu suchen, die aktuell zum Verkauf stehen.

Zweck der verschiedenen Bewertungsverfahren ist es, eine Reihe von Werten zu liefern (statt einer präzisen Zahl), die eine Grundlage für Verhandlungen zwischen einem Käufer und einem Verkäufer darstellen. Wie bei den meisten erfolgreichen Verhandlungen besteht das Geschick bei der Bewertung darin, den gemeinsamen Nenner zu finden.

Die endgültige Bewertung hängt ab von den folgenden Punkten:

- Dem Anteil des Eigenkapitals, der bewertet wird (der Käufer wird eine Prämie dafür zahlen, dass er strategische Entscheidungen beeinflussen/kontrollieren kann)
- Strategischen Gründen für den Kauf oder Verkauf und der Bereitschaft der Eigentümer zu verkaufen
- Der Qualität und Erfahrung des Managements und deren Mitarbeiter, einschließlich der Unternehmenskultur
- Dem wirtschaftlichen Potenzial der Produkte und Dienstleistungen des Zielunternehmens
- Der Wettbewerbsfähigkeit des Markts des Zielunternehmens
- Der Anzahl der konkurrierenden Käufer und Verkäufer und deren Verhandlungsgeschick
- Der Durchführung der Transaktion bar oder in Aktien
- Makroökonomischen und geopolitischen Faktoren

## Arten von Bewertungsverfahren

Für die Bewertung eines Unternehmens gibt es zwei wichtige Arten von Verfahren:

1. Substanzwertverfahren
2. Ertragswertverfahren

## 1. Substanzwertverfahren

Bei vielen Bewertungen sind die vorhandenen Vermögenswerte der erste Ausgangspunkt, da sie eine Art Untergrenze oder Mindestbewertung darstellen. Eine Bewertung auf der Grundlage von Vermögenswerten ist nützlich für Unternehmen mit vielen Vermögenswerten, wie z.B. Immobiliengesellschaften und einige Produktionsunternehmen.

Eine Bewertung auf der Grundlage von Vermögenswerten ist jedoch nicht einfach eine Zahl, die man der letzten Bilanz entnimmt. Der Bewerter muss eine „Prüfung" des Unternehmens durchführen, um alle Vermögenswerte und Verbindlichkeiten festzustellen und richtig zu bewerten.

## 2. Ertragswertverfahren

Eine Bewertung auf der Grundlage von Erträgen ergibt häufig eine höhere Bewertung und einen Hinweis auf den höchstens möglichen Preis, den ein Käufer zahlen würde. Wenn die Geschäftstätigkeit des Unternehmens in der Vergangenheit profitabel war und das Unternehmen fortgeführt wird, ist eine Bewertung auf der Grundlage von zukünftigen Erträgen gewöhnlich vorzuziehen.

Einfache Ertragswertverfahren verwenden Multiplikatoren, aufwendigere zinsen zukünftige Cashflows ab.

### Multiplikatoren

Ein einfacher Ansatz einer solchen Bewertung verwendet einen Multiplikator entweder für die Erlöse oder idealerweise für den Gewinn eines Unternehmens.

- *Erlösmultiplikatoren* können für neu gegründete Unternehmen verwendet werden, die möglicherweise noch nicht profitabel sind, oder für Unternehmen mit volatilen Gewinnen.

- *Gewinnmultiplikatoren* sind besser als Erlösmultiplikatoren, da sie Erlöse und Kosten berücksichtigen. Innerhalb einer Branche gibt es üblicherweise eine hohe Korrelation zwischen erzieltem Gewinn und Unternehmenswert.

In beiden Fällen sollte die verwendete Erlös- oder Gewinnzahl nachhaltig erzielt werden können und keine außerordentlichen (einmalige) Posten enthalten. Dies wird oft „nachhaltig erzielbarer Gewinn" genannt.

Multiplikatoren sind je nach Branche und Konjunkturzyklus unterschiedlich. Bei Gewinnmultiplikatoren ist das Kurs-Gewinn-Verhältnis (KGV, auch Price-Earnings-Ratio P/E) einer Branche ein guter Ausgangspunkt. Bei einem nicht börsennotierten Unternehmen wird das für die Branche angegebene KGV üblicherweise reduziert, weil das Unternehmen weniger gut verkauft werden kann als ein vergleichbares börsennotiertes Unternehmen.

### Discounted Cashflow (DCF)

Die wohl aufwendigste erlösbasierte Bewertung besteht in der Berechnung des Barwerts zukünftiger Cashsflows.

Dies beinhaltet auch die Prognose zukünftiger Cashflows auf der Grundlage verschiedener Annahmen wie z.B. Wachstumsrate, Margen, Finanzierungskosten, Steuersätze und Kapitalkosten.

Viele Unternehmen verwenden das Konzept des Free Cashflows, das operative Cashflows abzüglich Auszahlungen für Investitionen (Opex) beinhaltet.

Die zukünftigen Free Cashflows werden mit den entsprechenden Kapitalkosten auf den Barwert diskontiert.

Die Schätzung zukünftiger Cashflows, Wachstumsraten und der Kapitalkosten ist eine Herausforderung. Eine geringfügige Änderung der Annahmen kann für die Bewertung einen großen Unterschied machen. Außerdem ist die in der Vergangenheit erzielte Performance nicht immer ein verlässlicher Indikator für die zukünftige Performance.

# Vertiefungswissen

## Bewertungsaufschlag

Für den Kauf eines anderen Unternehmens zahlen einige Unternehmen ein hohes Aufgeld über den Wert hinaus, der mithilfe eines herkömmlichen Bewertungsverfahrens erhalten wird.

Im Technologiesektor finden sich einige interessante Beispiele für diesen Aufschlag:

- Im Februar 2014 kaufte Facebook, Inc WhatsApp, Inc für 19,3 Milliarden US-Dollar. Zu der Zeit hatte WhatsApp einen Umsatz von circa 50 Millionen US-Dollar und beschäftigte etwas mehr als 50 Menschen. Die Zielsetzung von Facebook ging erkennbar über die herkömmlichen Finanzzahlen hinaus. Das potenzielle Wachstum der Nutzerzahlen, die Beteiligung der Nutzer sowie wettbewerbliche und strategische Faktoren spielten eine weit größere Rolle bei der Bewertung.

- Im November 2006 erwarb Google YouTube für 1,65 Milliarden US-Dollar. Die Finanzdaten von YouTube hatten dafür zu der Zeit nur geringe Bedeutung. Google erkannte das Potenzial von YouTube, das zu der Zeit eine der am schnellsten wachsenden Internetseiten war und (als dieses Buch veröffentlicht wurde) eine der beliebtesten Internetseiten in der Welt.

- Im Juli 2005 kaufte News Corporation MySpace (zu der Zeit die größte Seite für soziale Netzwerke) für 580 Millionen US-Dollar. MySpace wurde jedoch sechs Jahre später im Juni 2011 wieder für 35 Millionen US-Dollar verkauft. MySpace hatte Nutzer an Facebook und Twitter verloren, die alternative Nutzererfahrungen entwickelten.

Bei der Entscheidung über einen Aufschlag auf die Bewertung wird der Käufer potenzielle Synergievorteile berücksichtigen. Beispiele für Synergien sind:

- Marketing – Gelegenheiten zum Cross Selling und Aufbau einer stärkeren Marke
- Geschäftsbetrieb – Größenvorteile, Einkaufsmacht bei Zulieferern und Vermeidung von Doppelkosten
- Finanzen – Zugang zu günstigeren Finanzmitteln, niedrigere Kapitalkosten und Steuervorteile
- Vermögenswerte – Zugang zu spezifischen Ressourcen, wie z.B. Patenten
- Management – Zugang zu Personen, deren Ansehen, Erfahrungen und gemeinsames Wissen

- Risikoverteilung – Diversifizierung in neue Märkte und Produkte/Dienstleistungen
- Wettbewerb – einen Wettbewerber davon abhalten, das Zielunternehmen zu kaufen

Allerdings zeigt sich in der Praxis, dass das gezahlte Aufgeld häufig weit höher ist als die tatsächlich erzielten Synergievorteile aus einem Kauf.

## Substanzwertermittlung

Vermögenswerte und Verbindlichkeiten werden neu bewertet, um ihren aktuellen Wert wiederzugeben. Im Rahmen des Bewertungsverfahrens können auch zusätzliche Vermögenswerte und Verbindlichkeiten angesetzt werden.

| Bilanzposten | Bewertung |
| --- | --- |
| Sachanlagevermögen | Immobilien müssen möglicherweise neu bewertet werden, wenn sie zum Buchwert bilanziert sind. |
| | Sonstige Sachanlagewerte müssen bewertet werden, da sie zu fortgeführten Anschaffungskosten (Anschaffungskosten abzüglich Abschreibung) bilanziert werden. |
| | Investitionen müssen zum Marktwert angegeben werden. |
| Immaterielle Vermögenswerte | Es sollten nur immaterielle Vermögenswerte mit einem Marktwert, wie z.B. Patente und Marken, enthalten sein. Dazu kann ein auf die Bewertung derartiger Werte spezialisierter Gutachter erforderlich sein. |
| | Weitere immaterielle Vermögenswerte, wie z.B. ein gekaufter Geschäfts- oder Firmenwert, sollten nicht angesetzt werden. |
| Vorräte | Hier erfolgt die Bewertung von Alter und Marktgängigkeit. |
| Debitoren | Die Debitorenliste muss zusammen mit der aktuellen Rückstellung für uneinbringliche Forderungen überarbeitet werden. |
| Barmittel | Der Wechselkurs für in anderen Währungen gehaltene Barmittel wird zum Zeitpunkt der Transaktion wieder umgerechnet. |
| Kreditoren | Die Kreditoren einer Konzerngesellschaft oder verbundenen Dritten sollten hinsichtlich des fairen Werts überprüft werden. Abgrenzungsposten sollten auf Richtigkeit überprüft werden. |
| Fremdkapital | Fremdkapitalverträge und Beschränkungen des Verkaufs bestimmter Vermögenswerte sollten überprüft werden. |
| | Fremdkapital muss möglicherweise nach einem Kauf zurückgezahlt werden und es könnte damit zusammenhängende Strafklauseln geben, die zusätzliche Verbindlichkeiten schaffen würden. |
| Sonstige Verbindlichkeiten | Sonstige Verbindlichkeiten müssen genau quantifiziert werden einschließlich etwaiger Schließungs-/Entlassungskosten als Folge eines möglichen Kaufs. |
| | Eventualverbindlichkeiten sollten neu bewertet werden, um festzustellen, ob Rückstellungen erforderlich sind. |
| | Eine Due-Diligence- Prüfung sollte versteckte Verbindlichkeiten erfassen, wie z.B. einen unterfinanzierten Pensionsplan und nach dem Bilanztermin eingetretene Ereignisse. |

**Tabelle 35.1:** Bewertung vom Vermögenswerten und sonstigen Verbindlichkeiten

## Profiwissen

### Kurs-Buchwert-Verhältnis

Das *Kurs-Buchwert-Verhältnis* ist eine von vielen nützlichen Kennzahlen der Performance eines Unternehmens. Im Mittelpunkt dieser Kennzahl steht die Unternehmensbewertung.

Sie wird wie folgt berechnet:

$$\text{Kurs-Buchwert-Verhältnis} = \frac{\text{Unternehmenswert}}{\text{Buchwert des Eigenkapitals}}$$

Vorausgesetzt, ein Wert kann erhalten werden (was natürlich bei einem börsennotierten Unternehmen einfacher ist) bildet die Kennzahl ab, wie die Märkte ein Unternehmen in Bezug auf Gewinne, Stärke der Bilanz und Zukunftsaussichten wahrnehmen.

Sie vergleicht die Investition der Aktionäre in ein Unternehmen mit dem Wert des Unternehmens. Ein Wert von weniger als eins bedeutet, dass die zukünftigen Gewinne nicht ausreichend sein dürften, um den aktuellen Wert des Unternehmens zu rechtfertigen. Ein erfolgreiches Unternehmen sollte einen Wert größer als eins haben und idealerweise einen Wert von zwei oder mehr.

Eine der Ausnahmen zu dieser Regel sind jedoch Immobiliengesellschaften, die gewöhnlich mit weniger als ihrem Substanzwert (auch Net Asset Value) bewertet werden. Ein Grund dafür ist die geringe Fungibilität und damit verbunden eine geringe Liquidität der Immobilien, was zu einem Bewertungsabschlag führt.

## Anwendung und Darstellung in der Praxis

Unternehmenskäufe werden in der Bilanz unter Geschäfts- oder Firmenwert bzw. Goodwill abgebildet, wenn ein Aufschlag gezahlt wurde. In der Kapitalflussrechnung sind die Auszahlungen für Unternehmenskäufe innerhalb der Investitionen separat ausgewiesen.

Der Geschäftsbericht eines börsennotierten Unternehmens gibt gewöhnlich den Aktienkurs zusammen mit anderen Investorenkennzahlen für Investoren an. Details finden sich auch im Vergütungsbericht, wenn der Unternehmenswert Grundlage für (einen Teil der) Vergütung des Vorstands darstellt.

### FALLSTUDIE zooplus AG

Die Anzahl der zooplus-Aktien lag zu Beginn des Jahres 2018 bei 7.137.578 Stück. Im Laufe des Jahres erhöhte sie sich im Zuge von Optionsausübungen auf 7.143.278 Stück zum 31. Dezember 2018. Damit ergibt sich zum Jahresende 2018 ein Grundkapital von 7.143.278,00 EUR.

Zu einem Xetra-Schlusskurs von 116,00 EUR ergab sich bei Redaktionsschluss am 28. Februar 2019 eine Marktkapitalisierung der zooplus AG in Höhe von 828,6 Mio. EUR.

*Quelle: Geschäftsbericht zooplus AG 2018, S. 51*

## Kapitel 35 Unternehmensbewertung

# Besondere Hinweise für die Praxis

Achten Sie beim Thema der Unternehmensbewertung auf die folgenden Punkte:

- Trends des Aktienkurses im Vergleich zu den Branchendurchschnitten, da diese die öffentlich verfügbaren Informationen wiedergeben sollten

- Investorenkennzahlen und das Kurs-Buchwert-Verhältnis

- Kürzlich erfolgte Neubewertungen von Vermögenswerten, wie z.B. von Grundstücken und Gebäuden, die eine Vorbereitung auf einen Verkauf oder als Verteidigung gegen eine mögliche Übernahme hinweisen können

- Transaktionen, die die Werte der Vermögensgegenstände beeinflussen, wie z.B. Änderungen der Abschreibung, Wertminderungen, Rückstellungen, z.B für notleidende Kredite und die damit zusammenhängende Bilanzierungspolitik

- Die Höhe eines Unternehmenswerts in der Bilanz und den Nachweis regelmäßiger Überprüfung auf Wertminderung

- Gerüchte über Kaufgebote und andere Spekulationen in den Medien, die den Aktienkurs börsennotierter Unternehmen beeinflussen

# Index

## A

Abschlussprüfung
    extern 183
Abschreibung 103, 105
Abschreibungsverfahren
    alternative 106
Accrual Accounting 44
Aktienkurs 217
Aktiva
    kurzfristige 65
    langfristige 64
Aktive Rechnungsabgrenzung 169
Amortisationsdauer 303
Amortisation siehe Abschreibung 107
Anlagespiegel 108
Anleihen 224
Annualisierter Return in Investment 303
Asset-based Finanzierung 224
Aufwendungen 42
    betriebliche 75
Außerordentliche Posten 76

## B

Beherrschung vs. Beeinflussung 205
Belastung 225
Berichtswesen 34
    internes 267
Berufsverbände 37
Bestätigungsvermerk
    Formen 187
Betriebsergebnis 75
Betriebsergebnisspanne 232, 240
Betrug
    Jahresabschluss 184
Bewertungsaufschlag 313
Bewertungsverfahren 309
Beyond Budgeting 280
Beyond Budgeting Round Table (BBRT) 280
Bezugsrecht 218
Big Data 272
Bilanz
    alternative Interpretationen 66
    Bewertung der Bilanzposten 66
    Firmenwert 111
    Grundstruktur 64
    immaterielle Vermögenswerte 112
    Kennzahlen 65
    konsolidierte 203
    Vorräte 120
    wichtige Bilanzposten 64
Bonitätsbewertung 225
Börsengang 217
Break-even-Umsatzerlös 294
Bruttoergebnis 75
Bruttogewinnspanne 240
Bruttomarge 75
Bruttomarge vs. absoluter Bruttogewinn 232
Buchführung
    periodengerechte 42
Buchwert (BW) 104
Budget 276
Budgetierung 34
Business Analytics 272
Business Angels 216
Business Intelligence 272

## C

Capex (Capital expenditure) 81
Capital Employed 68
Cash-Conversion-Zyklus 248
Cashflow
    aus der Finanzierungstätigkeit 95
    aus der Investitionstätigkeit 95
    aus der operativen Geschäftstätigkeit 94
    Berechnung 96
    vs. Gewinn 95
Cashflowberechnung
    direkte Methode 96
    indirekte Methode 96
Cashflow-Budget 276
Chartered Institute of Management Accountants (CIMA) 269
Chief Financial Officer (CFO) 29
Corporate Governance 47
Corporate-Governance-Kodex 48
Crowdfunding 216
Crowdinvesting 216
Crowdlending 224

## D

Debitoren 128
Debitorenlaufzeit 128, 131
Debitorenmanagement 128, 129
Deckungsbeitragsquote 294
Deckungsbeitragsrechnung 292
Delisting 217
Dienstleistungen 122
Discounted Cashflow (DCF) 312
Discounted-Cashflow-Methode 304
Dividende 150, 218
Dividendenquote 258
Dividendenrendite 259
Doppelbesteuerung 199
Drohende Zahlungsunfähigkeit
    Insolvenzgrund 56
Durchschnittskostenmethode 122, 123

## E

Earnings per Share (EPS) 256
EAT siehe PAT 75
EBIT 75
EBITDA 76
EBT 75
Eigenkapital 65, 149, 214, 223
Eigenkapitalfinanzierung 214
Eigenkapitalquellen 216
Eigenkapitalrendite 67, 236
Eigentumsverhältnisse 222
Einkommensteuer 196
Einzelwertberichtigung
    uneinbringliche Forderung 130
Enterprise-Resource-Planning (ERP) 271
Erfolgsrechnung 73
Ergebnis
    Definition 235
Ergebnisrechnung nach Zahlungsflüssen 41
Erlösmultiplikatoren 312
Erträge 42
Ertragswertverfahren 312
Eventualforderung 162
Eventualverbindlichkeit 158
Expansion 215
externes Rechnungswesen 29

# Index

## F

Factoring 130
Fehler
 Jahresabschluss 185
Fertige Erzeugnisse 122
Finanzabteilung
 Struktur 28
Finanzbereich
 Abteilungen 28
 Mitarbeiter 28
Finanzdirektor 29
Finanzierungstätigkeit
 Cashflow 95
Finanzkrise 242
Finanzrisiko 242
Finanzsysteme
 Aufgaben 31
 Informationsquellen 30
 Systemkontrollen 36
Firmenwert
 Mutter- und Tochtergesellschaft 206
 negativer 115
First-In-First-Out-Methode (FIFO) 121, 123
Fixe Kosten 292
Forderungen
 Factoring 130
 kurzfristige 127
 sonstige 171
 uneinbringlich 130
 Verkauf von 130
Forecast 275
Forward-Dividendenrendite 261
Forward P/E 261
Free Cashflow 312
Fremdkapital 221, 223, 240, 244
Fremdkapitalfinanzierung 221
Fremdkapitalquote 240
Fristen
 bei Steuern 198

## G

Gesamtbelastung 225
Gesamtergebnisrechnung 77
Gesamtkapitalrendite (ROCE, Return on Capital Employed) 139
Gesamtkapitalrentabilität 236
Geschäfts- oder Firmenwert 66, 112
gesetzlicher Jahresabschluss 34
Gesicherte Schulden vs. nicht gesicherte 225
Gewinn
 ausschüttbarer 76
 einbehaltener 76
 Rückstellungen 159
 Steuern 196
 vs. Cashflow 95
 vs. Wertzuwachs 137
Gewinnaufschlag 287

Gewinnerzielung 231
Gewinnmultiplikatoren 312
Gewinn pro Aktie 256
Gewinnrücklagen 66, 150
Gewinnsteuern 196
Gewinn- und Verlustkonto 77
Gewinn- und Verlustrechnung (G&V) 73
Going Concern 53, 185, 186
Goodwill 66, 112
Gründung 214
G&V-Positionen 75

## H

Hauptbuch 32

## I

Immaterielle Vermögenswerte 112
Impairment Test 114
Initial Public Offering (IPO) 217
Insolvenz
 Frühwarnsignale 54
 Gründe 56
 Verfahren 57
 vs. Konkurs 53
Institut der Wirtschaftsprüfer in Deutschland e. V. (IDW) 37
International Accounting Standards Board (IASB) 179
International Financial Reporting Standards (IFRS) 178, 179
Interner Zinsfuß 304, 306
Internes Rechnungswesen
 Aufgaben 30
Interpretationen der Bilanz 66
Investition
 Bewertung 302
 Minimierung vs. Maximierung 233
 Risiken 305
Investitionen 95
 Definition 235
Investitionsrechnung 301
Investorenkennzahlen 255

## J

Jahresabschluss
 vs. Monatsbericht 268
Jahresfehlbetrag 75
Jahresrendite 303
Jahresüberschuss 75
Journale 34
Just-in-time-Ansatz (JIT) 120
Just in time (JIT) 249

## K

Kameralistik 41
Kapital
 gezeichnetes 150, 152

Kapitalflussrechnung
 liquide Mittel 97
 Zahlungsmitteläquivalente 97
Kapitalflussrechnung (KFR) 93
Kapitalkosten 306
Kapitalrendite 233, 234
Kapitalrücklagen 66, 150, 152
Kapitalumschlag 234
Kapitalwert 304, 306
Kapitalwertmethode 304
Kapitelrentabilität 233
Konkrete Belastung 225
Konzernbilanz 203
Körperschaftsteuer 196
Kosten
 fixe 292
 Fremdkapitalfinanzierung 222
 gemischte 299
 Klassifizierung 292
 variable 292
 Vorräte 122
 vs. Nettoveräußerungswert 123
Kostenrechnungsmethoden
 Vorräte 123
Kredit
 Bedingungen 223
 Kosten 223
 mit fester Laufzeit 224
Kreditoren 128
Kreditorenlaufzeit 128, 131
Kurs-Buchwert-Verhältnis 315
Kurs-Gewinn-Verhältnis (KGV) 257
Kurs-Gewinn-Wachstum-Verhältnis (KGWV) 260

## L

Lagerdauer
 Berechnung 120
Latente Steuern 66
Leverage-Effekt 215, 242
Lieferantenmanagement 130
Liquide Mittel 97
Liquidität 247
Liquiditätsgrad 251
Liquiditätskennzahlen 251
Liquiditätsmanagement
 Aufgaben 29
Lohn- und Einkommensteuer 196

## M

Marge 287
Marktwert 114
Mehrwertsteuer 197
Minderheitsbeteiligung 206
Mittelherkunft 67
Mittelverwendung 67
Monatsbericht 268
Muttergesellschaft 204

# Index

## N

Nebenbücher 128
Net Asset Value 315
Nettokapitalrendite 236
Nettoumlaufvermögen 128, 247, 249, 250
Nettoveräußerungswert 123
Neubewertung
    Vermögen 135
Neubewertungsrücklage 141, 150, 153
Niederstwerttests 146

## O

Operatives Risiko 297
Opex (Operating expenditure) 81

## P

Pacioli, Luca 44
Passiva
    kurzfristige 65
    langfristige 65
Passiver Rechnungsabgrenzungsposten 171
PAT 75
Pauschalwertberichtigung
    uneinbringliche Forderung 130
PBIT 75
PBIT siehe EBIT 75
PBT siehe EBT 75
Peer-to-Peer Lending 224
Periodisierungsprinzip 41
Planbilanz 276
Plan-GuV 276
Preisabschöpfung 288
Preisdifferenzierung 288
Preise
    ethische 288
Preisfindung 285
Preiskalkulation 284
Private Equity (PE) 217

## R

Rabatt
    Preisfindung 286
Rechnungsabgrenzung
    aktive 168, 169
Rechnungsabgrenzungsposten 167
    passiver 171
Rechnungslegung
    Going Concern 53
    Kapitalflussrechnung 94
    Methoden 42
    Neubewertung 136
    Opex und Capex 83
    periodengerechte Buchführung 41
    Standards 177
    Technisierung 34
Rechnungslegungsvorschriften 83
Rechnungswesen
    externes 29
    internes 30
Reife 215
Reinvermögen 67
Related Parties 205
Rendite der Nettoaktiva 67
Rendite des eingesetzten Kapitals 236
Rentabilitätskennzahlen 232
Reporting 268
Restbuchwert (RBW) 104
Return on Investment (ROI) 232
Return on Sales (ROS) 232
Risiko
    operatives 297
ROCE (Return on Capital Employed) 68
ROE (Return on Equity) 67
Rohbilanz 33
Rohgewinnmarge 232
Rohmarge 75, 232
RONA (Return on Net Assets) 67
Rückkaufvereinbarungen 90
Rücklagen 65, 150
Rückstellung 66, 158

## S

Sachanlagevermögen (SAV)
    Abschreibung 105
    Anschaffungskosten 107
    Bilanz 104
    Neubewertung 105
    vs. Umlaufvermögen 108
    Wertminderung 106
Sarbanes-Oxley 49
Schulden
    Factoring 130
    gesicherte vs. nicht gesicherte 225
    Kennzahlen 239
    Solvenz 239
    Verkauf von 130
Sicherheitsmarge 295
Skimming siehe Preisabschöpfung 288
Solvenz 239
Sonstige Verbindlichkeiten 170
Sozialversicherungsbeträge 196
Stabilitätskennzahlen 239
Stammaktien 152, 218
Standesorganisationen 37
Steuerhinterziehung 200
Steuerliche Abschreibungen 198
Steuern siehe Unternehmenssteuern 196
Steuervermeidung 200
Stille Reserven 153
Substanzwertermittlung 314
Substanzwertverfahren 311
System der doppelten Buchführung 41
Systemkontrollen 36

## T

TALCL (Total Assets Less Current Liabilities) 68
Tatsächliche Verhältnisse 178, 186, 187, 269
Technologisierung 34
Tochtergesellschaft 204
Transaktionen 204
    Nebenbücher 128
    Periodisierungsprinzip 41
    Rechnungslegungsstandards 178
    zwischen Konzerngesellschaften 204

## U

Überschuldung
    Insolvenzgrund 56
Überziehungskredit 249
Umlaufvermögen 65, 108, 119, 253
Umsatzerlöse 75
    Ausweis 88
    Rückkaufvereinbarungen 90
Umsatzkosten 75
Umsatzrealisierung 87
Umsatzsteuer 197
Umsatz- und Ergebnistrichter 74
Uneinbringliche Forderungen 130
Unfertige Erzeugnisse 122
Unfertige Leistungen 122
United States Generally Accepted Accounting Principles (US-GAAP) 179
Unternehmensbewertung
    Arten von Verfahren 311
    Aufschlag 313
    Gründe 310
Unternehmensfortführung 185
Unternehmensgrößenklassen 192
Unternehmensplanung
    alternative Verfahren 279
    Gründe 276
    inkrementell 279
    rollierend 279
Unternehmenssitz
    Steuern 199
Unternehmenssteuern 196
Unternehmenssteuerung 48

## V

Variable Kosten 292
Venture Capital (VC) 216
Verbindlichkeiten
    Bewertung 314
    in der Bilanz 64
    kurzfristige 127
    Rückstellungen und Eventualverbindlichkeiten 157
    sonstige 168, 170
Verlustvortrag 199

# Index

Vermögenswerte
  Bewertung 314
  Eventualforderung 162
  in der Bilanz 64
  Nettoaktiva 67
Veröffentlichungspflicht 191
Verpflichtung
  einzelne vs. mehrere 162
  faktische 161
  rechtliche 161
  Rückstellung für 160
Verschuldungsgrad 240, 242
Versicherung
  bei Forderungen 130
Verträge
  langfristige 122
Vorräte 120
Vorzugsaktien 152

## W

Wachstum 214
Währungsumrechnungsrücklage 153
Wandelanleihen 224
Wertminderung
  Vermögen 143
Wertminderungstests 146
Wertzuwachs 137
Working Capital 248

## Z

Zahlungsmitteläquivalente 97
Zahlungsmittelgenerierende Einheiten (ZGE) 146
Zahlungsunfähigkeit
  Insolvenzgrund 56
Zinsdeckungsgrad 241
zooplus AG
  Abschlussprüfung 188
  Bilanz 69
  Corporate Governance 50
  Deckungsbeitragsrechnung 299
  Eigenkapital 154, 219
  Finanzsystem 37
  Forderungen 132
  Gewinn- und Verlustrechnung 78
  Going Concern 58
  Immaterielle Vermögenswerte 115
  Investitionsrechnung 307
  Investorenkennzahlen 262
  Kapitalflussrechnung 97
  Konzernabschluss 208
  Kredite 226
  Liquiditätsmanagement 253
  Monatsbericht 272
  Neubewertung 141
  operative Unternehmensplanung 281
  Opex/Capex 84
  Periodisierungsprinzip 44
  Preiskalkulation 289
  Rechnungsabgrenzungsposten 172
  Rechnungslegung 180
  Rentabilitätskennzahlen 236
  Rückstellungen 164
  Sachanlagen 109
  Stabilitätskennzahlen 245
  Steuern 201
  Umsatzrealisierung 91
  Unternehmensbewertung 315
  Veröffentlichung Jahresabschluss 193
  Vorräte 124
  Wertminderung 147